Uni-Taschenbücher 1101

UTB

Eine Arbeitsgemeinschaft der Verlage

Birkhäuser Verlag Basel und Stuttgart
Wilhelm Fink Verlag München
Gustav Fischer Verlag Stuttgart
Francke Verlag München
Harper & Row New York
Paul Haupt Verlag Bern und Stuttgart
Dr. Alfred Hüthig Verlag Heidelberg
Leske Verlag + Budrich GmbH Opladen
J. C. B. Mohr (Paul Siebeck) Tübingen
C. F. Müller Juristischer Verlag – R. v. Decker's Verlag Heidelberg
Quelle & Meyer Heidelberg
Ernst Reinhardt Verlag München und Basel
K. G. Saur München · New York · London · Paris
F. K. Schattauer Verlag Stuttgart · New York
Ferdinand Schöningh Verlag Paderborn · München · Wien · Zürich
Dr. Dietrich Steinkopff Verlag Darmstadt
Eugen Ulmer Verlag Stuttgart
Vandenhoeck & Ruprecht in Göttingen und Zürich

Werner Topp

Biologie der Bodenorganismen

Mit 83 Abbildungen

Quelle & Meyer Heidelberg

Prof. Dr. Werner Topp (geb. 1942) lehrt an der Universität Bayreuth und vertritt am Lehrstuhl für Tierökologie die Fächer Ökologie und Morphologie. Seine wissenschaftliche Tätigkeit ist überwiegend der mitteleuropäischen Wirbellosen-Fauna gewidmet. Der Schwerpunkt dieser Arbeiten befaßt sich mit den Insekten, wobei insbesondere Anpassungserscheinungen an den Jahresgang und Diapauseuntersuchungen an Käfern im Vordergrund stehen. Er ist Autor zahlreicher Artikel zu diesen Themen.

Anschrift: Universität Bayreuth, Inst. für Tierökologie
Universitätsstraße 30
D-8580 Bayreuth

CIP-Kurztitelaufnahme der Deutschen Bibliothek

Topp, Werner:
Biologie der Bodenorganismen / Werner Topp.
– Heidelberg : Quelle und Meyer, 1981. –
(Uni-Taschenbücher ; 1101)
ISBN 3-494-02129-5
NE: GT

Satz und Druck: Schwetzinger Verlagsdruckerei, 6830 Schwetzingen.
Einbandgestaltung: Alfred Krugmann, Stuttgart
Gebunden bei der Buchbinderei Sigloch, Leonberg.

Inhaltsverzeichnis

Vorwort

Das vorliegende Taschenbuch ist aus Vorlesungen hervorgegangen. Es soll einen Einblick in das Lebensgeschehen der Bodenorganismen vermitteln – die Möglichkeiten ihrer Anpassung an die Umwelt, ihre Entwicklung, ihre Mannigfaltigkeit und Verknüpfung zueinander erklären. Unter besonderer Berücksichtigung physiologischer Grundlagen der Ökologie, der Morphologie und Ethologie, war ich bestrebt, beispielhaft ein möglichst genaues Bild der lebensbedingenden Faktoren einzelner Arten zu geben, ohne zu sehr theoretische Überlegungen, Abstraktionen und Modelle einzuführen und ließ mich durch den Gedanken leiten, einen Eindruck darüber zu vermitteln, wie sehr jedes Lebewesen im Laufe seiner Evolution ihm eigene, besondere Fähigkeiten erlangt hat, die ihm Überlebens- und Entwicklungsmöglichkeiten in der jeweiligen Umwelt gestatten. Hinweise, die größere taxonomische Einheiten zusammenfassend behandeln, blieben daher weitgehend unberücksichtigt. – Die angeführten Beispiele wurden subjektiv ausgewählt. Es wäre leicht möglich gewesen aus der Vielzahl der vorliegenden Publikationen für den einen oder anderen Befund weitere Zitate anzuführen.

Die Literaturhinweise stellen eine Auswahl weiterführender Bücher und Sammelreferate dar. Dort wird der Leser zahlreiche Hinweise auf Originalzitate vorfinden. Das Sachregister ist hingegen etwas umfangreicher gestaltet, außerdem sind einzelnen Fachwörtern kurze Erklärungen beigefügt, um so dem Studenten der Anfangssemester das Auffinden der gesuchten Begriffe zu erleichtern.

Für jede Anregung, jeden kritischen Hinweis und Mitteilungen über neue Ergebnisse ist der Verfasser dankbar.

Für die Reinschrift des Manuskriptes möchte ich Frau B. RACKLEY, für die sorgfältige Anfertigung der Abbildungsvorlagen Frau D. OLIMART und Fräulein E. DÖRING herzlichst danken.

Dem Quelle & Meyer Verlag, insbesondere dem Lektor, Herrn H. OETZMANN, sei auch an dieser Stelle für sein Entgegenkommen gedankt.

Mühbrook, im September 1980   *Werner Topp*

1. Der Boden als Lebensraum

1.1. Bodenbildung

Der oberste Bereich der Erdkruste, der von der Erdoberfläche bis zum Gestein reicht, wird als Boden bezeichnet. Er wird durch Verwitterungserscheinungen gebildet, ist mit Wasser und Luft durchsetzt und mit organischer Substanz angereichert.

An der Verwitterung des Bodens sind physikalische, chemische und biologische Prozesse beteiligt.

Die **physikalische Verwitterung** des Ausgangsgesteins erfolgt überwiegend durch Insolation, Spaltenfrost, Salzsprengung und führt zu einem mechanischen Zerfall der Gesteine in Teilchen mit kleineren Durchmessern. Während dieser Prozesse treten keine oder nur geringfügige chemische Veränderungen auf. Physikalische Verwitterungen lassen sich in Trockenwüsten, in alpinen und arktischen Regionen besonders gut beobachten; in Gebieten also, in denen die Temperaturen extreme Werte erreichen und ein rascher Temperaturwechsel erfolgt. Wegen ihrer geringen Wärmeleitfähigkeit werden Gesteine unterschiedlich erwärmt und abgekühlt. Dadurch entstehen in den Gesteinen Spannungen, die zu ihrem Zerfall führen. Beschleunigt wird eine solche Verwitterung, wenn die Temperaturen unter $0\,°C$ absinken und das in Gesteinsspalten eingedrungene Wasser gefriert. Da Wasser beim Gefrieren eine Volumenvergrößerung von etwa 9% erfährt, entfaltet es eine bedeutende Sprengwirkung (etwa $220\ kg/cm^3$ bei $-22\,°C$). Eine weitere Zerkleinerung abgesprengter Gesteinsbrocken erfolgt durch mechanischen Abrieb, so durch den Transport sich vorwärtsschiebender Eismassen, durchfließende Gewässer oder durch Wind. Die Auswirkungen der Gletschervorstöße im Pleistozän lassen sich in weiten Gebieten der nördlichen gemäßigten Breiten nachvollziehen und sind in Deutschland im Alpenvorraum und in der norddeutschen Tiefebene zu erkennen. Die Einflüsse des Windes lassen sich besonders in ariden Gebieten beobachten. Die physikalisch bedingte Zerkleinerung wird durch die Härte des Ausgangsgesteins, den Zusammenhalt der einzelnen Mineralkörner und die Spaltbarkeit der Minerale beeinflußt.

Die **chemische Verwitterung** erfolgt im wesentlichen durch Oxydations- und Reduktionserscheinungen, durch Hydrolyse und Carbonatverwitterung. Da diese Prozesse an der Oberfläche der Gesteine und Minerale stattfinden, werden sie durch die Größe der Angriffsfläche und somit durch den Einfluß der physikalischen Verwitterung mitbestimmt. (Abb. 1).

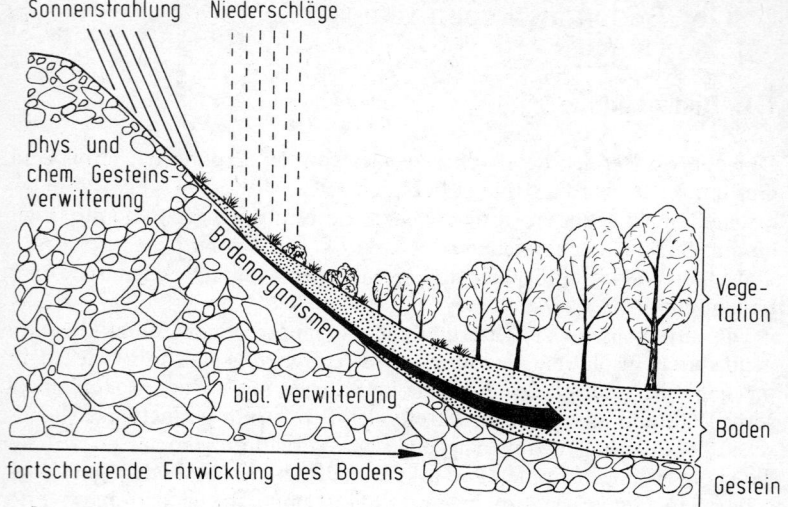

Abb. 1: Entwicklung des Bodens als das Ergebnis verschiedener Verwitterungsvorgänge und der Tätigkeit von Bodenorganismen (schematisch).

Oxydation tritt in gut durchlüfteten Böden auf, Reduktionserscheinungen sind in schlecht durchlüfteten und nassen Böden zu beobachten.
Beide Vorgänge können, wie z. B. in Gley und Marschböden gleichzeitig
in verschiedenen Tiefen stattfinden. Oxydation betrifft besonders Minerale, die 2-wertiges Eisen und Mangan enthalten. In einer höheren Oxy-
dationsstufe bilden diese Metalle sehr schwer lösliche Oxide und Hydro-
xide und rufen gelbe, rote und schwarze Farbtöne hervor. Ihre Ausfällung
findet in den obersten Bodenschichten statt.

In den ständig vom Grundwasser beeinflußten Bodenschichten herrschen besonders bei stagnierendem Grundwasser und daher geringem
Sauerstoffangebot stark reduzierende Bedingungen. In diesen reichern
sich Tonminerale mit 2-wertigem Eisen oder Mangan an und verleihen
dem Boden seine grünblaue Färbung.

Als Hydrolyse wird die Zersetzung der Minerale unter dem Einfluß der
H- und OH-Ionen des Wassers bezeichnet. Läßt man z. B. Wasser auf
den Feldspat Orthoklas einwirken, so läßt sich folgende Reaktion verein-
facht wiedergeben:

$$KAlSi_3O_8 + HOH \rightarrow HAlSi_3O_8 + KOH$$

In diesem Beispiel werden an der Oberfläche des Feldspates K-Ionen
durch H-Ionen ersetzt. Die K-Ionen aber gehen in Lösung und stehen wie

auch weitere Ionen bei entsprechenden Verwitterungen von Silikaten oder anderer Minerale den Pflanzen zur Verfügung. Mit dem Ionenaustausch ist der Verwitterungsprozeß noch nicht abgeschlossen. Bei hydrolytischem Zerfall des Minerals Orthoklas kann es unter anderem zur Bildung von Aluminiumhydroxid kommen oder zur Neubildung von Tonmineralen (Abb. 48). Carbonatverwitterung tritt überwiegend in einem späteren Verwitterungsstadium der Böden auf, wenn der Anteil an CO_2 durch die Anwesenheit organischen Materials stark angestiegen ist. Wie auch andere Gase, so ist CO_2 in Wasser löslich und kann in ihm Konzentrationen erreichen, die die Löslichkeit von Sauerstoff um das 30-fache und die des Stickstoffs um das 60-fache übersteigen. Diese Eigenschaft ermöglicht die Herstellung von Sodawasser. Mit CO_2 angereichertes Wasser hat eine hohe Lösungskraft, die sich besonders auf die Zersetzung von Kalk- und Dolomitgesteinen auswirkt.

Sind Salze in Wasser gelöst, so können sie durch Sickerwasser ausgewaschen – Entstehung der Höhlen in Karstgebieten –, in andere Bodenschichten verlagert und angereichert werden. Sind in carbonathaltigen Böden die Carbonate ausgewaschen, so verdrängen die H-Ionen die austauschbaren Alkali- und Erdalkaliionen. Dies führt zu einer allmählichen Bodenversauerung.

Als **biologische Verwitterung** bezeichnet man jene Zersetzungserscheinungen, die von organischen Stoffen ausgehen. Sie können bereits in den Anfangsstadien einer Verwitterung und Bodenbildung angreifen. So besiedeln Mikroorganismen, Flechten und Moose die Oberfläche von Gesteinen und dringen in feine Spalten ein. Ihre Aktivitäten verändern sowohl die Mineralzusammensetzung als auch die physikalischen Eigenschaften der Gesteine. Sie entziehen ihrem Untergrund Metallionen (Kalium, Natrium, Magnesium, Calcium, Aluminium, Silicium, Eisen u. a.) und bauen diese in organische Verbindungen ein. An die Stelle der dem Boden entzogenen Kationen treten H-Ionen, die von Wurzeln ausgeschieden werden. Somit fördern die Pflanzen die chemische Verwitterung. Andererseits können Pflanzen durch mechanische Einwirkung den Zerfall der Gesteine beschleunigen, wenn ihre Wurzeln in Risse und Spalten eindringen und die Gesteine durch ihr Dickenwachstum auseinandersprengen. Sterben Organismen ab, so wird ihre (postmortale) organische Substanz wiederum dem Boden zugeführt. Die Umwandlung abgestorbener Organismen kann bis zu anorganischen Verbindungen führen (= **Mineralisation**). Es entstehen CO_2, H_2O, Nitrate und Phosphate u. a., die entweder von den Mineralien sorbiert oder ausgewaschen werden können, die aber auch für die Pflanzen als Nährstoffe zur Verfügung stehen und somit ihrerseits für eine größere Artenvielfalt des jeweiligen Lebensraumes beitragen. Aber nicht alle organischen Verbindungen werden mineralisiert. Werden Kohlenhydrate unter bestimmten Voraussetzungen nur zu Monosacchariden, Eiweiße nur zu Peptiden oder Aminosäuren abgebaut, so können diese miteinander polymerisieren. Die Polymerisation organischer Spaltprodukte, auch **Humifizierung** genannt, führt zur Neubildung von Huminstoffen.

Ein Teil der mineralischen und der organischen Stoffe vereinigt sich im Boden durch verschiedene Bindungsmechanismen, die häufig kombiniert auftreten (Ionenbindung, Wasserstoffbrücken, Ion-Dipol-Bindung meist über O-Brücken), zu organo-mineralischen Verbindungen. Modellversuche und elektronenmikroskopische Aufnahmen zeigen, daß eine Vielzahl solcher Verbindungen gebildet werden kann. Alkohole, Zucker, Aminosäuren, Amine, Proteine, Enzyme, einfache aromatische Verbindungen wie Benzol, Phenol u. a. und Huminstoffe lagern sich an feine Tonmineralteilchen an.

Die Bildung organo-mineralischer Verbindungen wird durch eine hohe biologische Aktivität gefördert, da durch Organismentätigkeit ständig reaktionsfähige organische Stoffe gebildet werden. Binden diese organischen Stoffe feine Mineralpartikel aneinander, so erzeugen sie im Boden ein stabiles Aggregatgefüge. Bilden sich zusätzlich durch die Aktivität größerer Bodentiere (Kap. 3.2.3.) umfangreiche **Ton-Humus-Komplexe**, so beeinflussen sie nicht nur die Stabilität des Bodens, sondern tragen im besonderen Maße zu einem reicheren Nährstoffgehalt und einem besseren Wasser- und Lufthaushalt bei.

Die Entwicklung vom undifferenzierten Gestein bis zu einem deutlich in verschiedene Horizonte gegliederten Boden kann einen unterschiedlichen Verlauf nehmen. Sie wird vom Ausgangsgestein abhängen, aber auch das Relief, das Klima und die Dauer einer Verwitterung werden die Entwicklungsstufe und Profildifferenzierung von Böden beeinflussen (Abb. 1). Sind Böden mit charakteristischen bodeneigenen Merkmalen entstanden, so lassen sie sich in verschiedene Bodentypen untergliedern. Bei dem Bodentyp „Podsol" können folgende übereinandergeschichtete Horizonte unterschieden werden (Abb. 2):

Über dem Mineralboden liegt eine Streuschicht, der O-Horizont. Sie läßt sich je nach dem Zersetzungsgrad des Bestandesabfalls weiter unterteilen. Sind die Nadeln der Koniferen, die Blätter der Laubbäume, der Moose oder Gräser lediglich eine Ansammlung unzersetzter Pflanzenteile, so gehören sie der O_1-Schicht an. Die darunter befindlichen Pflanzenreste sind älter und durch Organismentätigkeit bereits zerkleinert und zersetzt. Entweder sind die ursprünglichen Pflanzenstrukturen noch erkennbar (= O_f-Schicht) oder zu nicht mehr makroskopisch erkennbaren Strukturen abgebaut (= O_h-Schicht).

Der oberste Bereich des Mineralbodens wird als A-Horizont bezeichnet. Innerhalb des A-Horizontes sind mehrere Subhorizonte unterscheidbar. Der obere ist schwarz-grau gefärbt, enthält organische Bestandteile aus der Auflageschicht und ist mit Humusstoffen angereicht. Es ist der A_h-Horizont, die Abkürzung h bedeutet Humus. Der untere ist hellgrau gefärbt und besitzt einen geringen Anteil an organischen Substanzen, da Huminstoffe gemeinsam mit Metallverbindungen (Al-, Fe-, Mn-Oxide) durch Niederschläge ausgewaschen und in tiefere Bodenschichten verlagert worden sind. Es ist der A_e-Horizont, die Abkürzung e bedeutet Elution.

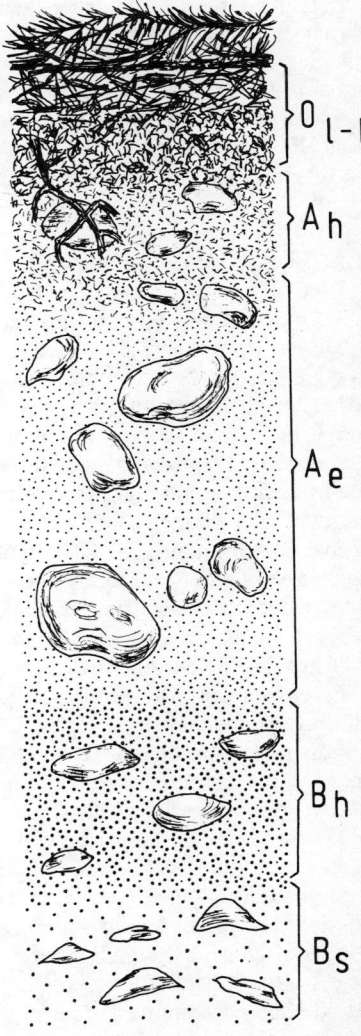

Abb. 2: Bodenprofil, Eisenpodsol unter Kiefernwald (ver. nach KUBIENA 1953). Bezeichnung der Bodenhorizonte: O = Auflagehorizont aus organischer Substanz, l = nicht zersetzte Laub- oder Nadelstreuauflage, h = Auflage stark zersetzt; A_h = durch organische Substanz dunkel gefärbter Mineralbodenhorizont; A_e = gebleichter, hellgrauer Horizont, organische Substanz ist ausgewaschen; B_h = verbraunter Horizont mit Humusanreicherung, B_s = Horizont mit Anreicherung von Al- und Feoxiden (s von Sesquioxid).

Bodenschichten, in denen sich die aus den oberen Bereichen stammenden Verbindungen ablagern, werden beim Podsol als B-Horizont bezeichnet. Oft lassen sich ein oberer braunschwarzer mit Huminstoffen angereicherter Horizont (= B_h-Horizont) und eine untere durch Metalloxide rostbraungefärbte Schicht (= B_s-Horizont) unterschieden. In dem B-Horizont bildet sich lockere Orterde, die bei häufiger Austrocknung und weiterer Zufuhr von Eisenoxiden zu festem Ortstein verhärten kann. Den Ortstein können die meisten Pflanzenwurzeln nicht durchdringen. Erst durch die Grabtätigkeit von Bodentieren werden Gänge in dem Ortstein angelegt, so daß Pflanzenwurzeln durch diese hindurchwachsen und sich bis zum Grundwasser ausdehnen können.

Unterhalb des B-Horizontes liegt das Ausgangsgestein, der C-Horizont. Der Übergang zum Ausgangsmaterial, aus dem der Boden entsteht, ist oft nur unscharf und wenig deutlich.

1.2. Die abiotischen Faktoren

Die Umwelt eines Organismus setzt sich aus leblosen (abiotischen) und lebenden (biotischen) Faktoren zusammen. Ihre Veränderungen bewirken gleichzeitig eine Wandlung in der Umwelt des Organismus. Die Faktoren entscheiden somit über eine günstige oder ungünstige Entwicklungsmöglichkeit und über Vorkommen oder Fehlen einer Art in einem Lebensraum. Entscheidende, limitierende Wirkungen bzw. Massenvermehrungen können von einem einzelnen dieser Faktoren hervorgerufen werden, sie können aber auch durch das Zusammenspiel mehrerer Umweltfaktoren ausgehen. Die in besonderer Weise auf die Bodenorganismen wirkenden Faktoren sind in Abb. 3 zusammengefaßt. Sie beeinflussen nicht nur die Verbreitung und die Individuenzahl einer Art in einem Lebensraum, sondern können bei lang andauerndem Einfluß ebenfalls auf ihre Selektion einwirken.

Porenvolumen. Der Boden ist kein kompaktes Gebilde, sondern mit Hohlräumen durchsetzt. Dies läßt sich durch mikromorphologische Untersuchungsmethoden veranschaulichen. Die weißen Fäden in Abb. 4 zeigen die Hohlräume, wie sie in einem Podsol verteilt sein können.

Die graphische Darstellung gibt das Gesamthohlraumvolumen in den unterschiedlichen Tiefen an. Die höchsten Gesamthohlraumvolumina wie auch Poren mit den größten Durchmessern treten in den obersten Horizonten auf. Mit der Tiefe nimmt der Gesamthohlraumgehalt des Bodens ab und auch die Porendurchmesser werden kleiner. Ein besonders geringer Hohlraumgehalt im B_h-Horizont, in der Abbildung in etwa 14 cm Tiefe, weist darauf hin, daß die ursprünglichen Zwischenräume teilweise durch eingeschwemmte Huminstoffe angefüllt wurden.

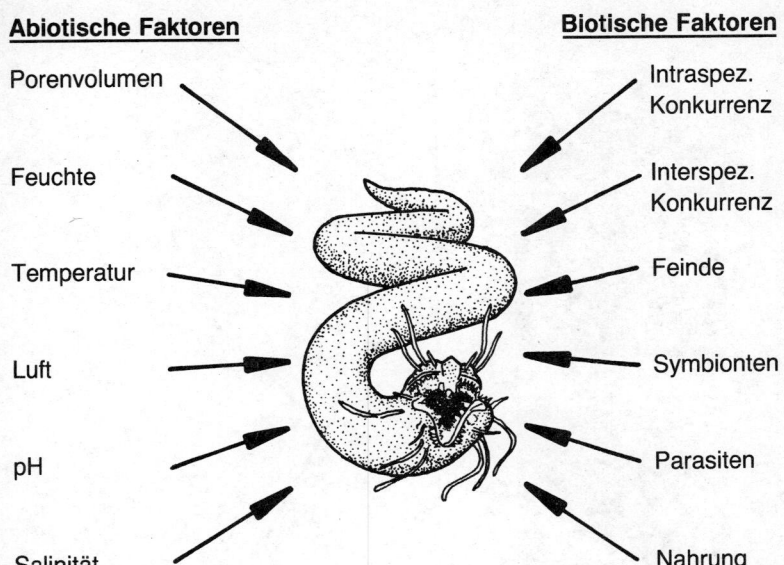

Abiotische Faktoren		Biotische Faktoren
Porenvolumen		Intraspez. Konkurrenz
Feuchte		Interspez. Konkurrenz
Temperatur		Feinde
Luft		Symbionten
pH		Parasiten
Salinität		Nahrung

Abb. 3: Umwelteinflüsse, die auf Vorkommen und Selektion von Bodenorganismen wirken. In Bildmitte der Fadenwurm *(Diploscapter)* (Habitusbild nach KÜHNELT 1950).

Feuchte. Der Wassergehalt eines Bodens wird durch Niederschläge, Grundwasser und zu einem geringen Teil durch die Luftfeuchtigkeit bestimmt. Gelangt Regenwasser von oben her auf die Bodenoberfläche, so wird es durch die Schwerkraft bedingt in tiefere Bodenschichten versickern. Das Vorrücken des Wassers wird dabei durch den Wechsel der Porenverteilung bestimmt. Trifft die Befeuchtungsfront auf eine Schicht mit geringerem Hohlraumvolumen, so verlangsamt sich ihr Vorrücken, und es kann zu einer Stauwasserbildung kommen. Ein solcher Wasserstau kann dazu führen, daß sämtliche Hohlräume eines Bodens mit Wasser gesättigt sind, und überschüssiges Wasser oberflächlich abfließt. Folgt eine Trockenperiode, so bleibt zunächst jenes Wasser im Boden, das dieser gegen die Schwerkraft festzuhalten vermag. Bleibt erneute Wasserzufuhr aus, und beginnt der Boden von oben her auszutrocknen, so verlagert sich die Befeuchtungsfront nach unten. Schließlich kann der Wassergehalt eines Bodens so gering werden, daß für Pflanzen und Tiere kein frei verfügbares Wasser mehr erreichbar ist.

Ist ein Boden mit Wasser gesättigt und befindet sich in ihm jene Menge an Wasser, die er nach längeren Niederschlägen schließlich gegen die

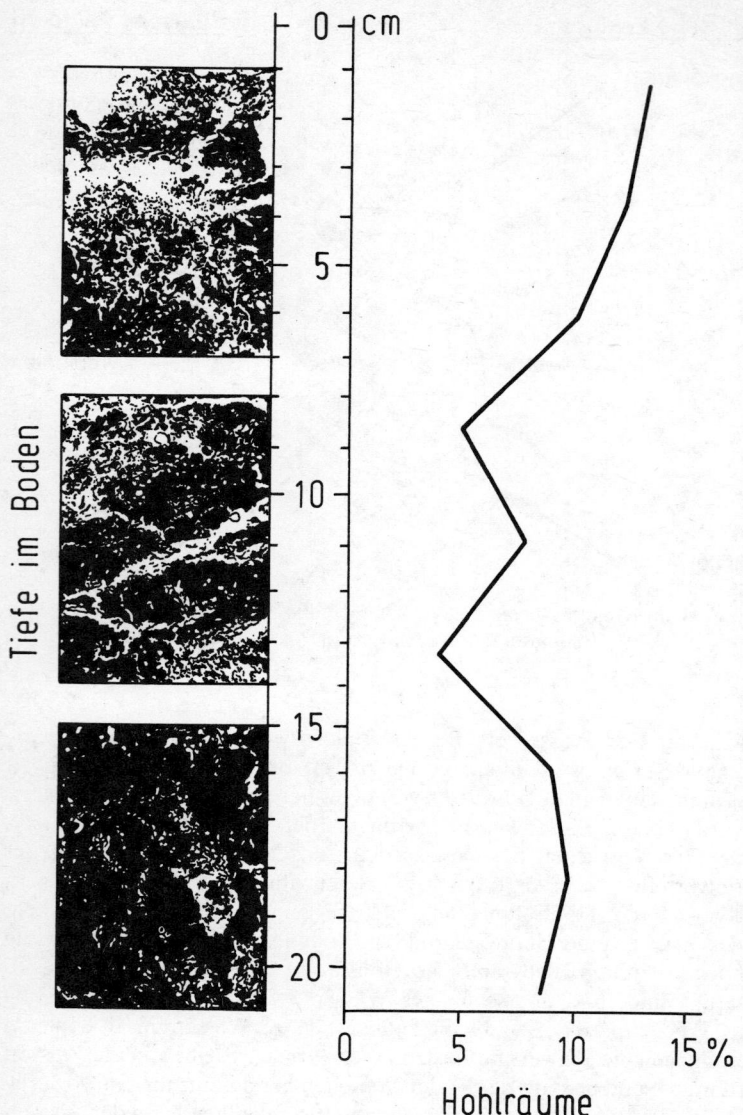

Abb. 4: Porenvolumen eines Podsols, links: mikromorphometrische Aufnahme, rechts: Gesamtporenvolumen in Abhängigkeit von der Bodentiefe (nach KUBIENA 1967).

Schwerkraft festzuhalten vermag, so ist seine Feldkapazität (= FK) erreicht. Diese wird unter anderem durch die Korngröße und den Anteil der organischen Substanz eines Bodens bestimmt. Der Wassergehalt eines Sandbodens liegt beispielsweise bei etwa 5 Vol.%, der eines Tonbodens bei etwa 50 Vol.%.

Trocknet der Boden allmählich aus, so wird es für die in ihm lebenden Organismen immer schwieriger, weiteres Wasser aus dem Boden zu gewinnen. Ein vergleichbares, bodenbiologisch verwendbares Maß der Bodenfeuchte ist die Wasserspannungskurve eines Bodens. Sie zeigt an, mit welcher Saugkraft das Wasser vom Boden festgehalten werden kann. Zur Darstellung einer Wasserspannungskurve (= pF-Kurve) wird die Ordinate in log 10 cm Wasserspannung bzw. in eine pF-Skala von 0–7 unterteilt. Viele Pflanzen und Mikroorganismen verfügen über einen Saugdruck von pF = 4,2. Mit diesem Saugdruck können sie kapillar gebundenes Wasser aus dem Boden gewinnen. Verlieren die Pflanzen durch Transpiration immer mehr an Wasser, bis sie es mit diesem Saugdruck nicht mehr ersetzen können, so müssen sie verwelken. Der permanente Welkepunkt oder PWP ist erreicht. Bei vielen Pflanzen und Mikroorganismen sind beträchtlich höhere osmotische Werte festgestellt worden. Sie verfügen über einen höheren Saugdruck als pF = 4,2 und können dem Boden bei einem geringeren Wassergehalt (Abb. 5) noch Feuchtigkeit entziehen.

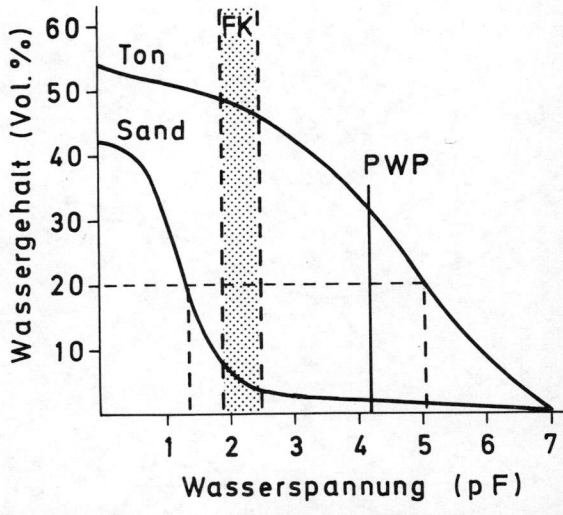

Abb. 5: Beziehung zwischen Wasserspannung und Wassergehalt (pF-Kurven) bei einem Sandboden und einem Tonboden (A-Horizonte, FK = Feldkapazität, PWP = permanenter Welkepunkt; ver. nach SCHEFFER/SCHACHTSCHABEL 1976).

In welchem Ausmaß der Wassergehalt für das Vorkommen von Organismen von Bedeutung ist, zeigen die gestrichelten Linien in Abb. 5. Bei einem Wassergehalt von 20% müßte ein Organismus in einem Sandboden einen Saugdruck von pF = 1,4 aufwenden, in einem Lehmboden wäre hierzu ein Saugdruck von pF = 5,0 erforderlich, um die vom Boden durch Adsorptions- und Kapillarkräfte ausgehende Saugspannung zu überwinden und Wasser aufnehmen zu können.

Temperatur. Die Temperatur des Bodens wird von der Wärmezufuhr, seinem Wärmeverlust und seiner Wärmekapazität bestimmt. Die Wärmezufuhr erfolgt überwiegend durch die vom Boden absorbierte Sonnenstrahlung. Sie ist von der Intensität der Strahlung, dem Einstrahlungswinkel aber auch von der Farbe des Bodens und seiner Höhenlage abhängig. So wird sich ein unbeschatteter, dunkler Boden schneller erwärmen als ein durch Pflanzen beschatteter und außerdem noch heller Boden. Der Wärmeverlust wird durch die Rückstrahlung des Bodens in die Atmosphäre und durch die Verdunstung von Bodenwasser beeinflußt.

Eine Erwärmung ist schließlich auch von der Wärmekapazität abhängig. Ein durchnäßter Boden wird wegen der hohen spezifischen Wärme des Wassers (4,2 Joule/g °C) größere Wärmemengen aufnehmen können als ein trockener Boden. Die gleiche Wärmezufuhr wird bei einem nassen

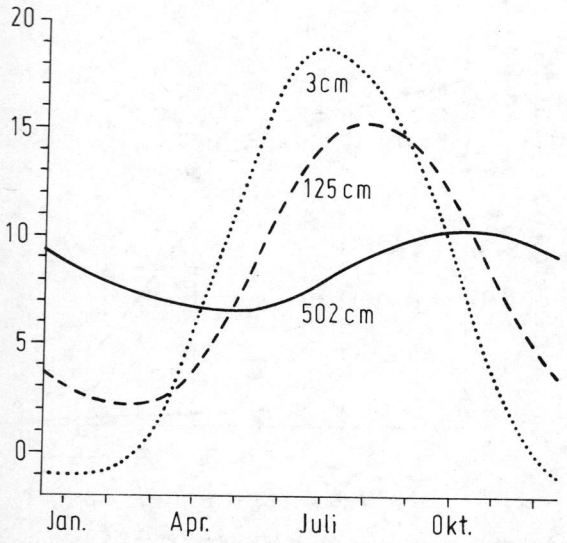

Abb. 6: Jährlicher Gang der Bodentemperaturen in verschiedenen Tiefen (ver. aus BRAUNS 1968, nach GEIGER 1961).

Boden eine geringere Temperaturveränderung hervorrufen als bei einem trockeneren Boden.

Die unterschiedlichen Eigenschaften der Böden wie auch die unterschiedlichen Wärmezufuhren bewirken für jeden Standort einen Temperaturgang, der mehr oder weniger sowohl tageszeitlich als auch jahreszeitlich ausgeprägt sein kann. Relativ gleichmäßige Temperaturen werden in den Böden der tropischen Regenwälder auftreten; die größten Temperaturschwankungen werden an der Bodenoberfläche von Wüstenböden zu messen sein. Außerdem verändert sich die Amplitude der Temperaturschwankungen mit der Tiefe. Sie wird in größeren Bodentiefen geringer sein als in den oberen Bodenschichten. Dadurch ergibt sich im Boden ein Temperaturgefälle, welches tageszeitlich und wie in Abb. 6 dargestellt auch jahreszeitlich ausgeprägt sein kann.

Bodenluft. Die atmosphärische Luft setzt sich aus etwa 21% Sauerstoff, 79% Stickstoff und 0,03% Kohlendioxid zusammen. Eine entsprechende Zusammensetzung kann man ebenfalls in den obersten Schichten trockener und grobporiger Böden erwarten. In tiefer gelegenen Bodenhorizonten, besonders wenn diese durchnäßt sind, steigt der CO_2-Gehalt deutlich an. Der Kohlendioxidgehalt kann durch Atmung der Pflanzenwurzeln und die Aktivität von Bodenorganismen bis auf einen Anteil von über 10% der Bodenluft angereichert sein (Abb. 7). Besonders in Böden mit schlechter Durchlüftung und einer zusätzlichen Bildung von Stauwasser kann es zur vollkommenen Aufzehrung des Sauerstoffs kommen. Die relative Luftfeuchtigkeit – angegeben in Prozent jener Luftfeuchte, die notwendig ist, um die Luft bei gleicher Temperatur und gleichem Druck zu sättigen – der Bodenluft ist höher als die der Atmosphäre. Sie beträgt meistens mehr als 95%. In einem grobporigen Oberboden kann die Luftfeuchte stärker absinken. Die relative Luftfeuchtigkeit ist jedoch kein geeignetes Maß, um eine Aussage über das Vorkommen von Organismen

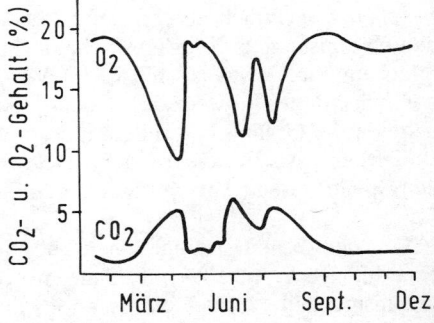

Abb. 7: Veränderungen des Sauerstoff- und Kohlendioxidgehalts der Bodenluft in 30 cm Tiefe eines schluffigen Tones (ver. nach SCHEFFER/SCHACHTSCHABEL 1976).

machen zu können. Hierzu ist der Wasserdampfdruck besser geeignet, bzw. das Dampfdruckdefizit in mm Hg.

Der Dampf bewegt sich von einem Gebiet mit höherem Partialdruck in ein Gebiet mit niedrigerem Partialdruck. Dabei können die Vorgänge des Dampfdruckaustausches unabhängig von der relativen Feuchte erfolgen. Ein Dampfdruckdefizit von 10 mm Hg ist bei 35 °C bereits bei einer relativen Feuchte von 80% erreicht, das gleiche Defizit stellt sich bei 15 °C erst bei einer relativen Feuchte von 20% ein. Für die Organismen ist es entscheidend, wie groß das Sättigungsdefizit der Luft sein kann, ohne zuviel an Körperflüssigkeit zu verlieren.

pH-Wert. Bei der pH-Bestimmung einer Bodenlösung wird die H-Ionenaktivität erfaßt. Die pH-Werte mitteleuropäischer Böden reichen von stark sauren Böden mit einem pH von etwa 3,5 in den obersten Schichten der Podsole bis zum pH von 8,5 bei Rendzina-Böden, die sich aus Kalkstein entwickelt haben. Eine neutrale Reaktion liegt bei pH 7 vor.

Zu einer basischen Bodenreaktion kommt es auch dann, wenn eine Versalzung der Böden eintritt. In humiden Klimazonen tritt eine natürliche Versalzung im Einflußbereich der Meere auf; im ariden Klimabereich ist eine Versalzung unter dem Einfluß von Grund- und Stauwasser möglich. Im Bodenwasser gelöste Salze steigen kapillar auf und können sich im oberen Bereich des Bodens niederschlagen und Salzhorizonte bilden. Im Extremfall lagern sich Salzkrusten an der Bodenoberfläche ab.

Der pH-Wert wird in hohem Maße durch den CO_2-Gehalt der Bodenluft beeinflußt. Steigt der CO_2-Gehalt, so nimmt auf Grund des chemischen Gleichgewichtes auch die H-Ionenkonzentration zu. Dabei können lokale pH-Unterschiede auftreten, die auf engem Raum bis zu pH 1,5 betragen. Außerdem lassen sich in vielen Böden jahreszeitlich bedingte pH-Veränderungen nachweisen.

1.3. Bodenorganismen

In einem so deutlich differenzierten Lebensraum, wie dem Boden, können Organismen aus sehr unterschiedlichen Gruppen leben und sich fortpflanzen. Ihr Gewichtsanteil ist im Vergleich zur organischen Substanz oder zur Mineralsubstanz des Bodens jedoch sehr gering. In Mitteleuropa nehmen die Organismen selten mehr als 5% des Gesamtgewichtes eines Bodens ein. Als Beispiel sei auf die Gewichtsverältnisse eines Wiesenbodens hingewiesen (Abb. 8). Sein Anteil an organischer Substanz liegt bei 7%.

Von der gesamten organischen Substanz entfallen 85% auf abgestorbene Pflanzenreste, 10% auf Pflanzenwurzeln und nur 5% auf die Bodenorganismen, die zusammenfassend als das **Edaphon** bezeichnet werden.

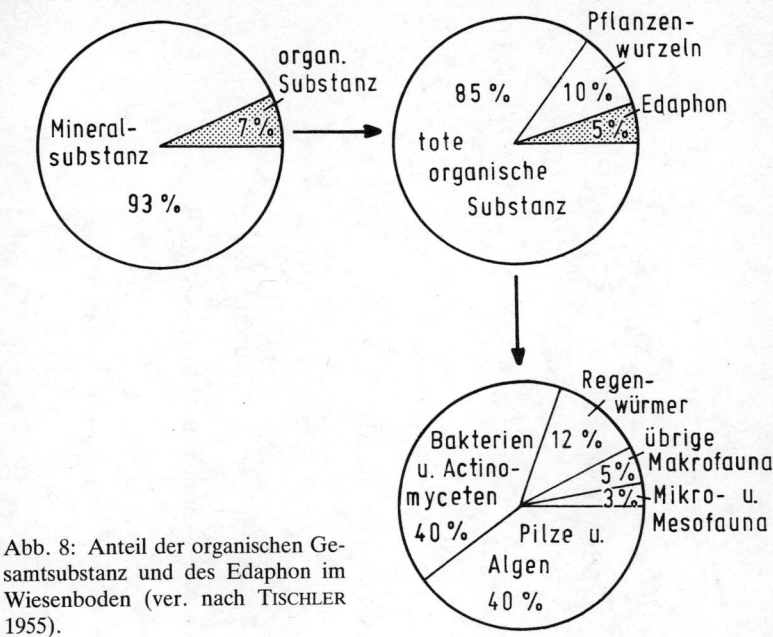

Abb. 8: Anteil der organischen Gesamtsubstanz und des Edaphon im Wiesenboden (ver. nach TISCHLER 1955).

Wird das Edaphon prozentual unterteilt, so erkennt man das deutliche Übergewicht der Bodenmikroflora, die sich aus Bakterien und Actinomyceten oder Strahlenpilze sowie Pilzen und Algen zusammensetzt. Diese machen zusammen 80% des Trockengewichts der lebenden Organismen aus. Die Bodenfauna ist mit 20% vertreten. Hiervon haben die Regenwürmer in einem Wiesenboden den größten Gewichtsanteil.

Nicht nur in ihrer Menge, auch in ihren unterschiedlichen Eigenschaften ist die Mikroflora im Boden von besonderer Bedeutung. In ihm können **Bakterien** leben, die sich autotroph, ohne daß irgendwelche organische Substanz vorhanden ist, ernähren können. Sie gewinnen ihre Energie z. B. durch Oxidation von Schwefel- oder Eisenverbindungen. Verbrauchen Bakterien den organischen Bestandteil von Eisenhumaten und fällt das Eisen als Hydroxid aus, so können sie an der Bildung von Orterde bzw. Ortstein (Kap. 1.1.) beteiligt sein.

Andere Bakterien sind als Heterotrophe auf organische Substanz als Nahrungsquelle angewiesen. Ein Teil von ihnen vermag Stickstoff zu binden. Sie binden den Stickstoff entweder als Symbionten höherer Pflanzen,

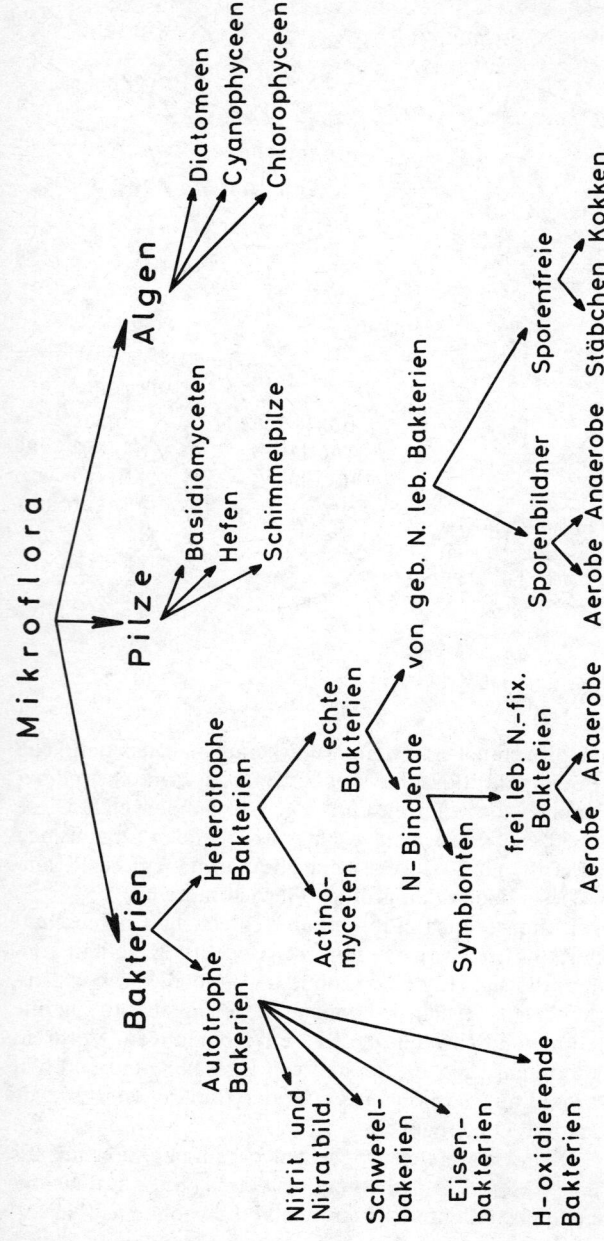

Abb. 9: Übersicht über die im Boden vorkommende Mikroflora (ver. aus BRAUNS 1968, nach GLATHE, H. u. G.).

wie z. B. die Knöllchenbakterien oder als freilebende Organismen. Einige Arten sind zur N-Bindung nur in durchlüfteten Böden andere nur unter anaeroben Bedingungen bei Sauerstoffabschluß befähigt. Unter den von gebundenem Stickstoff lebenden Bakterien gibt es Arten, die als Sporenbildner (*Bacillus, Clostridium*) in einer aktiven, vegetativen Phase und in einer Ruhephase, der Spore, auftreten. Einige Arten entwickeln sich bei aeroben andere bei anaeroben Bedingungen. Schließlich gibt es Bakterien, die keine Sporen bilden und entweder als kokkoide Zellen oder als Stäbchen vorkommen (Abb. 9).

Die Strahlenpilze oder **Actinomyceten** können wohl eher den Bakterien als den Pilzen zugerechnet werden, obwohl bei manchen Formen ein Hyphengeflecht oder Mycel ausgebildet ist. Die Hyphen können in bakterienförmige Stücke zerfallen, so daß die Ähnlichkeit mit einem Hyphengeflecht der Pilze nur oberflächlich ist. Actinomyceten bilden Hemmsubstanzen gegen andere Mikroorganismen. Mit Hilfe dieser antibiotisch wirksamen Substanzen können sie sich innerhalb der arten- und individuenreichen Mikroflora besser durchsetzen. Bekannte, auch im medizinischen Bereich anwendbare Antibiotika, die von verschiedenen Arten der Gattung *Streptomyces* erzeugt werden, sind: Actinomycin, Streptomycin, Erythromycin, Neomycin, Novobiocin (Kap. 4.3.1.3.).

Antibiotika werden außerdem von **Pilzen** gebildet. Weit verbreitet ist die Gattung *Penicillium*. *P. chrysogenum* bildet das Penicillin. Bodenbiologisch bedeutsam sind auch die Schimmelpilze, u. a. Arten von *Mucor*, die häufig die Schimmelbildung auf Brot verursachen und die Hyphen der Ständerpilze oder Basidiomyceten. Andere Pilze verursachen als Holzzersetzer die Weiß- und Rotfäule (Kap. 3.4.2.3.).

An der Primärbesiedlung der Böden sind auch die **Algen** beteiligt. Es handelt sich hierbei um Grünalgen oder Chlorophyceen, um Blaualgen oder Cyanophyceen oder um Kieselalgen oder Diatomeen (Kap. 3.1.).

Die zahlreichen Arten der Bodenfauna lassen sich aus praktischen Gründen in Größenklassen unterteilen. Zur **Mikrofauna** gehören jene Tiere, die nicht größer als 0,2 mm werden. Abgesehen von wenigen Arten der Fadenwürmer, Rädertierchen und Milben gehören hierher nur die Urtierchen (= **Protozoa**). Im Boden können Geißeltierchen (= Flagellata), Wurzelfüßer (Rhizopoda) und Wimpertierchen (= Ciliata) vorkommen. Zur **Mesofauna** rechnet man die meisten Rädertiere (**Rotatoria**), Fadenwürmer (**Nematoda**), Milben (**Acari**) und Springschwänze (**Collembola**); zur **Makrofauna** gehört ein großer Teil der **Enchytraeiden**, Schnekken (**Gastropoda**), Spinnen (**Aranea**), Asseln (Isopoda), Doppelfüßer (**Diplopoda**), Hundertfüßer (**Chilopoda**), die übrigen Vielfüßer (Myriopoda), sowie die Insekten mit Käfern (**Coleoptera**) und Zweiflüglerlarven (**Diptera**); zur **Megafauna** zählt man die Regenwürmer (**Lumbricidae**) und die Wirbeltiere (**Vertebrata**) (Abb. 10).

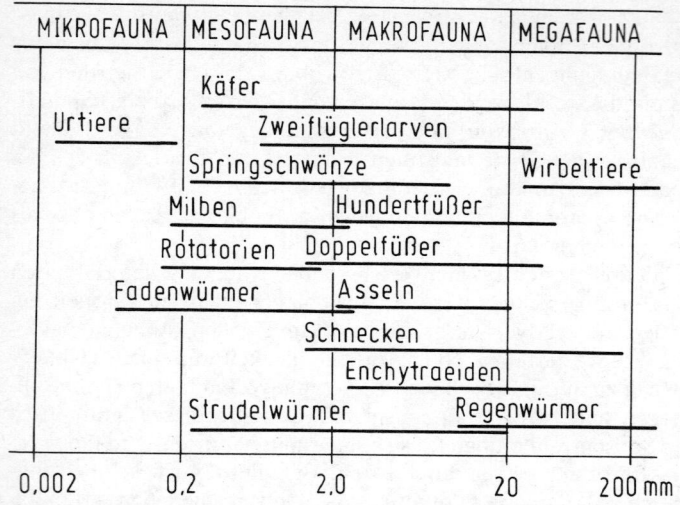

| MIKROFAUNA | MESOFAUNA | MAKROFAUNA | MEGAFAUNA |

Käfer
Urtiere
Zweiflüglerlarven
Springschwänze
Wirbeltiere
Milben   Hundertfüßer
Rotatorien   Doppelfüßer
Fadenwürmer   Asseln
Schnecken
Enchytraeiden
Strudelwürmer   Regenwürmer

0,002   0,2   2,0   20   200 mm

Abb. 10: Größenklassen der Bodenfauna (aus DUNGER 1964, ver. nach VAN DER DRIFT, 1951).

Die Individuenzahlen der Organismen aus den einzelnen Gruppen können sehr unterschiedlich sein. Unterschiede ergeben sich sowohl bei einem Vergleich derselben Organismengruppe in verschiedenen Böden als auch in demselben Boden bei einem Vergleich der Individuenzahlen aus unterschiedlichen taxonomischen Gruppen.

Bezogen auf eine Flächeneinheit, werden die Kleinstlebewesen aus Mikroflora und Mikrofauna immer in größter Individuenzahl auftreten. Je größer die Vertreter einer Gruppe sind, um so geringer ist die zu erwartende Individuenzahl. Eine solche Beziehung veranschaulicht Abb. 11 für einen europäischen Wiesenboden. Die Besatzdichte der Meso- bis Megafauna wurde für einen Quadratmeter und bis zu einer Tiefe von 30 cm berechnet.

Hierbei wird deutlich, daß besonders solche Tiergruppen in einer großen Individuenzahl auftreten, die der kleinsten untersuchten Größenklasse zugeordnet werden können wie Enchytraeiden, Milben und Springschwänze. Die Individuenzahl der Makrofauna ist wiederum größer als die der Megafauna. Zur Megafauna zählen hier nur die Regenwürmer. Insektenfressende Wirbeltiere wie Maulwurf und Spitzmaus sind so selten, daß sie auf der Vergleichsfläche nicht erfaßt wurden. Bei dieser Beziehung, Körpergröße – Besiedlungsdichte, handelt es sich um eine Gesetzmäßigkeit, die sich in vielen Lebensgemeinschaften wiederholt.

Ein Vergleich der Abbildungen 8 und 11 zeigt den großen Anteil an Trockengewicht, der von so einer geringen Anzahl Regenwürmer gebildet wird.

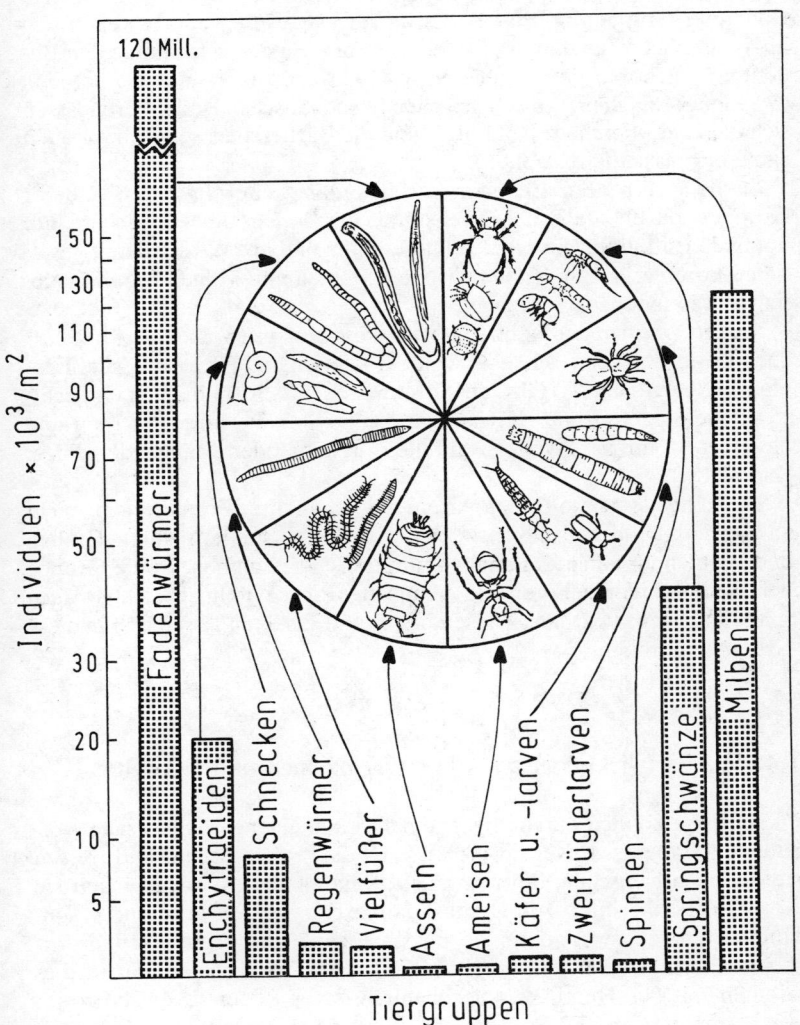

Abb. 11: Besatzdichte eines europäischen Wiesenbodens auf einem Quadratmeter bis zu einer Tiefe von 30 cm (nach Schätzungen von MACFADYEN, ver. nach KEVAN 1962).

Individuenzahl und Größe der Tiere liefern nur einen kleinen Einblick in die Lebensgemeinschaft eines Bodens. Zusätzliche Information geben die besonderen Verhaltensweisen und Lebensbedingungen, unter denen die einzelnen Bodenorganismen angetroffen werden. So sind einige Bodentier-Gruppen auf das Bodenwasser angewiesen und bewegen sich im Wasser schwimmend oder kriechend fort. Zu den schwimmenden Bodentieren gehören die Flagellaten, Ciliaten und die kleinen Nematoden (= **natanes Edaphon**); zu den kriechenden aquatischen Bodentieren lassen sich die Rädertierchen (Rotatoria) und die Bärtierchen oder Tardigraden zählen (= **serpentes Edaphon**).

Zu dem serpenten Edaphon rechnet man weiterhin Arten anderer Gruppen, die ebenfalls im Lückensystem des Bodens umherkriechen, ihre optimale Entfaltung aber in den luftgefüllten und mit Wasserdampf gesättigten Poren erlangen. Zahlreiche Collembolen und Milben wären in diesem Zusammenhang zu nennen.

An den Wänden der Hohlräume, ob diese nun mit Wasser oder mit Luft gefüllt sind, befinden sich festsitzende Bakterien und Pilze (= **sessiles Edaphon**). Überziehen die Pilze die Porenwände mit einem dichten Geflecht, so können sie von hier durchaus in die Hohlräume hineinwachsen und diese mit ihren Hyphen anfüllen (Nematoden fangende Pilze, Kap. 3.1.5).

Schließlich leben im Boden Arten, die sich in ihrer Fortbewegung nicht an das vorgebildete Lückensystem orientieren, sondern durch Graben und Wühlen (= **fodentes Edaphon**) ihren Weg bestimmen. In die Gruppe der Bodenwühler gehören die Maulwürfe und Wühlmäuse; aber auch zahlreiche Regenwürmer, Tausendfüßer und Insekten lassen sich in diese Gruppe einordnen.

1.4. Wechselwirkungen zwischen Organismen und Umwelt

Organismen können durch ihre Tätigkeit ihren eigenen Lebensraum verändern. Graben sich Regenwürmer z. B. durch den Boden, und fressen sie neben organischer Substanz auch Mineralteilchen, so erzeugen sie Kotkrümel, die mit Ton-Humuskomplexen angereichert sind. Ton-Humuskomplexe verändern die physikalischen und chemischen Eigenschaften eines Bodens und tragen zu seiner Stabilisierung bei. So wird es in einem mit Ton-Humuskomplexen durchsetzten Boden selten zu Erosionen kommen (Kap. 3.2.3.). – Maulwürfe verändern den Boden, indem sie ausgedehnte Gangsysteme in ihm anlegen.

Durch ihre Umwelt werden aber auch die Organismen beeinflußt. Ungünstigen Witterungseinflüssen, Feindeinwirkungen oder dem Einfluß von Konkurrenten können sich am besten jene Arten entziehen, die an ihre Umwelt besonders gut angepaßt sind.

Die Faktoren der Umwelt (Abb. 3) haben daher als Selektionsfaktoren besondere Bedeutung. Als Antwort der Organismen auf die Eigenschaften ihrer Umwelt können mehrere oder nur einer der folgenden Mechanismen entwickelt worden sein:

- die Organismen haben eine große Toleranzbreite erreicht und können sich ständig auf die neue Situation einstellen (z. B. Reaktion vieler Bakterien und Pilze bei wechselnder Bodenfeuchte)
- sie haben sich auf die spezifischen Bedingungen ihres Lebensraumes eingestellt und neue ökologische Nischen erobert (z. B. Zellulose oder Chitin zersetzende Pilze, wurmförmige Milben, grabfähige Insekten und Kleinsäuger)
- sie vermeiden ungünstig wirkende Situationen durch einen Ortswechsel innerhalb ihres Lebensraumes (z. B. Vertikalwanderungen bei Regenwürmern)
- sie verlassen ihren Lebensraum bei ungünstiger werdenden Bedingungen, können bei geeigneteren Bedingungen wieder in diesen zurückkehren (z. B. flugfähige Insekten der Streuschicht)
- sie überdauern ungünstige Zeitspannen in einer physiologisch veränderten, energiesparenden Ruhepause (z. B. Anhydrobiose bei Nematoden, Tardigraden, Diapause bei Arthropoden)
- sie zeigen einen spezifischen Entwicklungszyklus, der auf jahreszeitlich bedingte Veränderungen eingestellt ist (z. B. viele Insekten der obersten Bodenschichten).

2. Einfluß des Lebensraumes auf die Bodenorganismen – abiotische Faktoren

2.1. Bodengefüge

2.1.1. Grabende Arten

2.1.1.1. Bodenwühler

Der Einfluß des Lebensraumes und die Anpassungserscheinungen der Organismen an einen Lebensraum sind immer dann besonders auffällig, wenn sich in der Evolution mehrfach deutlich sichtbare morphologische Abwandlungen in analoger Weise durchsetzen konnten. Ein auffallendes Beispiel für Konvergenzentwicklungen bieten Arten, die sich in ihrer Anpassung an eine Lebensweise unter der Bodenoberfläche spezialisiert haben. Unter ihnen sind wiederum jene Bodenwühler besonders erwähnenswert, bei denen die Extremitäten zu Grabschaufeln umgebildet sind, und die auch als Grabschaufler bezeichnet werden.

Die in ihrer besonderen Weise als „Grabschaufler" an ein Bodenleben angepaßten Arten finden unter der Erdoberfläche nicht nur Schutz vor ungünstigen Witterungsbedingungen oder einen geeigneten Zufluchtsort vor Feinden, sondern sie gehen hier auch ihrem Nahrungserwerb nach. Sind die Tiere auf Nahrungssuche, so durchwühlen sie den Boden und graben oft viele verzweigte Seitenstollen unabhängig davon, ob ihre Nahrung aus Oligochaeten und Insekten oder aus Wurzeln, Knollen und Rhizomen besteht. Dabei lagern Insektenfresser, Nagetiere und auch viele Insekten die lose Erde aus den Gängen in Haufen an der Erdoberfläche ab (Maulwurfshaufen), so daß ihre Aktivität weithin sichtbar wird. Suchen sie als Tunnelbauer aber in den obersten Bodenschichten nach Nahrung, dann werden ihre Gänge als Grate an der Bodenoberfläche sichtbar (Wühlmäuse). Tunnelbauer ersparen es sich, Erde aus den Gangsystemen zu entfernen.

Von den Insektenfressern (Ordnung: Insectivora) sind es besonders Arten aus zwei Familien den Talpidae und Chrysochloridae, die sich als Grabschaufler zu einer Lebensweise unter der Erdoberfläche spezialisiert haben. Zu den **Talpidae** gehört der in vielen Bodentypen Mitteleuropas lebende Maulwurf, *(Talpa europaea).*

Maulwürfe sind durch mehrere morphologische Besonderheiten an ein unterirdisches Leben angepaßt. Sie lockern die Erde mit der Schnauze, die durch eine knorpelige Ausdehnung des Nasenseptums verstärkt ist. Der gelockerte Boden wird durch eine rückwärts gerichtete Bewegung von Unterarm und Hand nach hinten gekratzt. Als Anpassung ist der

Abb. 12: Maulwurf *(Talpa europaea)*. Habitus und Ansicht des linken Vorderbeines mit Ausbildung des Os falciforme (Sesambein; ver. nach Brown 1978).

Oberarmknochen, der Humerus, im Gegensatz zu den meisten übrigen Säugetieren kurz und breit, außerdem ist die schaufelartige Handfläche durch die Ausbildung eines sichelförmigen Sesambeines, des Os falciforme, vergrößert (Abb. 12).

Das Sesambein, welches auf der Seite der Speiche oder Radius zu den üblichen Handwurzelknochen tritt, ist nicht nur an den Vorderbeinen, sondern auch an der tibialen Seite des Hinterfußes ausgebildet. Es gibt dem Tier eine bessere seitliche Verankerung und erleichtert ihm das Graben. Der Schultergürtel ist nach vorn in die Halsregion verschoben und der vordere Brustbeinabschnitt verlängert, so daß er der Brustmuskulatur große Ansatzflächen bietet.

In Asien und Amerika leben weniger spezialisierte Arten der Talpidae (Scalopinae). Sie besitzen kleinere Köpfe und längere Schwänze als der europäische Maulwurf, und leben vorwiegend in feuchten und somit weicheren Böden. Andere, vergleichbare Anpassungen, wie sie beim europäischen Maulwurf auftreten, sind ebenfalls bei ihnen gut erkennbar. Die Ohrmuscheln fehlen, die Augen sind klein, bei manchen Arten wie *Talpa caeca* vom Fell überwachsen und daher funktionslos. Zusätzlich ist bei den Maulwürfen der Tastsinn gut entwickelt. Die verlängerte Schnauze trägt zahlreiche Tastkörperchen, die Eimerschen Organe, und an Schnauze und den Handgelenken sitzen lange Tasthaare. Beim Sternmull *(Condylura cristata)*, einer Art aus den Oststaaten Nordamerikas, ist der Tastsinn auf 22 fleischige Fortsätze konzentriert (Abb. 13).

Im südlichen Afrika nordwärts bis etwa 5° nördlich vom Äquator leben die Goldmulle (**Chrysochloridae**). Sie wühlen dicht unter der Erdoberfläche drücken die Erde zu einem Grad empor, so daß der Laufgang wie bei den heimischen Wühlmäusen (Microtidae) äußerlich gut erkennbar ist. In ihrer Gestalt ähneln sie den echten Maulwürfen. Von den Ohren sind

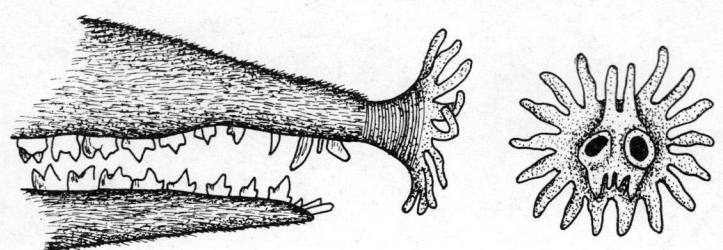

Abb. 13: Seitenansicht der vorderen Schnauzenregion und Vorderansicht beim Sternmull *(Condylura crista)*. Auf den Fortsätzen befinden sich Tastkörper (etw. ver. nach OGNEW 1959).

äußerlich nur kleine Öffnungen sichtbar; die Augen sind zurückgebildet und vollständig unter der Haut verborgen. Die kräftigen zum Graben umgebildeten Vorderfüße tragen 4 Zehen, von denen die äußeren klein, die beiden mittleren aber vergrößert und mit langen, spitz zulaufenden Krallen besetzt sind. Von den echten Maulwürfen unterscheiden sich die Goldmulle am auffälligsten durch die helle Färbung ihres Pelzes.

Irisierende Haare wie die Goldmulle besitzen auch die Beutelmulle (Ordnung: Marsupialia, **Notoryctidae**). Sie leben in den sandigen Halbwüsten Zentral- und Südaustraliens und geben wohl das auffälligste Beispiel für die konvergente Entwicklung von Beutel- und Plazentatieren. Wie bei den plazentalen Maulwürfen ist der Körper gedrungen, sind die Augen zurückgebildet und liegen unter der Haut, fehlen die Ohrmuscheln, wird die Nase geschützt, sind die Extremitäten verkürzt und die Handflächen als Grabschaufeln vergrößert. Beim Beutelmull tragen die dritte und vierte Zehe große schaufelförmige Krallen.

Analogien zu den Extremitäten und der Körperform von Säugetieren, lassen sich auch bei den wirbellosen Tieren entdecken. Beispiele hierfür geben die als Grabschaufler bezeichneten Insekten und Spinnentiere. Die deutlichste konvergente Erscheinung dürfte bei der Maulwurfsgrille *(Gryllotalpa vulgaris)* mit ihren stark verbreiterten Grabschaufeln und der verstärkten Kopf-Halsschild-Region auftreten (Abb. 14).

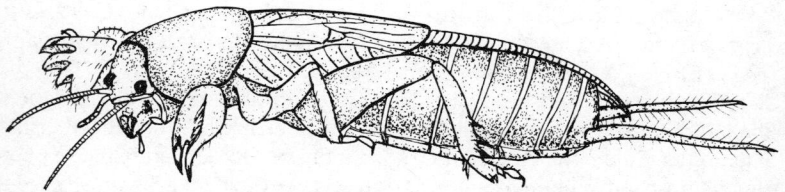

Abb. 14: Maulwurfsgrille *(Gryllotalpa vulgaris)*, Habitus (nach HARZ 1957).

Wie bei dieser Art so sind auch bei den anderen – aber meistens weniger auffallend – die Tibia oder der Femur bzw. bei Spinnentieren der Pedipalpus auffallend verbreitert, so daß ihnen bei der Erstbeschreibung der Name des Maulwurfs *(Talpa)* in abgewandelter Form *(= talpae, talpoides)* beigefügt wurde (Abb. 15).

Bei den Insekten treten Verbreiterungen der Vorderbeine nicht nur dann auf, wenn es sich um Arten handelt, die den Erdboden durchwühlen, sondern auch in organischen Abfallstoffen lebende Arten wie Mistkäfer aus der Gattung *Geotrupes* oder Dungkäfer aus der Gattung *Aphodius* können entsprechende Umwandlungen aufweisen.

Weniger auffallend, aber doch deutlich unterschieden von verwandten Arten mit anderer Lebensweise sind die morphologischen Umwandlungen der als „Scharrgräber" bezeichneten Arten. Es handelt sich hierbei meistens um Tiere, die nicht ständig im Boden leben, dort aber ihre Behausungen anlegen. Von den Insekten gehören hierher zum Beispiel Grabwespen (**Sphecidae**), Wegwespen (**Pompilidae**), Bienen (**Apidae**) der Gattungen *Halictus, Andrena* und Sandlaufkäfer (**Cicindelidae**, *Cicindela)*. Sie besitzen an den zum Graben benutzten Extremitäten einen Scharrkamm aus verstärkten Borsten.

Da so ausgebildete Grabbeine der Insekten nur lockeren Boden fortschaffen können, ist die Ausbreitung dieser kleinen Scharrgräber auf sandige oder stark sandhaltige Böden begrenzt. – Auf leichten, sandigen Böden legen auch Kaninchen ihre Baue an. Sie können ebenso wie Fuchs und Dachs als Scharrgräber bezeichnet werden, die mit den langen und scharfen Grabkrallen ihrer Vorderbeine die Erde aus Gängen und Bauen an die Bodenoberfläche schaffen. In stark lehm- und tonhaltigen Boden können Scharrgräber keine Behausungen anlegen. In solchen Böden – besonders in den Gebieten mariner und fluviatiler Ablagerungen – überwiegen Arten, die ihre Gänge mit den Mundwerkzeugen graben.

Abgesehen von ihrem relativ großem Kopf sind die „Mundgräber" unter den Insekten meistens nicht durch besondere morphologische Charakteristika ausgezeichnet. Oft besitzen sie aber wie die „Grabschaufler" stark verbreiterte Vorderbeine, die ihnen beim Graben mit den Mundwerkzeugen in den Gängen einen besseren Halt verschaffen und zum Abstämmen dienen. Dies ist besonders dann vorteilhaft, wenn die Behausungen in nassen Ton- und Lehmböden angelegt werden.

Mundgräber unter den Insekten und Spinnentieren sind auf verschiedene Familien verteilt. Sie treten bei Hautflüglern wie Grabwespen, Bienen, Faltenwespen, Ameisen, bei Käfern wie Laufkäfer, Kurzflügler, Heteroceridae und Spinnentieren wie Tapezierspinnen auf. Viele von ihnen sind nicht nur in nassen sondern auch in lehm- und tonhaltigen Böden zu finden, die mit zunehmender Trockenheit während der Sommermonate sehr hart werden können.

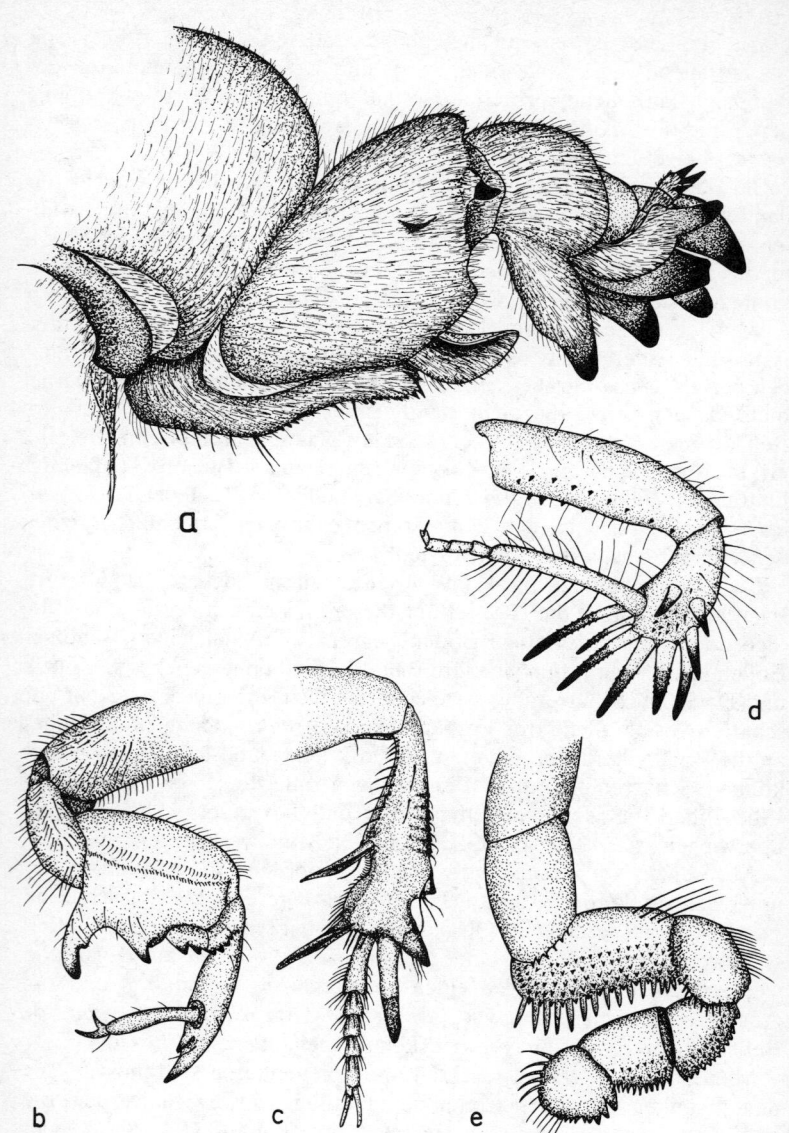

Abb. 15: Umbildung der Vorderbeine zu Grabschaufeln: a) Maulwurfsgrille *(Gryllotalpa vulgaris)*, b) Zikade *(Lyristes plebejus,* ver. aus GRASSE 1949), c) Laufkäfer *(Scarites buparius)*, d) Wüstenschabe *(Arenivaga investigata)*, e) Walzenspinne *(Siloannea macroceras;* ver. nach ROEWER 1934).

Aber auch bei den Säugetieren gibt es Arten, die man als Mundgräber bezeichnen könnte. Es sind jene Nager oder **Rodentia**, die bei entsprechender Lebensweise durch stark entwickelte Schneidezähne auffallen. Unterirdisch lebende Nagetiere gehören mehreren Unterordnungen an und sind in ihrem Verwandschaftsgrad nur wenig miteinander verbunden. Zu den Mausartigen (Myomorpha) gehören die Blindmäuse **(Spalacidae-** *Spalax*) und die Wühler **(Cricetidae)** mit Mull-Lemmingen *(Ellobius)* und Blindmullen *(Myospalax);* zu den Hörnchenartigen (Sciuromorpha) gehören die Taschenratten **(Geomyidae,** Abb. 70); zu den Stachelschweinartigen (Hystricomorpha) die Sandgräber **(Bathyergidae);** und zu den Meerschweinchenartigen (Caviomorpha) die Kammratten **(Ctenomyidae).** Sie alle zeigen auffallende äußerliche Übereinstimmungen. Der Körper ist plump, gedrungen und mit kurzen Beinen versehen. Sie haben eine kurze Schnauze, die Ohrmuscheln fehlen, die Augen sind klein oder wie bei der im Mittelmeergebiet lebenden Blindmaus *(Spalax)* vollkommen zurückgebildet. Als Grabwerkzeuge werden von ihnen die vergrößerten Schneidezähne benutzt. Diese erreichen besonders bei den in Afrika südlich der Sahara lebenden Sandgräbern eine auffallende Länge und treten weit aus der Mundhöhle heraus.

Die Extremitäten der Mundgräber haben in den meisten Fällen keine Spezialisierung erfahren. Eine Ausnahme unter den Sandgräbern bildet die Gattung *Bathyergus.* Bei ihnen sind wie bei den amerikanischen Taschenratten und den südamerikanischen Tucotucos oder Kammratten sowohl die Schneidezähne vergrößert als auch die Vorderkrallen, diese Arten graben mit beiden. Aber auch bei den Wühlmäusen gibt es Ausnahmeerscheinungen. Sie graben nicht mit den Schneidezähnen, sondern ähnlich wie die Maulwürfe nur mit den Vorderbeinen.

Die deutlich vergrößerten Schneidezähne der meisten mit den Zähnen grabenden Nagetiere liegen außerhalb der Mundhöhle ständig frei vor den Lippen. Dennoch dringt beim Graben der Nager keine unerwünschte Erde in das Maul ein. Hinter den Schneidezähnen nähern sich die Labialwülste einander an und schließen so die Mundhöhle bereits vor den weit vorspringenden Nagezähnen.

Eine besondere Erscheinung unter den Sandgräbern ist der Nacktmull *(Heterocephalus)*, bei dem der Körper nur mit wenigen Haaren bedeckt ist. Da die Haut kaum pigmentiert ist, so daß sogar die inneren Organe durchschimmern, erscheint er als eine helle, rosafarbene Wurst mit zwei kurzen Anhängen an beiden Enden, den Beinen und den vier besonders deutlich hervorspringenden Schneidezähnen am Vorderende.

In Mitteleuropa sind es unter den Säugern besonders die Wühlmäuse **(Microtidae)** und das Kaninchen *(Oryctolagus cuniculus)*, die eine unterirdische Lebensweise zeigen. Obwohl die Wühlmäuse zuweilen lange und auch tiefe Gänge im Boden anlegen, haben sie jedoch nur selten eine größere bodenbiologische Bedeutung. Auch von den Kaninchen, die in ihrer Verbreitung zunächst auf das Atlasgebirge und die Iberische Halbinsel begrenzt waren und durch den Menschen weltweit verschleppt wurden, dürfte kaum eine bodenverbessernde Wirkung ausgehen. Da sie in sandigen Gebieten oft zahlreiche Röhren dicht beieinander anlegen, können sie vielmehr bei hoher Populationsdichte zur Erosion der von ihnen besiedelten Böden beitragen. An einer Bodenverbesserung können die in nordamerikanischen Steppen und Wüsten lebenden Taschenratten beteiligt sein. Sie durchwühlen dort Böden, in denen Regenwürmer wegen zu großer Trockenheit nicht mehr vorkommen. WINOGRADOW beobachtete in der Sowjetunion, daß einige Springmäuse der lehmigen Steppen, insbesondere *Alactagulus,* die ihre Gangsysteme wie die Taschenratten in trockenen Böden anlegen, ihre Gänge an Stellen graben, wo der Boden so hart ist, daß man zum Ausgraben ihrer Nester eine Hacke, ein Brecheisen oder ein Beil verwenden muß. In diesen trockenen Böden können Nager sogar einen größeren Bodenanteil durchmischen als die Regenwürmer in den von ihnen bevorzugten feuchteren Gebieten. Andererseits kann es aber auch leicht zu einer Schädigung durch die Taschenratten kommen. Entweder zerstören sie bei ihrer Fraßtätigkeit große Flächen der obersten Bodenschichten, so daß es zu Erosionen kommt, oder sie richten in der Landwirtschaft Schaden an, weil sie kleinere Getreidepflanzen zerstören oder Zuckerrohr, Bananen und Kaffestauden vernichten.

2.1.1.2. Bohrgräber

Die Umwandlung gespeicherter chemischer Energie in mechanische Bewegungsprozesse dürfte besonders wirkungsvoll sein, wenn Muskelkraft, wie in den geschilderten Fällen, über Hebelwirkung für lokomotorische Zwecke eingesetzt werden kann. Bei einer Beinbewegung werden stets nur jene antagonistisch wirkenden Muskeln eingesetzt, die zu einem bestimmten Zeitpunkt und zu einer bestimmten Situation gebraucht werden.

Einen geringeren Wirkungsgrad als ein Hebelsystem, in dem sich einzelne Muskelpaare antagonistisch gegenüberstehen, wird ein für die Fortbewegung aus Längs- und Ringmuskeln bestehendes System zeigen. Dennoch haben sich im Boden Arten mit einer beinlosen, kriechenden Fortbewegung durchsetzen können. Hierbei handelt es sich sowohl um Arten, die aus phylogenetisch niederen Gruppen stammen und in ihrer ursprünglichen Form auftreten, als auch um solche, die phylogenetisch höher stehenden Gruppen zuzurechnen sind und in einer abgewandelten Form auftreten. Ihr Erfolg mag auf zwei Vorteile zurückzuführen sein, die sich im Vergleich mit anderen Lebensformtypen ergeben. Sie können besser als die Grabschaufler das Porensystem des Bodens ausnutzen, sind aber im Gegensaz zu den Kleinhöhlenbewohnern nicht auf das Lückensystem des Bodens angewiesen.

Zu den Bohrgräbern gehören die Regenwürmer. Ihr Körper besteht aus einer muskulösen Körperwand, die einen flüssigkeitsgefüllten Hohlraum umschließt. Jede Muskelkontraktion wird eine Veränderung des im Innern herrschenden hydrostatischen Druckes nach sich ziehen und so den Spannungszustand aller Muskeln verändern. Die Körperflüssigkeit wirkt als Antagonist zur Muskulatur und erfüllt somit die Funktion eines Skeletts (= **hydrostatisches Skelett**).

Gräbt sich ein Regenwurm durch den Boden, so laufen mehrere Bewegungsvorgänge ab. Zunächst werden die Borsten (Setae) weiter hinten liegender Segmente, bei denen die Ringmuskulatur erschlafft aber die Längsmuskulatur kontrahiert ist, hervorgestreckt, bis diese aufgeblähten Segmente den Körper im Substrat verankern. Daraufhin kontrahiert sich die Ringmuskulatur der vorderen Segmente. Hierbei entsteht ein erhöhter hydrostatische Druck, so daß sich das Vorderende des Tieres bei gleichzeitig erschlaffter Längsmuskulatur nach vorne schieben kann. Die zugespitzten vorderen Segmente dringen in Erdspalten ein. Die Kontraktion der Ringmuskulatur wandert durch den ganzen Körper. Ist diese im vorderen Körperabschnitt vorüber, so beginnen sich die Längsmuskeln dieser Segmente zu kontrahieren. Dadurch bläht sich das eingebohrte Vorderende auf. Der dabei auftretende Druck der Cölomflüssigkeit reicht aus, um die Bodenpartikel zur Seite zu schieben und den Bodenspalt soweit zu erweitern, daß die nachfolgenden Segmente nachgezogen werden können (Abb. 16).

Um auf diese Weise erfolgreich in Böden eindringen zu können, müssen die Tiere einen gut entwickelten Hautmuskelschlauch aufweisen. Ein gut entwickelter Hautmuskelschlauch ist bei den Regenwürmern zweifellos vorhanden, können sie doch einen Druck von fast 1 kg/cm ausüben. Aber selbst solche Kräfte reichen manchmal nicht aus, um festere Bodenschichten zu durchdringen. Treffen Regenwürmer auf Bodenpartikel, die sie durch ihre peristaltischen Bewegungen des Hautmuskelschlauchs nicht auseinanderdrücken können, so feuchten sie diese mit Sekreten an und fressen sie anschließend auf. Regenwürmer fressen sich also zuweilen regelrecht durch den Boden.

Eine ähnliche Art der Fortbewegung wie bei den Regenwürmern läßt sich bei einigen aktiv grabenden Fliegenlarven wiederfinden. Besonders die Larven der Schnaken (**Tipulidae**) und Haarmücken (**Bibionidae**), denen eine besondere bodenbiologische Bedeutung bei der Umsetzung der Streu zukommen kann, die aber auch bei großer Vermehrung in landwirtschaftlichen Kulturen Schaden anrichten, seien in diesem Zusammenhang erwähnt.

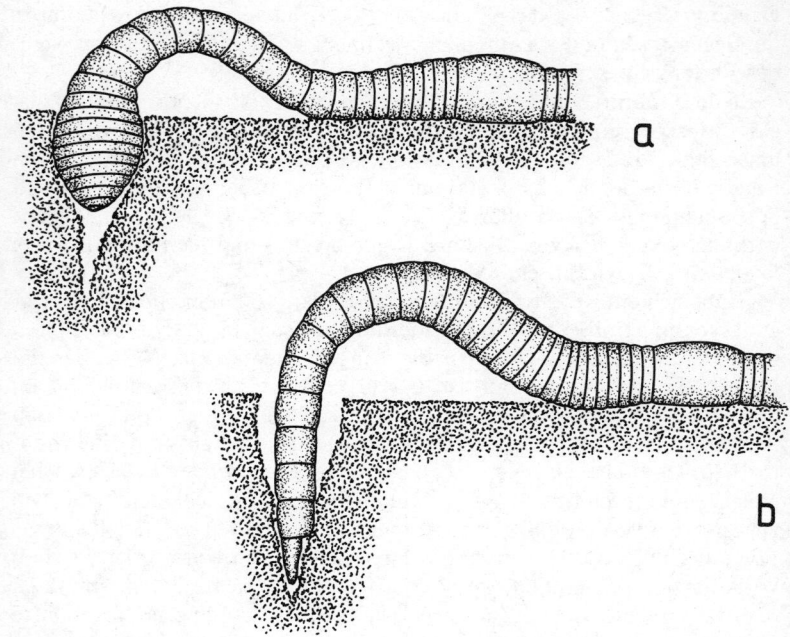

a

b

Abb. 16: Regenwurm bei Eingraben. a) Kontraktion der vorderen Segmente und Erweiterung des Bodenspaltes, b) Vorschieben des Vorderkörpers bei kontrahierter Ring- und erschlaffter Längsmuskulatur.

Mit Beinen ausgestattete Reptilien, wie Echsen und Schildkröten sind, wie zahlreiche Kleinsäuger, auffallend tüchtige Grabschaufler. So legen die Arten der nordamerikanischen Gopherschildkröten *(Gopherus)* mit Hilfe ihrer kräftigen, spatenförmig verbreiterten Vorderbeine bis zu 11 m lange, mehr als panzerbreite Wohnhöhlen an. – Aber auch viele Reptilien mit zurückgebildeten Extremitäten haben Methoden entwickelt, um unter der Bodenoberfläche aktiv sein zu können. Bei den nordamerikanischen Uma-Leguanen und den in der Sahara und Südwestasien lebenden Skinken der Gattung *Scincus* erleichtern weit hervorstehende Schuppen an den Zehen das Eintauchen in den Sand. Weitere charakteristische Anpassungserscheinungen sind bei ihnen der flache, keilförmige Kopf und der in den Oberkiefer versenkte Unterkiefer, so daß in die Mundhöhle kaum Sandpartikel eindringen können.

Kleine, in Sandwüsten lebende Vipern *(Cerastes, Eristocophis)* können sich äußerst schnell durch schlängelnde Bewegungen ihres Körpers eingraben. Als Anpassung an ein Bodenleben können bei den Blind- und Wurmschlangen (Typhlopodidae, Leptotyphlopodidae) Rückbildungen der Augen auftreten, bei Echsen ein sekundärer Verschluß der äußeren Ohröffnungen. – Von allen Reptilien aber sind zweifellos die Doppelschleichen (**Amphisbaenidae**) am besten an eine unterirdische Lebensweise angepaßt. Es handelt sich bei den meisten Arten um 10–30 cm lange Tiere, die die tropischen Böden Afrikas und Amerikas besiedeln. Die Gattung *Blanus* kommt im Süden der Iberischen Halbinsel und in Nordwestafrika vor. Sie alle leben niemals außerhalb des Erdbodens und sind morphologisch von den Schlangen und Eidechsen so verschieden, daß sie von vielen Systematikern als eigene, selbständige dritte Unterordnung der Schuppenkriechtiere geführt werden. Die meisten Arten sind beinlos und wirken schlangenartig. Sie haben einen kegelförmigen Kopf, der nicht vom Hals abgesetzt ist, der Rumpf ist rundlich und verlängert, der Schwanz ist kurz. Der Körper ist mit kleinen rechteckigen Schuppen bedeckt, die in aufeinanderfolgenden Ringeln angeordnet sind. Einige Arten sind pigmentlos, die Augen sind zurückgebildet, eine äußere Ohröffnung fehlt. Die Doppelschleichen können sich durch seitliches Schlängeln fortbewegen. Diese Fortbewegungsweise aber ist in Böden ungeeignet, so daß es nicht verwundert, bei den Doppelschleichen außerdem eine geradlinige regenwurmartigen Bewegungsweise vorzufinden. Diese ist möglich, weil ihre Haut nicht nur an der Bauchseite, sondern rund um die ganze Oberfläche nur locker mit dem darunter liegenden Gewebe verbunden ist. Aufeinanderfolgende Reihen der ringförmig angeordneten Schuppen werden aufgerichtet, nach vorn gezogen und in den Boden gestemmt. Die Verankerung ermöglicht es, daß die nachfolgenden Körpersegmente nachgezogen werden können. Dabei geht die Antriebskraft ähnlich wie bei den Regenwürmern von Kontraktionswellen der Muskulatur aus. Die Kontraktionen sind so aufeinander abgestimmt, daß sich aufeinanderfolgende Schuppengruppen an den aufeinanderfolgenden Körperabschnitten rings um den ganzen Körper ruckhaft in einer Reihe von ,,Schritten" bewegen, die Doppelschleichen aber mit gleichbleibender Geschwindigkeit vorankriechen (Abb. 17). Hinzu kommt eine weitere Besonderheit. Die Amphisbaenen können die Wellen der Muskelkontraktion auch umkehren, so daß sie rückwärts kriechen.

Beim Wühlen durch den Erdboden werden die vor dem Tier liegenden Partikel mit dem Kopf zur Seite gedrückt. So ist es nicht verwunderlich, daß auch die Kopfregion der Amphisbaenen im Laufe der Evolution spezialisiert wurde. Die Doppelschleichen lassen verschiedene Methoden des Wühlens erkennen und somit auch unterschiedliche Anpassungserscheinungen im Aufbau ihres Schädels.

Arten aus der Unterfamilie der Rhineurinae besitzen eine stark verknöcherte dorsoventral abgeflachte Schnauze mit Schneidekanten, die in

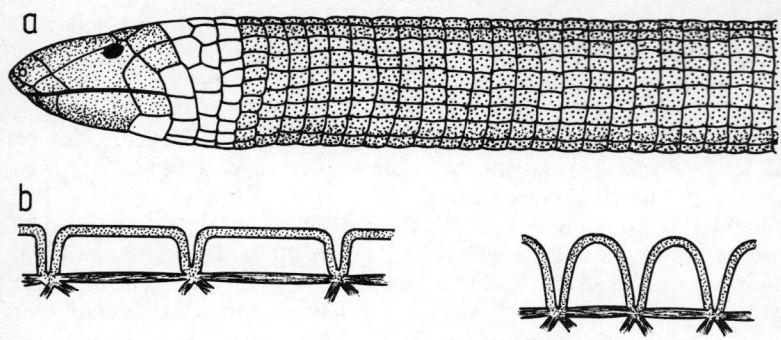

Abb. 17: a) Seitenansicht von *Amphisbaena*, b) Ringförmig angeordnete Schuppen und ihre lockere Verbindung mit dem darunter liegenden Gewebe ermöglichen Kontraktionswellen der Muskulatur und eine regenwurmartige Fortbewegung (ver. nach GANS 1974).

einer horizontalen Ebene liegen. Beim Graben vollführt z. B. die Doppelschleiche *Rhineura floridana* zunächst einen Rammstoß nach vorn, danach einen Stoß mit der Schädeldecke gegen das oben liegende Erdreich. Bei den Arten der Unterfamilie Amphisbaeninae ist die Schnauze entweder seitlich abgeflacht und durch eine abgeschrägte, vertikale Schneidekante ausgezeichnet oder durch eine abgerundete Schnauze charakterisiert. Die Rammstöße dieser Arten werden mit aufwärts und seitlich gerichteten Kopfbewegungen begleitet. Als weitere morphologische Besonderheit ist die stachelartige Umbildung der Schwanzspitze zu nennen. Sie dient den Arten beim Wühlen als zusätzlicher Haltepunkt.

Auch Vielfüßler (Myriopoda), die zur Familiengruppe der **Juloidea** gehörenden Doppelfüßler, sind durch ihre Gestalt besonders gut an ein Leben im Erdboden angepaßt. Auf den ersten Blick erscheint dies allerdings zweifelhaft (Abb. 18). Sind sie doch nicht dorsoventral abgeflacht und offensichtlich nicht dazu befähigt, wie andere Myriopoden durch enge Erdspalten zu schlüpfen. Um erfolgreich den Boden besiedeln zu können, müssen sie also andere spezifischen Eigenschaften entwickelt haben.

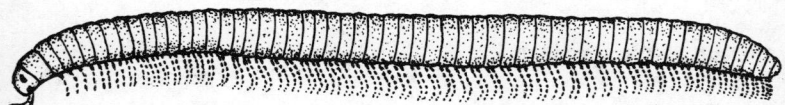

Abb. 18: Doppelfüßer (Diplopoda) aus der Gruppe der Juloidea (etw. ver. nach HENNIG 1968).

Als Besonderheit der Juloidea fällt ihre große Anzahl von Beinen auf, so trägt z. B. das Weibchen von *Schizophyllum sabulosum* bis zu 101 Beinpaare. Diese große Anzahl dicht gestellter Beine vermittelt den Juloidea größere lokomotorische Kräfte als den anderen Vielfüßern, so daß sie die Fähigkeit erhalten haben, das vor ihnen liegende Erdreich wie ein Bulldozer zur Seite zu schieben. Damit auch die hinten liegenden Beinpaare bei einer gewundenen Körperhaltung ihre Kraft voll auf den vorderen Abschnitt des Körpers übertragen können, sind die einzelnen Segmente kugelgelenkartig miteinander verbunden.Der Kopf und das erste beinlose Nackensegment (Collum) wirken als Ramme. Sie sind kräftig entwickelt und etwas breiter als der Querschnitt der nachfolgenden Segmente. Wird der Boden zu fest, so daß die Juloidea diesen nicht mehr zur Seite schieben können, dann fressen sie sich durch ihn hindurch, ähnlich wie es von den Regenwürmern bekannt ist.

Die sich auf diese Weise durch das Erdreich schiebenden Juloidea sind gegen Bodendruck gut geschützt. Die Rückenschilde (Tergite) umfassen fast den ganzen Körper und sind ventral mit den Bauchschilden (Sterniten) verwachsen. Somit wird ein starrer Körperring gebildet, der im Querschnitt gesehen eine kreisrunde Anordnung erfährt, so daß keine besonders druckempfindlichen Körperregionen auftreten.

Neben diesen schmalen, langgestreckten und im Querschnitt kreisrunden Juloidea, gibt es eine andere Gruppe von langgestreckten Diplopoden – die **Polydesmoidea** – deren Tergite und Sternite ebenfalls miteinander verwachsen sind und einen starren Körperring bilden. Sie unterscheiden sich von den Juloidea durch Ausstülpungen, die als Seitenflügel oder Paratergite am oberen Rand der Tergite entspringen und den Rücken mehr oder weniger verbreitert und abgeflacht erscheinen lassen (Abb. 19).

Im Gegensatz zu den ,,Bulldozer" - Diplopoden verjüngt sich der Körper der ,,Flachrücken" - Diplopoden nach vorn. Halsschild und Kopf sind deutlich kleiner als die folgenden Segmente. Diese morphologischen Besonderheiten – abgeflachter Rücken und kleine vordere Segmente – erlauben es den Polydesmoidea sich wie ein Keil zwischen die Laublagen der Streu oder unter Steine zu zwängen, andererseits dürften die Seitenflügel der Tergite für ein Durchdringen tieferer Bodenschichten hinderlich sein. So ist es nicht verwunderlich, daß die Polydesmoidea vorzugsweise in den obersten Bodenschichten und innerhalb der Streuschicht zu finden sind, die Juloidea aber auch tiefere Bodenschichten erfolgreich besiedeln können.

Schließlich seien, da sie sehr häufig auftreten können, zwei weitere Gruppen der Diplopoden erwähnt, die beide keine auffallenden morphologischen Anpassungserscheinungen an ein Leben in tieferen Bodenschichten zeigen. Die eine Gruppe, die Pinselfüßer oder **Pselaphognatha**,

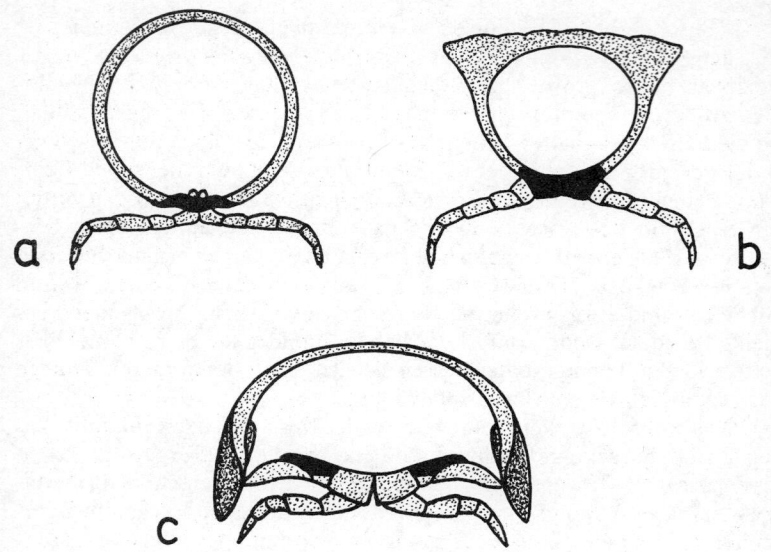

Abb. 19: Körperquerschnitt verschiedener Doppelfüßer (Diplopoda): a) Juloidea, Bulldozer-Typ mit starrem Körperring, b) Polydesmoidea, Keiltyp mit starrem Körperring, c) Saftkugler (Glomeridae) mit frei beweglichen Segmentplatten. Die Saftkugler können sich kugelig und nicht nur spiralig wie Arten aus den beiden anderen Gruppen zusammenrollen (ver. aus MANTON 1977).

umfaßt etwa 2–3 mm große, ursprüngliche Vertreter mit einer eigenartigen Fortpflanzungsbiologie (Kap. 4.1.1.). Sie unterscheiden sich von allen anderen Diplopoden durch ihre weiche Haut, die keine Kalkeinlagerungen enthält und die seitlich angeordneten, lufthaltigen Haargebilde oder Trichome. Pinselfüßer leben unter der Rinde vermodernder Baumstämme und in lockeren Humusböden.

Bei der zweiten Gruppe handelt es sich um „Kugel-Diplopoden". Es sind Arten, die sich bei Gefahr zu einer völlig geschlossenen Kugel zusammenrollen können. Die einzelnen Segmente passen genau aneinander und verbergen Kopf und Beine. Den Abschluß zur Kugel bildet nicht das Collum, sondern die miteinander zum Brustschild verschmolzenen 2. und 3. Tergite. Die Kugelbildung dieser Vielfüßer ist nur deshalb möglich, weil die Sternite und Pleurite nicht mit den stark gewölbten Tergiten zusammengewachsen sind und beim Einrollen so weit wie erforderlich verschoben werden können (Abb. 19c). Die Arten dieser Gruppe werden auch als Saftkugler bezeichnet, weil sie sich bei Gefahr nicht nur einrollen, sondern aus den Wehrdrüsen deutlich sichtbare Sekrettröpfchen ausscheiden.

Die Kugel-Diplopoden graben ähnlich wie die Juloidea, benutzen jedoch die verschmolzenen Tergite als Ramme. Ihr größerer Körperdurchmesser, die geringere Anzahl der Beinpaare (19 beim Männchen, 17 beim Weibchen) und die frei beweglichen Pleurite und Sternite schränken die Bewegungsfreiheit der Saftkugler ein, so daß sie in den obersten Bodenschichten, sehr oft auf der Bodenoberfläche angetroffen werden können, aber nur selten wie die Juloidea auch tiefere Bodenschichten besiedeln.

Zu den Tausendfüßern gehören neben den Diplopoda auch die Hundertfüßer (**Chilopoda**). Von diesen haben die Erdläufer (Geophilomorpha) auffallende morphologische Anpassungen erworben, die auch ihnen ein Leben im Boden ermöglichen. Die Anzahl der Körpersegmente ist im Vergleich zu den Hundertfüßern aus anderen Familiengruppen deutlich erhöht und auf 35–175 Segmente angewachsen. Da diese nicht verbreitert sind, wird der Körper der Erdläufer lang und schmal. Er erhält ein fast wurmartiges Aussehen (Abb. 20a). Dieser Eindruck wird verstärkt, weil Fühler und Beine verkürzt sind.

Weitere Merkmale, durch die sie sich als echte Bodentiere einstufen lassen, werden durch Färbung und Ausbildung der Lichtsinnesorgane verdeutlicht. Erdläufer sind weniger stark pigmentiert als andere Hundertfüßer und hell gelblich gefärbt, außerdem sind sie blind, da ihre Ocellen im Gegensatz zu den Hundertfüßern der Streuschicht vollkommen reduziert sind.

Auf der Bodenoberfläche bewegen sich die Geophilomorpha mit ihren kurzen Beinen nur sehr langsam vorwärts. Im Erdboden ermöglichen die zahlreichen Beine wie bei den Doppelfüßern beachtliche lokomotorische Kräfte, so daß sie die Bodenspalten durch Körperdruck erweitern können und sich wurmartig durch Bodenspalten wühlen. Haben die Erdläufer ihren Kopf in eine Bodenspalte gedrückt, so verbreitern sie die hinter dem Kopf liegenden Segmente, so daß der Boden gehoben wird. Dann werden die zunächst verdickten Segmente dünner und wandern in die erweiterte Bodenspalte. Dabei gleitet jedes Interkalartergit über das Tergit des dahinterliegenden Segments. Somit ähnelt die Fortbewegung der Erdläufer den Kriechbewegungen der Regenwürmer, der Amphisbaenen und der Juloidea.

2.1.2. Laufende Arten

Tiere der Bodenoberfläche benötigen keine so große Zugkraft wie z. B. die im Boden lebenden Tausendfüßer, die diese durch ihre hohe Anzahl

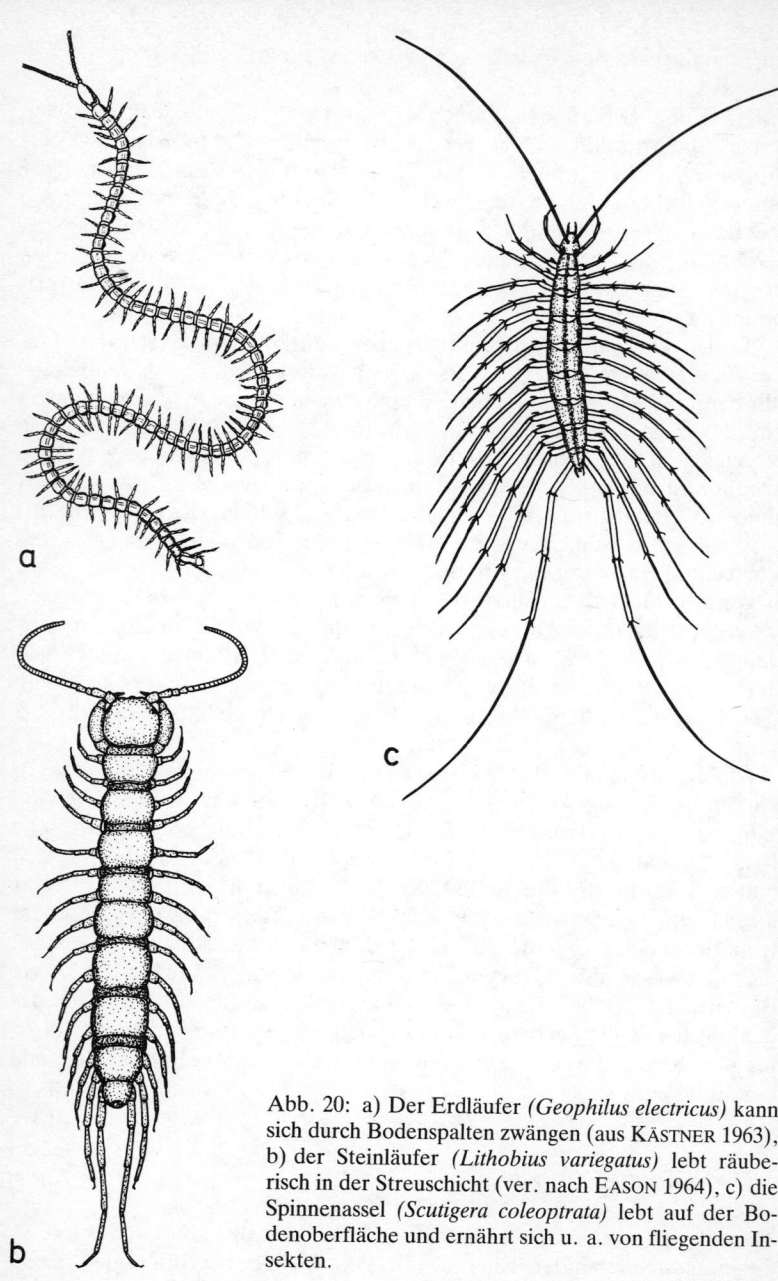

Abb. 20: a) Der Erdläufer *(Geophilus electricus)* kann sich durch Bodenspalten zwängen (aus KÄSTNER 1963), b) der Steinläufer *(Lithobius variegatus)* lebt räuberisch in der Streuschicht (ver. nach EASON 1964), c) die Spinnenassel *(Scutigera coleoptrata)* lebt auf der Bodenoberfläche und ernährt sich u. a. von fliegenden Insekten.

kurzer Beinpaare erreicht haben. Epigäisch lebende Arten, ob sie als Räuber ihre Beute verfolgen oder als Pflanzenfresser vor ihren Feinden flüchten müssen, dürften hingegen nur dann besonders erfolgreich sein, wenn sie besonders schnell laufen können.

Da eine Entwicklung von längeren Beinen und verlängerter Schrittlänge zur Geschwindigkeitserhöhung beiträgt, andererseits rasche Bewegungsabläufe durch zahlreiche lange, dicht nebeneinanderliegende Beine erschwert werden, ist es verständlich, daß viele epigäisch (= epedaphisch) lebende Arten durch eine geringere Anzahl von Beinpaaren ausgezeichnet sind, und diese im Vergleich zu Arten mit hemi– bzw. euedaphischer Lebensweise besonders lang sind, wie es Laufkäfer **(Carabidae)** unter den Coleopteren und die Schneider **(Phalangiidae)** unter den Opiliones zeigen. Entsprechende morphologische Veränderungen, Verlängerungen der Beine und geringere Anzahl Beinpaare, treten auch innerhalb der Hundertfüßer auf. Innerhalb dieser Gruppe gibt es Lebensformtypen, die voneinander räumlich gesondert sind (Kap. 4.3.2.).

Leben die oben erwähnten Geophilomorpha euedaphisch in tieferen Bodenschichten, so kommen die in Mitteleuropa häufigen Steinläufer **(Lithobiidae)** überwiegend hemiedaphisch vor. Die Steinläufer sind rasch laufende, dorsoventral abgeflachte Arten, die an der Bodenoberfläche nach Beute jagen aber wegen ihrer guten Beweglichkeit auch in die größeren Poren der obersten Bodenschichten eindringen können. Im Vergleich zu den Geophiliden ist ihre Gestalt gedrungener, und sind die in ihrer Anzahl reduzierten Beine (15 Laufbeinpaare) länger (Abb. 20b). Daher können sie nicht in die gleiche Tiefe vordringen wie die Erdläufer.

Noch größere Schwierigkeiten, die Zwischenräume der obersten Bodenschichten aufzusuchen, haben wegen ihrer langen spinnenartigen Beine die Spinnenasseln **(Scutigeridae)**. Andererseits erlauben ihnen die extrem langen Beine eine Laufgeschwindigkeit von 50 cm/sec!– Auch wenn sich bei ihnen die Aktionsradien der Beine stark überlappen, so wird eine geordnete Koordination dadurch erleichtert, daß die vorderen Beine nach vorn gerichtet sind und die hinteren nach hinten und nicht wie bei den langsameren Myriopoden, parallel zueinander seitlich ausladen. Auch sind die Beine von unterschiedlicher Länge. Die Aufsatzstellen benachbarter Beine treffen somit nicht zusammen (Abb. 20c).

Die Spinnenasseln leben in den wärmeren Gebieten Mitteleuropas und sind im Mediterrangebiet nicht selten. Sie jagen nachts auf der Bodenoberfläche nach Beute und können mit ihren auffallend langen Beinen sogar fliegende Insekten fangen, indem sie die Endglieder der Laufbeine wie ein Lasso über Fliegen oder Mücken werfen.

Chilopoden sind nicht nur in ihrer Gestalt sehr verschieden, auch in ihrer Entwicklung treten deutliche Unterschiede auf. Aus den Eiern der Erdläufer schlüpfen Jungtiere, die bereits die volle Segmentzahl der Adulten besitzen (Epimorphose). Aus den Eiern der Steinläufer und der Spinnenasseln schlüpfen Jungtiere mit nur 7–8 Beinpaaren. Erst mit den folgenden Häutungen wird ihre Beinzahl auf 15 erhöht (Anamorphose).

2.1.3. Luftatmende Kleinhöhlenbewohner

Bei vielen großen Tieren der Mega- und Makrofauna haben sich die Ausbildung besonderer Grabwerkzeuge und eines großen Kopfschildes als vorteilhaft erwiesen, kleinere Tiere der Meso- und Mikrofauna lassen dagegen keine entsprechenden Anpassungserscheinungen erkennen. Es scheint nicht notwendig, daß von diesen kleinen Lebewesen die für sie überdimensionalen Bodenpartikel fortgeräumt werden.

Um im Laufe einer evolutiven Entwicklung neue Lebensräume erobern zu können, sich von verwandten Arten mit ähnlichen Lebensansprüchen räumlich abzusondern, verfolgen sie eine andere Richtung. Die ohnehin kleinen Arten wurden während ihrer phylogenetischen Entwicklung noch kleiner, noch schmaler und konnten so von den obersten Bodenschichten her auch die Poren mit kleineren Durchmessern besiedeln und in größere Bodentiefen vordringen. Wie diese Entwicklung stattgefunden haben mag, läßt sich am Beispiel der Springschwänze (**Collembola**) veranschaulichen.

Als ursprüngliche Form der Collembolen können jene Tiere angesehen werden, die als hemiedaphische Arten die obersten Bodenschichten und die Streu besiedeln. Sie entsprechen in ihrem Aussehen einigen Arten aus der Familie der Isotomiden und sind ebenfalls dem *Lepidocyrtus lanuginosus* (Abb. 21b) nicht unähnlich. Die Unterteilung des Körpers in Kopf, Thorax und Abdomen ist deutlich sichtbar. Die Fühler sind auffallend gegliedert und erreichen fast den Hinterrand des 3. Thorakalsegments. An den drei Thorakalsegmenten befinden sich deutlich entwickelte Beine und auch die umgebildeten Hinterleibsanhänge (Furca und Ventraltubus) sind deutlich erkennbar, bei manchen Arten ist außerdem das Retinaculum am 3. Abdominalsegment gut zu sehen. Auf jeder Seite des Kopfes befinden sich hinter einem weniger deutlichen Postantennalorgan 8 stark pigmentierte Einzelaugen. Die Cuticula ist blau, grün, gelb oder bräunlich-rot gefärbt.

Aus den hemiedaphischen Arten haben sich solche entwickelt, die als epedaphische auf der Erdoberfläche leben oder sogar in die Kraut- und Baumschicht abwandern (Abb. 21a). Äußerlich unterscheiden sie sich durch eine längere und dichtere Beborstung und eine stärkere Pigmentierung, die oft musterartig angeordnet ist und gestaltauflösend (somatolytisch) wirkt, so daß die Individuen auf der Bodenoberfläche kaum zu erkennen sind. Außerdem sind viele Oberflächenarten durch längere Füh-

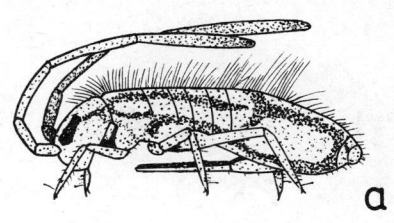

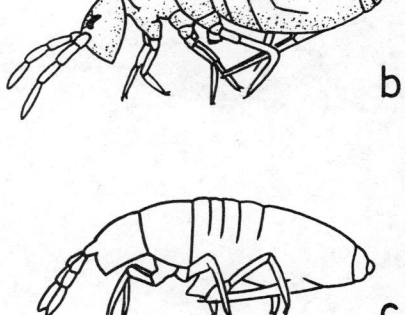

Abb. 21: Seitenansicht von Springschwänzen aus der Familie Entomo-
bryidae: a) epedaphisch lebende Art
(Entomobrya muscorum, 3,5 mm
groß), b) hemiedaphische lebende
Art *(Lepidocyrtus lanuginosus,*
1,7 mm groß), c) euedaphisch lebende Art *(Cyphoderus albinus,* 1,0 mm
groß (aus DUNGER 1964, in Anleh-
nung an BOCKEMÜHL 1956 und
HANDSCHIN 1929).

ler charakterisiert, die sekundär geringelt sein können und die Länge des
Körpers überragen. Verlängert sind ebenfalls Sprunggabel (Furca) und
Beine. Die Augen sind immer gut entwickelt. Jedoch kann das Feuchtig-
keit anzeigende Postantenalorgan (PAO) vollkommen reduziert sein.

Bei den Kugelspringern (Sminthuridae) sind mehrere Körpersegmente
verbreitet und miteinander verwachsen, so daß diese Collembolen eine
kugelförmige Gestalt annehmen (Abb. 22). Arten dieser Familie leben
sogar in den Baumkronen.

Entgegengesetzt gerichtete Anpassungserscheinungen sind bei jenen
Springschwänzen feststellbar, die in tieferen Bodenschichten vorkommen.
Bei ihnen ist die Pigmentierung zurückgebildet, und die Zahl der weiß
gefärbten Individuen ist auffällig groß (Abb. 21c, 22c). Aber nicht nur in
der Färbung, auch in der Gestalt unterscheiden sich die euedaphischen
Arten von den hemiedaphischen. Sie sind oft schmal und lang gestreckt,
ihre Körperanhänge sind reduziert oder fehlen vollkommen, so daß sie
schließlich eine wurmförmige Erscheinungsform annehmen können. Die
Sprunggabel ist in den engen Hohlräumen des Bodens ohnehin funktionslos, ihre Reduktion aber erhöht die Beweglichkeit in dem engen Lücken-

45

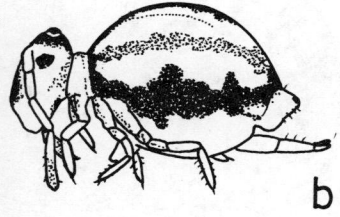

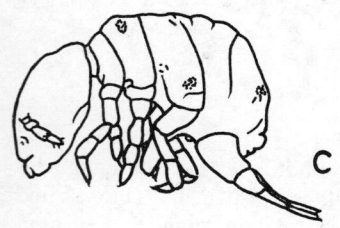

Abb. 22: Seitenansicht von Springschwänzen aus der Familie Sminthuridae: a) in der
Krautschicht lebende Art *(Bourletiella hortensis,* 1,3 mm groß), b) epedaphisch lebende Art *(Sminthurinus elegans,* 0,7 mm
groß), c) euedaphisch lebende Art *(Neelus
minimus,*0,35 mm groß) (aus DUNGER 1964,
nach BÖRNER 1901 und STACH 1947–1960).

system. Auch bieten die Augen den in tieferen Bodenschichten lebenden
Tieren keinen Vorteil. So evoluierten Arten und konnten sich durchset-
zen, die wie echte Höhlentiere völlig blind sind. Schließlich zeigen die
Collembolen des Bodeninnern kürzere Tastborsten und eine reduzierte
Behaarung.

Entsprechende Umwandlungen treten auch beim „Schläfenorgan" auf,
das auch als Postantennalorgan oder Pseudoculus bezeichnet wird. War
das Postantennalorgan bei epedaphischen Arten völlig reduziert, so läßt
sich hinsichtlich der Ausbildung dieses Organs für die euedaphisch lebenden Arten ebenfalls eine entgegengesetzte Entwicklungstendenz aufzeigen. Das Postantennalorgan ist bei ihnen auffallend groß und selbst bei
Arten, die noch einzelne Punktaugen (Ocellen) besitzen, größer als ein
Ocellus (Abb. 23).

Unter den Hexapoda sind es nicht nur die Collembola, die typische Anpassungserscheinungen an ein Bodenleben erkennen lassen. Auch die schmalen, wurmförmigen entognathen Gruppen der Beintaster oder **Protura** und der Doppelschwänze oder **Diplura** zeigen entsprechende Ausbildungen. Bei den Proturen handelt es sich um gelblich pigmentierte oder weiße Tiere, deren Ocellen vollkommen reduziert sind, und die auch keine Antennen besitzen. Statt der Fühler stecken sie den Apikalteil der verlängerten Vorderbeine fühlerartig vor den Kopf und ertasten mit ihnen die nähere Umgebung. Diese Besonderheit verlieh ihnen den deutschen Namen. Wie bei den eudedaphisch lebenden Collembolen ist auch bei den Individuen dieser Tiergruppe ein Feuchtigkeit anzeigendes Sinnesorgan deutlich entwickelt. Es wird wie bei den Collembolen als Postantennalor-

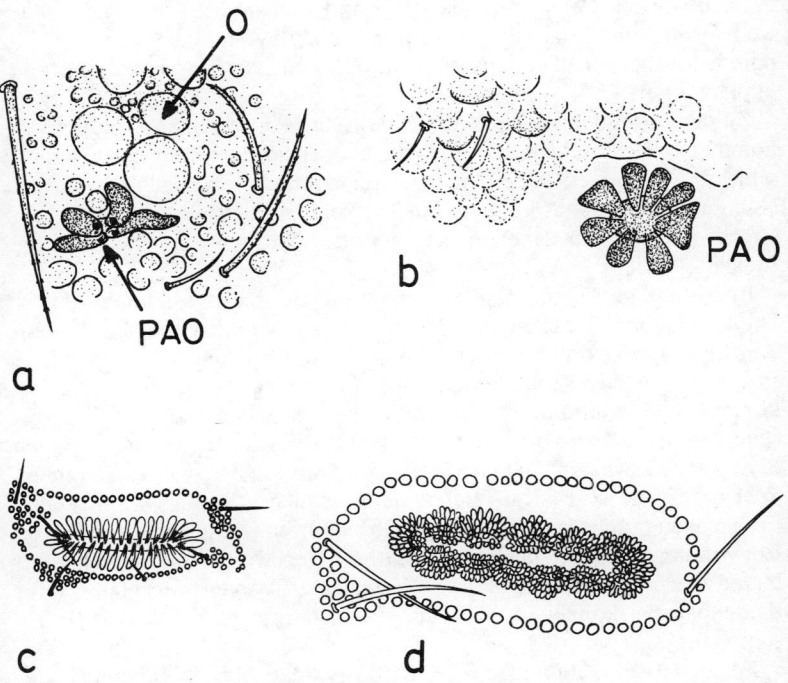

Abb. 23: Ausbildung von Feuchtigkeit anzeigenden Postantennalorganen bei verschiedenen euedaphisch lebenden Springschwänzen: a) *Hypogastrura cavicola*, b) *Micranurida sexpuncatata*, c) *Onychiurus armatus*, d) *Onychiurus perforatus*. O = Augen, PAO = Postantennalorgan (nach HANDSCHIN 1929).

gan bezeichnet, oder weil die Tiere keine Antennen besitzen, auch als Pseudoculus. Wie bei den Collembolen lassen sich Arten mit etwas längeren Beinen und solche mit kürzeren gegenüberstellen. Letztere können in tiefere Bodenschichten vordringen.

Auffallend ist ein weiteres Kennzeichen, welches zur Unterteilung der Protura in die zwei Unterordnungen Eosentomoidea und Acerentomoidea führte. Die Eosentomoidea, einzige Gattung: *Eosentomon*, besitzen wie die Kugelspringer (Symphypleona) unter den Collembolen ein Tracheensystem, während die Acerentomoidea dieses nicht aufweisen. Es besteht keine Korrelation zwischen Ausbildung der Extremitäten und der Ausbildung von Tracheen. Arten mit längeren Beinen gehören beiden Unterordnungen an.

Die Dipluren unterscheiden sich von den beiden erwähnten Ordnungen der Hexapoda durch lange, perlschnurartige Fühler und die vom letzten Abdominalsegment ausgehenden Cerci. Diese können lang und fühlerartig sein wie bei *Campodea* oder kurz und zangenförmig wie bei *Japyx*, wobei sie an die Cerci der Ohrwürmer erinnern. Wie die meisten euedaphisch lebenden Collembola sind die Diplura langgestreckt, blind und unpigmentiert.

Zu den luftatmenden Kleinhöhlenbewohnern gehören auch die Larven holometaboler Insekten. Die Imagines leben in der Streu- oder Krautschicht. Die Larven haben wegen ihrer deutlich abweichenden Gestalt einen anderen Lebensraum erschließen können. Sie sind schmal, langgestreckt und können daher in tiefere Bodenschichten vordringen als die Imagines.

In Abbildung 24 sind einige ausgewählte Beispiele zusammengestellt. Die Larven der Schnellkäfer (Abb. 24a, b) leben in den obersten Bodenschichten. Einige ernähren sich vermutlich zoophag und verfolgen andere Insektenlarven. Die Larven der meisten Arten aber sind phytophag und können in der Kulturlandschaft beträchtliche Schäden anrichten. Sie fressen an den Wurzeln von Getreide, Rüben, Raps, Klee usw. und bringen diese zum Verwelken. Neben Wurzeln und Sproßteilen werden von ihnen Speicherorgane, z. B. Kartoffelknollen, befallen, die danach mit breiten Fraßgängen durchzogen sind. Wegen ihres harten und gegen mechanische Einwirkungen widerstandsfähigen Chitinpanzers werden die Schnellkäferlarven auch als ,,Drahtwürmer" bezeichnet. Wegen der Härte ihres Außenpanzers können sie sich auch als Bohrgräber durch den Boden stemmen.

Fliegenlarven (Bibionidae Abb. 24c, Tipulidae Abb. 24d) kann bei der Zersetzung des Fallaubs eine beträchtliche bodenbiologische Bedeutung zukommen. Selbst in sauren Böden, in degradierten Kiefernbeständen oder in Fichtenmonokulturen auf Sandböden lassen sich diese Larven manches Mal in großer Anzahl beobachten.

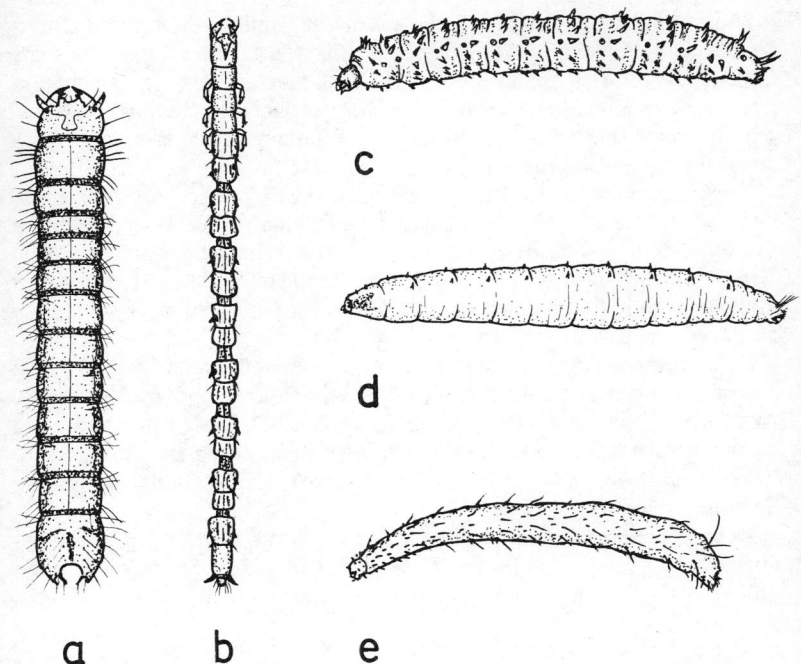

Abb. 24: Larvenform euedaphisch lebender Insektenlarven, deren Imagines nicht im Boden leben: a) *Athous spec.* (Schnellkäfer), b) *Cardiophorus spec.* (Schnellkäfer), c) *Bibio spec.* (Haarmücke), d) *Tipulidae* (Schnake), e) *Ctenocephalides felis* (Floh). (Abb. a, b nach RUDOLPH 1978, Abb. c–e aus BRAUNS 1968, nach BRAUNS 1954 und ELBEL 1951).

Die Larven der Flöhe gehören ebenfalls zur Bodenfauna. Sie befinden sich nicht nur in den unterirdischen Nestern von Kleinsäugern, sondern sie kommen ebenfalls in den obersten Bodenschichten oder innerhalb der Streu vor. Auch außerhalb des Nestes, gerade wo sich der Wirt aufhält, können die Eier der Flöhe in die Bodenstreu fallen. Flohlarven sind entweder saprophag und ernähren sich von toten organischen Stoffen oder sie sind mycetophag und fressen an Schimmelpilzen.

Nicht nur die Larven vieler holometaboler Insekten, auch die Imagines einiger Käfer und Hautflügler sind zur hemi- und eudedaphischen Lebensweise übergegangen und an das Lückensystem des Bodens angepaßt. Besonders ersichtlich ist dies bei der Käferfamilie der Kurzflügler oder Staphylinidae.

Die wohl ursprünglichsten Arten aus dieser Familie gehören der Unterfamilie Omaliinae an (Abb. 25a). Sie sind durch ihre relativ plumpe Gestalt und für diese Käferfamilie auffallend langen Flügeldecken charakterisiert. Die Omaliinae leben in der Streuauflage des Bodens, in Moospolstern oder sind in der Krautschicht zu finden, wo sie sich von Pollen der Blütenpflanzen ernähren.

Die Tachyporinae (Abb. 25b) sind noch relativ plump, ihre Flügeldecken oder Elytren im Vergleich zu den Omaliinae verkürzt, so daß sie im Lückensystem des Bodens eine bessere Beweglichkeit erhalten. Viele Arten der Tachyporinae leben in der Krautschicht und ernähren sich dort räuberisch von phytopathogenen Insekten. Zur Überwinterung suchen sie die Streuschicht auf.

Noch kürzere Flügeldecken als die Arten der genannten Unterfamilien haben solche aus den Unterfamilien der Staphylininae und Xantholininae. Auch sie sind schmal und langgestreckt (Abb. 25c). Viele von ihnen leben nicht nur in der Streu sondern ebenfalls in den oberen Bodenschichten. Bei einigen Arten sind die Hinterflügel (Alae) zurückgebildet, so daß sie flugunfähig geworden sind.

Ausschließlich euedaphisch kommen die schwer bestimmbaren Vertreter der Unterfamilie Leptotyphlinae vor (Abb. 25d). Sie werden selten größer als 1,5 mm, sind unpigmentiert, und auch die Augen können

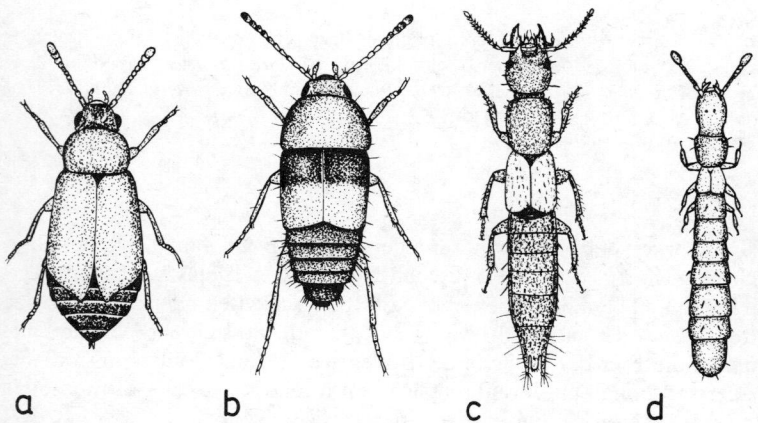

a   b   c   d

Abb. 25: Habitusbilder einiger Kurzflügler (Staphylinidae): a und b epedaphisch und in der Krautschicht lebende Arten (a-*Anthobium minutum,* b-*Tachyporus obtusus*) c) hemiedaphisch lebende Art *(Othius punctulatus),* d) euedaphisch lebende Art *(Entomoculia occidentalis)* (Abb. a, b nach HANSEN 1951, 1952; Abb. c, d nach COIFFAIT 1972).

zurückgebildet sein. Dies sind Merkmale, in denen sie mit vielen Höhlen-
käfern übereinstimmen. Deutlich verschieden von diesen sind sie aber in
der Verkürzung der Fühler und Beine; die Bodenbewohner sind meistens
stärker sklerotisiert als die Höhlenkäfer. Daher sind sie nicht ausschließlich auf ein weites Porensystem angewiesen, sondern können sich auch
durch Bodenspalten hindurchzwängen. Die Vorderflügel (Elytren) der
Leptotyphlinae, die bis auf die Länge der einzelnen Abdominalsegmente
verkürzt sind, verwachsen mit dem mittleren Brustsegment (Mesothora-
calsegment). Hierdurch werden sie nicht nur flugunfähig, sondern erhalten eine freiere Beweglichkeit und können durch enge, verwinkelte
Porengänge hindurchschlüpfen.

Bei der Zersetzung des Bestandesabfalls kommt auch den Milben eine
große Bedeutung zu. Sie werden kaum über 5 mm groß, ihre Arten- und
Individuenzahl ist aber derartig groß, daß sie neben den Collembolen in
fast allen Böden zu den zahlreichsten Arthropoden gehören. Ihre vier
Laufbeinpaare weisen die erwachsenen Milben als Spinnentiere aus.

Abb. 26: Habitusbilder wurmförmiger Milben: a) *Psammolycus delamarei*, b) *Nema-
talycus nematoides*, c) *Gordialycus tuzetae*
(ver. nach COINEAU et al. 1978).

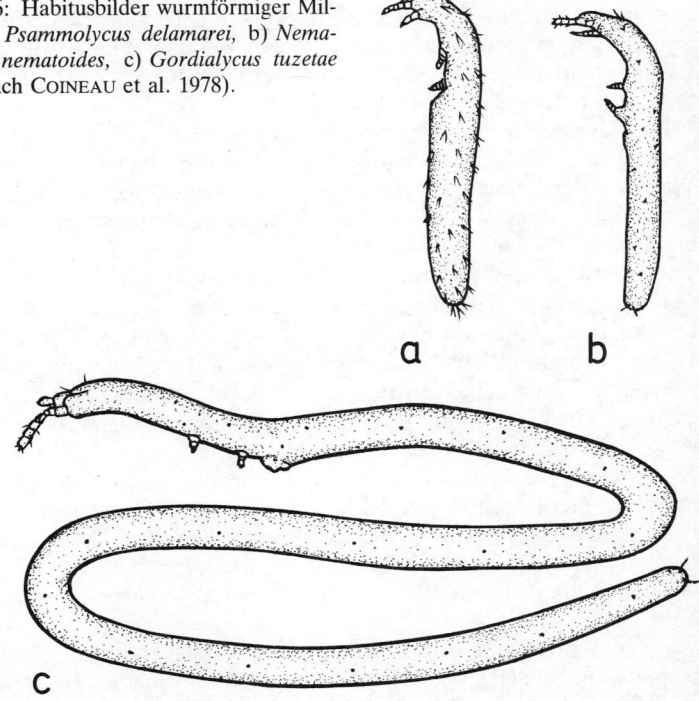

(Abb. 55, 59) (Larven haben nur 3 Beinpaare). Wegen ihrer geringen Größe können die Milben im Porensystem der Böden bis in sehr große Tiefe vordringen. Doch auch bei ihnen treten Anpassungserscheinungen auf, wie wir sie vorher bei den verschiedensten Gruppen festgestellt haben. Die Beine werden zurückgebildet, der Körper wird schmaler und gestreckt, so daß es schwer fällt, manche dieser Tiere noch als Milben zu erkennen. (Abb. 26).

2.2. Feuchtigkeit

2.2.1. Resistenz gegenüber Trockenheit

Im physikalisch – chemischen Sinne sind Lebewesen offene Systeme, die über ihre Oberfläche mit der Umwelt in Verbindung stehen.

Verlassen Tiere nasse, mit Wasser gesättigte Lebensräume und kommen sie in Bereiche, in denen ihnen kein Kontaktwasser zur Verfügung steht oder in denen die Luft nicht mit Wasserdampf gesättigt ist, so besteht für viele die Gefahr, größere Wassermengen durch Verdunstung an der Körperoberfläche, an den respiratorischen Flächen und durch Exkretion zu verlieren, ohne daß die verloren gegangenen Flüssigkeitsmengen wieder ersetzt werden können.

Für die meisten Ringelwürmer (Oligochaeta) scheint die Feuchtigkeit der begrenzende Umweltfaktor zu sein. Trotzdem haben es die aus dem Wasser in das lufthaltige Porensystem des Bodens eingewanderten Oligochaeten dort zu einer großen Artenvielfalt und zu beträchtlichen Größenunterschieden gebracht.

Zu den kleineren Arten gehören die Enchytraeiden. Sie werden etwa 4–40 mm groß, sind farblos und fast vollkommen durchsichtig oder erhalten durch ihr Blut, wie die *Lumbricillus*-Arten, eine gelbliche bis rote Färbung. Eine mittlere Größe nehmen die in der gesamten nördlichen, gemäßigten Zone lebenden Regenwürmer ein. Sie werden bis zu 30 cm groß und können ebenfalls pigmentiert sein. Ein auffallend rotes Pigment weisen die vorwiegend oberflächlich lebenden Arten aus den Gattungen *Lumbricus, Dendrobaena* auf, während die Arten der tieferen Bodenschichten meistens hell- bis dunkelgrau aussehen (Gattungen *Allolobophora, Octolasium*). Die größte Länge erreichen die Riesen-Regenwürmer Australiens (Megascolicidae). Arten, wie *Megascolides australis*, sind fast immer über einen Meter lang und können sogar eine Länge bis zu 3 m erreichen.

Sie alle sind an feuchte Lebensräume gebunden oder leben sogar amphibisch. Zu den amphibischen Regenwürmern gehört in Mitteleuropa

Eiseniella tetraedra, die an Ufern und im Schlamm von Gewässern vorkommt.

Der Wassergehalt der Oligochaeten kann unterschiedlich sein. Er liegt bei Regenwürmern zwischen 75 und 90% des Frischgewichts der Tiere. Der Wasserverlust, den sie ertragen können, ist beträchtlich. Dieser liegt für Regenwürmer nahezu bei 80% der gesamten Körperflüssigkeit *(Lumbricus terrestris* bei ca. 70%, *Allolobophora chlorotica* bei etwa 75%) und ist etwa doppelt so hoch wie der Flüssigkeitsverlust, der von Arthropoden (etwa 40%) ohne Schädigung ertragen werden kann. Die Erduldung eines hohen Wasserverlustes reicht aber nicht aus, um in trockeneren Lebensräumen überstehen zu können. Es gibt bis jetzt keinen Hinweis dafür, daß die Arten aus trockeneren Lebensräumen einen besonders hohen Wasserverlust ertragen können und weniger empfindlich reagieren als Arten aus Feuchtgebieten.

Oligochaeten können sich nicht vor Trockenheit schützen, weil ihre sehr dünne und farblose Kutikula von den Drüsenzellen der Epidermis und der Coelomflüssigkeit ständig feucht gehalten wird. Sobald die Luft in ihrem Lebensbereich nicht mit Wasserdampf gesättigt ist, wird Wasser von der Körperoberfläche verdunsten, ohne daß dieses ständig ersetzt werden kann. Daher können Regenwürmer in Sandgebieten, in denen es regelmäßig zu längeren Trockenheitsperioden kommen kann, nicht leben.

Trocknen Böden, in denen Regenwürmer einen geeigneten Aktivitätsbereich gefunden haben, dennoch aus, so verlassen viele Arten die trokken werdenden Bodenhorizonte, folgen dem Feuchtigkeitsgefälle und dringen während einer Trockenperiode in tiefere Bodenschichten ein.

Bei regnerischem Wetter und gesättigter Luftfeuchte können sie die Böden verlassen. Erweitern die Regenwürmer ihre Aktivitätszone auf die Erdoberfläche, so werden sie dort bei längerem Verweilen durch ultraviolette Strahlung geschädigt. Die stark pigmentierten Arten sind strahlungsresistenter als die weniger stark pigmentierten Individuen anderer Arten. Regenwürmer werden meistens nicht durch Staunässe an die Bodenoberfläche getrieben. Feuchtigkeitsliebende Regenwürmer, die allerdings durchnäßte Böden meiden, konnten in Laborversuchen etwa 7–11 Monate überflutet werden, ohne daß ein schädigender Einfluß bemerkbar wurde. – In dauerfeuchten Gebieten, wie den tropischen Regenwäldern, erweitern die Regenwürmer ihren Aktionsradius sogar auf die Strauch- und Baumschichten.

Im Gegensatz zu den Regenwürmern sind die kleinen Enchytraeiden nicht dazu befähigt, sich durch einen verdichteten Bodenhorizont zu bohren oder zu fressen. Daher kann es in sommertrockenen Böden bereits zu Beginn einer Trockenperiode fast zum Aussterben ganzer Enchytraeiden-Populationen kommen. Nur die in Kokons geschützten Eier können längere Trockenzeiten unbeschadet überstehen. Erst wenn die Feuchtigkeit wieder zunimmt – meistens in den Herbstmonaten – schlüpfen die Larven aus ihren Kokons.

Auch Mikroorganismen können einem Feuchtigkeitsgefälle nicht folgen. Sie sind daher den veränderten Umweltbedingungen ausgesetzt. Untersuchungen an Bakterien zeigen, daß sie mit zunehmender Trockenheit ihre Stoffwechselraten herabsetzen (Kap. 2.2.6). Dies gilt unter anderem für die spezifischen Bakterien des Stickstoff-Kreislaufs. Sowohl die Nitrifikation als auch die symbiontische Stickstoff-Bindung wird bei zunehmender Trockenheit deutlich herabgesetzt. – Besonders sensibel gegenüber Wassermangel sind die im Boden lebenden Algen. Es scheint, daß sie nur bei Regen aktiv sind, oder wenn der Tau sie genügend durchnäßt hat. Während der Trockenperioden sind sie inaktiv und durch eine Schleimschicht geschützt.

Wie bei den Enchytraeiden sind es oft nur bestimmte Entwicklungsstadien, die gegenüber Trockenheit besonders widerstandsfähig sind. So kann *Azotobacter* wahrscheinlich nur als Zyste und nicht in ihren vegetativen Zellen längere Trockenperioden überdauern. Gleiches gilt für die Actinomyceten. Ihre Sporen sind gegenüber Trockenheit resistenter als die Hyphen. Die Resistenzerscheinungen gegenüber Trockenheit verändern sich nicht nur von Art zu Art oder bei den aufeinanderfolgenden Entwicklungsstadien einer Art, sondern auch zwischen den Individuen einer Population. Sie können bei demselben Individuum je nach seinem Ernährungszustand verschieden sein.

Tiere aus der Laufkäfergattung *Harpalus* bevorzugen trockene, sandige Lebensräume. Finden sie keine Nahrung, und müssen sie mehrere Tage lang hungern, so verringern sich allmählich ihre Reserven an Körperflüssigkeit. Mit dem Wasserverlust verändert sich ihre Reaktion gegenüber der Feuchtigkeit. Hungernde Tiere verlassen nach ein, zwei oder erst nach acht Tagen ihre trockenen Habitate und suchen feuchte Lebensräume auf. Ähnliche Beobachtungen liegen für Termiten, Ameisen und Ohrwürmer vor.

2.2.2. Anhydrobiose

Die Toleranz gegenüber Wasserverlust ist zwar bei den verschiedenen Arten unterschiedlich hoch; sie trägt dennoch nur wenig zu einer erhöhten Trockenresistenz bei. Jedoch gibt es einige Ausnahmeerscheinungen. So können Eier von Krebsen (Crustacea) und Collembolen, Larven bestimmter Insekten und verschiedene Entwicklungsstadien von Protozoen, Rotatorien, Nematoden, Tardigraden und Collembolen einen sehr viel höheren Wasserverlust ertragen, als dies bei anderen, nahe verwandten Arten oder anderen Entwicklungsstadien derselben Art beobachtet werden konnte. Der Wasserverlust dieser Arten oder Entwicklungsstadien kann auf 97–98% der Körpergewichte ansteigen, ohne daß eine Schädigung eintritt. Diese Fähigkeit, in einem nahezu ausgetrocknetem Zustand zu überleben, wird als Anhydrobiose bezeichnet.

Derart ausgetrocknete in Anhydrobiose befindliche Tiere überdauern in einem scheinbar leblosen Zustand und können bei erneuter Wasserzufuhr in kürzester Zeit wieder aktiv werden. So benötigen Nematoden, die ein Jahr lang im ausgetrockneten Zustand aufbewahrt wurden 6–10 h, um ihre ursprüngliche Aktivität wieder zu erreichen. Waren die gleichen Tiere 10 Jahre lang im scheintoten Zustand aufbewahrt worden, so benötigten sie bis zu einer erneuten Aktivität etwa 70–80 h.

Im ausgetrockneten Zustand sind die Individuen gegenüber Umweltfaktoren besonders widerstandsfähig. Ihre Resistenz ermöglicht nicht nur ein Überleben bei den extremsten Witterungseinflüssen, sondern sie geht über den Wirkungsbereich der auftretenden Außenbedingungen sogar weit hinaus. Ausgetrocknete Rotatorien, Nematoden und Tardigraden konnten so niedrige Temperaturen wie $-190\,°C$ (flüssige Luft) oder $-272\,°C$ (flüssiges Helium) überstehen. Larven einer Zuckmückenart (Chironomidae) ließen sich sogar kurzfristig auf $102\,°C$ erhitzen, ohne daß diese hohe Temperatur zu einer unmittelbaren Schädigung führte.

Die besondere Widerstandsfähigkeit der ausgetrockneten und weiterhin lebensfähigen Arten ließ die Hypothese aufkommen, daß es sich bei den Vorfahren dieser Arten um Lebewesen mit außerirdischen Ursprung handelt. Doch scheint es wahrscheinlicher, daß sich die Fähigkeit zur Anhydrobiose bei mehreren Tiergruppen unabhängig voneinander in irdischen Lebensräumen entwickelt hat. Eine gelegentliche Austrocknung feuchter terrestrischer Lebensräume könnte zu einer Selektion von Lebenswesen geführt haben, welche die Fähigkeit besitzen, bei anhydrobiotischen Bedingungen zu überdauern. Die besonders große Widerstandsfähigkeit gegenüber hohen und tiefen Temperaturen, gegenüber Gaseinwirkungen (CO_2, H_2S) und gegenüber Röntgenstrahlen lassen sich als Begleiterscheinung der Anhydrobiosis erklären.

2.2.3. Veränderung der Evaporationsrate

Anhydrobiose ist bei Bakterien, Pilzsporen und Samen höherer Pflanzen verbreitet. Ihr Vorkommen im Tierreich dürfte immer eine Ausnahmeerscheinung sein. Die meisten Tierarten verfolgen vielmehr bei ihrer Anpassung an Trockenheit eine andere Richtung. Sie versuchen, den Wasserverlust über einen langen Zeitraum möglichst gering zu halten, damit der tödlich wirkende Schwellenwert der Körperflüssigkeit nicht erreicht wird.

Als Beispiel seien die Ergebnisse von Untersuchungen an Tausendfüßern genannt. Sechs Arten wurden miteinander verglichen. Sie hatten eine etwa gleichgroße Resistenz gegenüber Austrocknung. Ein Wasserverlust von etwa 40% des Körpergewichts führte bei allen Arten zum Tode. Die Tausendfüßer unterschieden sich aber in der Zeitspanne, die notwendig war, bis der tödliche Wasserverlust eintrat. Bei den feuchtigkeitsliebenden Arten war die Resistenzgrenze relativ schnell erreicht; bei den Arten, die auch in trockeneren Gebieten vorkommen, dauert es länger, bis der Wasserverlust zum Tode führte. Aus diesen und ähnlichen Ergebnissen läßt sich folgern, daß Arten aus Feuchtgebieten bei gleicher Trockenheit schneller Körperflüssigkeit verlieren als solche Arten, die in ihrem Lebensraum mit längeren Trockenzeiten rechnen müssen. In Böden mit längeren Trockenzeiten vorkommende Arten haben also Anpassungsmechanismen entwickelt, die es ihnen erlauben, längere Phasen der Trockenheit zu überstehen.

Eine deutliche Beziehung zwischen dem Wasserverlust, der als Evaporationsrate an der Körperoberfläche pro Zeiteinheit gemessen wird, und der Feuchtigkeit des Habitats läßt sich an Asseln (Isopoda) beobachten (Abb. 27). Bei allen drei Arten ist die pro Zeiteinheit von einer bestimmten Fläche abgegebenen Wassermenge mit dem Sättigungsdefizit nahezu proportional. Die Steigung der Geraden in Abb. 27 aber ist unterschiedlich. Dies besagt, daß der Wasserverlust von *Philoscia* besonders hoch,

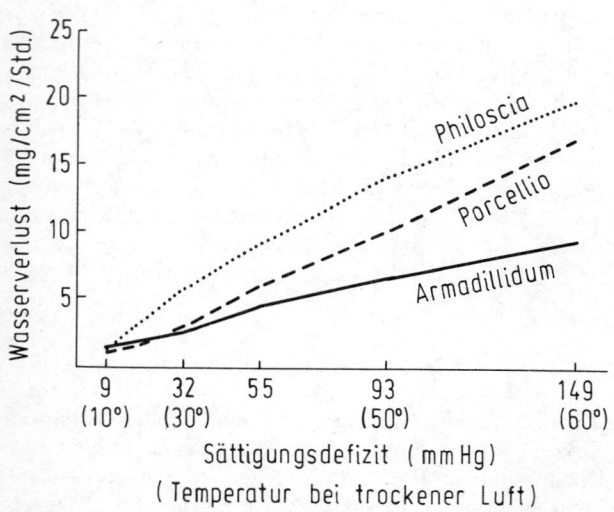

Abb. 27: Wasserverlust bei verschiedenen Landasseln und Temperaturen von 10°–60 °C in trockener Luft (ver. nach EDNEY 1957).

der von *Armadillidium* bei gleichen äußeren Bedingungen aber besonders niedrig ist. Die Waldassel *Philoscia* lebt in der feuchten Bodenstreu der Laubwälder, die Kellerassel *(Porcellio)* lebt in etwas trockeneren Gebieten unter Steinen oder in Gebäuden, die Kugelasseln der Gattung *Armadillidium* bevorzugen in kalkreichen Gebieten sonnige und trockene Habitate.

Wodurch aber kann die Verdunstungsrate der Organismen herabgesetzt werden? Um hierauf eine Antwort geben zu können sei zunächst das abgewandelte Ficksche Diffusionsgesetz näher erläutert.

$$\frac{dn}{dt} = - K \cdot A \cdot \frac{(p_i - p_a)}{d}$$

Der Gasaustausch (Abgabe von Wasserdampf) zwischen der Körperflüssigkeit eines Tieres und dem umgebenden Medium sei als reiner Diffusionsprozeß und nicht als aktiver Transportvorgang, wie er bei Überhitzung eines Organismus auftreten kann, gewertet. Die Diffusion erfolgt nur in Richtung eines Druckgefälles stets von Orten höheren zu Orten niederen Druckes. Die Druckdifferenz bezeichnet man als $(p_i - p_a)$, die zwischen den durch die Membran (Kutikula) getrennten Räumen gegeben ist. Dabei ist die Diffusion von der Fläche A und der Dicke der Membran abhängig. Ist der Wasserverlust bei gleicher Druckdifferenz verschieden (Abb. 27), so darf man annehmen, daß sich abgesehen von der Konstanten K entweder die Fläche, durch die eine Diffusion möglich ist, oder die Dicke der Kutikula bzw. ihre strukturellen Eigenschaften geändert haben.

a) Vermeidung einer großen Druckdifferenz $(p_i - p_a)$.

Um einen möglichst geringen Wasserverlust zu erleiden und so der Gefahr einer Austrocknung zu entgehen, haben Bodentiere besondere Verhaltensweisen entwickelt. Grabende Arten (z. B. Regenwürmer) folgen einem Feuchtigkeitsgefälle und wandern bei oberflächlicher Austrocknung der Böden in tiefer gelegene Bodenhorizonte ab. Ebenso verhalten sich bodenbewohnende Collembolen, besonders jene, die ein auffälliges Feuchtigkeit anzeigendes Postantennalorgan entwickelt haben. Bei durchnäßtem Boden und gesättigter Luftfeuchte können sie sich an der Bodenoberfläche aufhalten (Abb. 28).

Trocknet der Boden von oben allmählich aus, so folgen sie der Befeuchtungsfront. Versperren kleiner werdende Bodenporen den weiteren Weg in größere Bodentiefe, so entziehen sie sich dem immer größeren Sättigungsdefizit durch die Flucht. Sie verlassen ihren Aufenthaltsort entgegen einem Feuchtigkeitsgefälle und versuchen an anderer Stelle, tiefer in den Boden einzudringen.

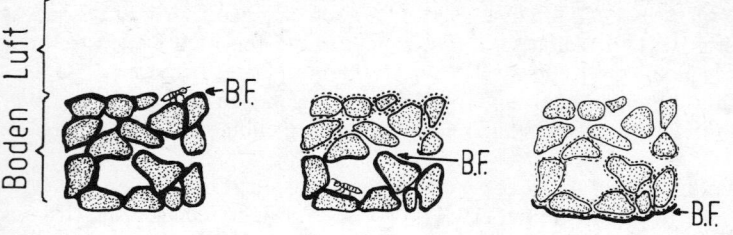

Abb. 28: Verlagerung der Befeuchtungsfront (B. F.) des Bodens durch Verdunstung. Kleinarthropoden folgen der Befeuchtungsfront. An ihrem Grenzbereich herrscht eine relative Feuchte von 100% (ver. nach VANNIER 1971).

Um einer Austrocknung zu entgehen, haben Asseln eine andere Verhaltensweise entwickelt. Sie verlegen ihre Aktivitätszeiten in einen Tagesbereich, in dem das Sättigungsdefizit möglichst gering ist und sind somit überwiegend nachtaktiv.

Aber nicht nur an bestimmte Tageszeiten gebundene Aktivitäten, auch jahreszeitliche Aktivitätsperioden tragen dazu bei, hohen Sättigungsdefiziten auszuweichen. Wird der Boden in den Sommermonaten trocken, so verringern Arten unterschiedlichster Gruppen (Regenwürmer, Insekten, Spinnentiere u. a.) ihre Aktivität und verfallen schließlich in einen Dormanzzustand, in welchem der Stoffwechsel wie bei den Winterschläfern verringert und auf einen neuen Sollwert eingestellt sein kann (vgl. Phänologie).

Regenwürmer hören zu Beginn einer Ruhepause mit der Nahrungsaufnahme auf, entleeren ihren Darm und bauen am Ende eines Ganges in 25 cm Tiefe oder in noch größerer Bodentiefe eine höhlenartige Erweiterung. Die Wandungen einer solchen Schlafhöhle werden mit schleimigen Absonderungen der Hautdrüsen ausgekleidet; der Höhleneingang kann mit einem Kotpfropf verschlossen werden. Daraufhin rollen sich die Regenwürmer zusammen und stecken die beiden Körperenden in das Zentrum der aufgerollten Spirale. Die aufgerollte Form, durch die eine Verringerung der Körperoberfläche nach außen entsteht, und die Auskleidung der Schlafhöhle, wodurch günstigere mikroklimatische Bedingungen erreicht werden, reduzieren den Wasserverlust auf ein Minimum.

b) Verringerung der Fläche A

Die Verdunstungsrate von Organismen kann herabgesetzt werden, wenn sich ihre äußere Gestalt verändert.

Langgestreckte, abgeflachte Arten mit großer Körperoberfläche dürften bei einerKutikula mit gleichen Eigenschaften und entsprechenden

Umweltbedingungen eine größere Verdunstungsrate aufweisen als gedrungene, kugelförmige Arten, bei denen die Beziehung Oberfläche/ Volumen besonders gering ist. Neben einer phylogenetischen Entwicklung zu schmalen und langgestreckten Formen, die bei Trockenheit dem Feuchtigkeitsgefälle in immer größere Bodentiefe folgen, läßt sich daher an eine Entwicklung denken, die von Arten mit einem großen Quotienten Körperoberfläche/Volumen zu Arten mit einem kleineren Quotienten führen. Vielleicht sind auf diese Weise die Kugelspringer (Abb. 22) entstanden.

Eine Verringerung des Quotienten Oberfläche/Volumen wird auch durch besondere Verhaltensmuster erreicht. Mauerasseln *(Oniscus asellus)* drücken sich bei geringer Luftfeuchtigkeit an den Untergrund, schaffen so an der Ventralseite ein Mikroklima mit erhöhter Luftfeuchtigkeit und verdunsten daher weniger Körperflüssigkeit. Kommen mehrere Individuen miteinander vor, so bilden sie Aggregationen. Die im Zentralbereich der Anhäufungen sitzenden Individuen sind besonders gut geschützt, während die im Randbereich verweilenden Tiere als einzige den unmittelbaren Kontakt mit der Umwelt herstellen.

Andere Arten können sich einrollen. Die Fähigkeit zur Einkugelung ist konvergent bei mehreren Familien entstanden und auf unterschiedliche Stufen der Vollkommenheit angelangt. Bei den Landasseln aus der Familie Cylisticidae *(Cylisticus convexus)* ist diese Fähigkeit noch nicht voll entwickelt. Sie rollen sich zu langgestreckten „Tonnenkugeln" zusammen. Ein vollkommenes Einrollvermögen besitzen dagegen die Rollasseln (Armadillidiidae). Ihre Einkugelung wird durch besonders stark entwik-

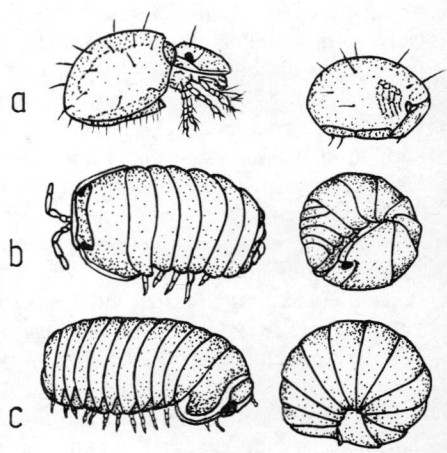

Abb. 29: Kugelvermögen von Bodentieren: a) Hornmilben: *Peudotritia ardua* laufend und *Phthiracarus setosellus* eingekugelt; b) Landasseln: *Cubaris spec.*; c) Doppelfüßer: *Sphaerotherium spec.* (aus BRAUNS 1968, etw. ver. nach versch. Autoren).

kelte ventrale Längsmuskeln bewirkt, die ebenfalls bei den sich nicht einkugelnden Arten vorhanden, aber weniger deutlich entwickelt sind. Die Tergite der Kugler sind gewölbt und bei den hoch spezialisierten Formen sind Vorder- und Hinterende so gut aneinander angepaßt, daß beim Einrollen eine gleichmäßig erscheinende Kugel gebildet wird. Bauchseite und Antennen werden im Innern der Kugel eingeschlossen (Abb. 29).

Arten, die sich in dieser Weise einrollen können, sind dazu befähigt, trockenere Böden zu besiedeln. Der Wasserverlust durch Transpiration wird bei ihnen im Vergleich zu den gestreckten Asseln sehr deutlich herabgesetzt. Dies besonders, weil nicht nur die Oberfläche der Tiere verringert ist, sondern weil die Atemorgane an den Pleopoden durch die der größte Wasserverlust erfolgt, auf der Ventralseite des Körpers liegen.

c) Veränderung der Kutikula (d)

Arthropoden aus dem aquatischen Bereich, z. B. Larven der Chironomiden (Zuckmücken) besitzen keine schützende Kutikula. Sie trocknen etwa mit derselben Geschwindigkeit aus wie ein gleichgroßer Wassertropfen. Anders ist dies bei terrestrischen Arten. Werden Zecken bei Raumtemperatur in trockener Luft aufbewahrt, so verdunsten sie weniger als 0,2% jener Wassermenge, die bei gleichen Bedingungen von einem Wassertropfen entweicht. Zerstört man bei den Zecken die oberste Schicht der Kutikula, die Epikutikula, so erhöht sich ihre Transpirationsrate augenblicklich, und sie vertrocknen innerhalb weniger Stunden. Dies zeigt, daß besondere Eigenschaften der Membran oder Epikutikula für den erhöhten Verdunstungsschutz verantwortlich sind.

Entsprechendes gilt für Asseln. Nicht nur die besondere Verhaltensweise und die Fähigkeit zur Einkugelung ermöglichen es ihnen, in trockeneren Umweltbedingungen – sogar in Trockenwüsten – zu überleben.

Bei vielen Assel-Arten (Abb. 27) ist die unterschiedliche Verdunstung von der Körperoberfläche möglicherweise auf die Rückbildung eines kapillaren Wassersystems aber auch auf die unterschiedliche ausgeprägte Kalkinkrustierung des Integuments zurückzuführen. Weitere besondere morphologische Veränderungen des Integuments müssen bei der Wüsten-Rollassel *Venezillo arizonicus* entwickelt sein. Bei ihr steigt im Gegensatz zu den bisher erwähnten Arten die Verdunstung nicht linear mit dem steigenden Sättigungsdefizit an, sondern bleibt bis zu einer bestimmten Temperatur ($= 38\,°C$) auf sehr niedrigem Niveau. Sind $38\,°C$, der kritische Temperaturwert, erreicht, so steigt die Verdunstungsrate von *V. arizonicus* sprunghaft an.

Die Wüstenasseln aus der Gattung *Hemilepistus* haben neben ihren morphologischen Anpassungen an trockenwarme Klimate durch intraspezifischen Druck soziobiologische Verhaltensmuster entwickelt, die ihre Erfolge in den Wüsten Nordafrikas und Asiens verständlich werden lassen.

Während der heißen Tageszeiten sind die Asseln auf ihre 2–3 m langen und zwischen 40–85 cm tiefen Höhlen angewiesen. Nur in dem gemäßigten Klima ihrer Höhlen können sie überleben, sowie ihre gegenüber Trockenheit und extreme Temperaturen besonders empflindlichen Jungtiere aufziehen. Morphologische Grabanpassungen fehlen den Asseln. Die Anlage ausreichend großer Höhlen ist für sie daher sehr langwierig. Sie gelingt ihnen eigentlich nur im Frühjahr, wenn der Boden noch nicht zu trocken und fest geworden ist. Bevor Wüstenasseln jedoch mit dem Eigenbau einer Wohnanlage beginnen, versuchen sie leere Höhlen zu finden oder eine bewohnte Höhle gewaltsam zu besetzen. Dieses von den Artgenossen ausgeübte Verhalten zwingt jene Individuen, die mit großem Aufwand eine eigene Höhle gegraben haben, zu Gegenmaßnahmen. Sie müssen den für sich und ihre Nachkommen lebensnotwendigen Bau sichern.

Einem einzelnen Tier würde die ständige Verteidigung seines Baues nur dann gelingen, wenn es fortwährend in ihm ausharrt und auf Nahrungssuche verzichtet. Besonders bei der ausgedehnten Futtersuche, die in den ariden Gebieten in vergleichsweise nahrungsreichen Biotopen bis zu etwa 2 m vom Höhleneingang fortführen kann und für die Asseln eine beträchtliche Entfernung darstellt, da sie nicht über eine Fernorientierung verfügen, würden sie jede Kontrolle über ihren Bau verlieren. Sie erkennen ihren Höhleneingang erst dann, wenn dieser im unmittelbaren Tastbereich der Antennen liegt.

Erfolgreiche Dauerverteidigungen ihrer Höhlen sind bei den Wüstenasseln auf eine einfache wie eindrucksvolle Weise verwirklicht. Sie bilden feste Paare, deren Partner eng miteinander zusammenarbeiten. Einer von beiden bewacht z. B. immer die Höhle, in die er nur seinen, ihm bekannten Partner einläßt, wenn dieser von einem der Futtersuchgänge zurückkehrt. Später, wenn die Jungtiere nicht mehr gefüttert werden und selbst auf Nahrungssuche gehen, werden sie von beiden Partnern erkannt, die ihnen erlauben, den Höhleneingang zu passieren.

Wie bei den Asseln (Ausnahme: *V. arizonicus*), so zeigen auch die Hundertfüßer und Tausendfüßer Verdunstungsraten, die von dem Sättigungsdefizit der Luft in linearer Abhängigkeit stehen. Doch auch in dieser Tiergruppe gibt es Ausnahmeerscheinungen. Bei einigen Tausendfüßern, die in Indien vorkommen, verändert sich die kutikulare Wasserdurchlässigkeit mit der Jahreszeit. Tiere, die sich zu Beginn der Regenzeit häuten, haben bei gleichen Bedingungen eine wesentlich höhere Verdunstungsrate als solche, die sich in den Sommermonaten während der Trockenzeit häuten.

Ähnliche Abhängigkeiten vom Sättigungsdefizit, wie sie für die Wüsten-Rollassel erwähnt wurden, zeigen sich bei zahlreichen Spinnentieren, den Milben, Skorpionen, Walzenspinnen, Webspinnen und den Insekten. Ihre Transpirationsrate ist nicht nur besonders niedrig, sie erhöht sich kaum mit ansteigender Temperatur bzw. ansteigendem Wasserdampfdefizit. Diese weitgehend temperaturunabhängige Transpiration reicht aber nur bis zu einer ganz bestimmten, artspezifischen Temperatur. Ist der kritische Temperaturpunkt erreicht, so steigt der Wasserverlust bei weiterer Temperaturerhöhung und steigendem Sättigungsdefizit linear an und kann schließlich sogar höher liegen als bei Arten, bei denen ein kritischer Temperaturwert nicht beobachtet werden konnte.

Die kritische Temperatur der in feuchtwarmen Gebieten lebenden Schaben liegt bei 30 °C. Nun ist anzunehmen, daß Arten an trockenwarmen Standorten besser vor Wasserverlust geschützt sind und daher einen sehr geringen kutikularen Wasserverlust haben. Dies läßt sich durch Evaporationsmessungen bestätigen (Abb. 30). Der in Wüsten lebende Skor-

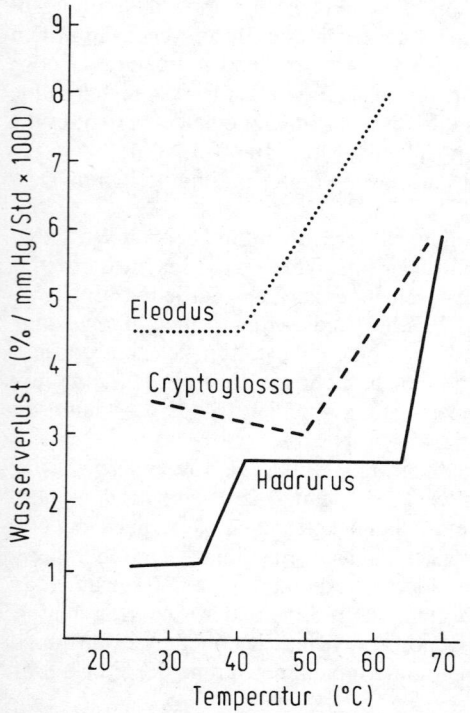

Abb. 30: Einfluß der Temperatur auf die Wasserdurchlässigkeit der Kutikula bei den Tenebrioniden *Eleodes armata, Cryptoglossa verrucosa* und dem Skorpion *Hadrurus arizonicus*. Die Permeabilität der Kutikula bleibt zunächst mit ansteigender Temperatur gleich, obwohl das Wasserdampfdruckdefizit ansteigt. Wird ein bestimmter Temperaturpunkt (Übergangspunkt) überschritten, so steigt der Wasserverlust deutlich an. Bei den Käfern ist die Evaporation von einem Übergangspunkt abhängig; bei *Hadrurus* bewirken Temperaturen oberhalb von zwei Übergangspunkten eine erhöhte Evaporation (nach AHEARN 1970, HADLEY 1970).

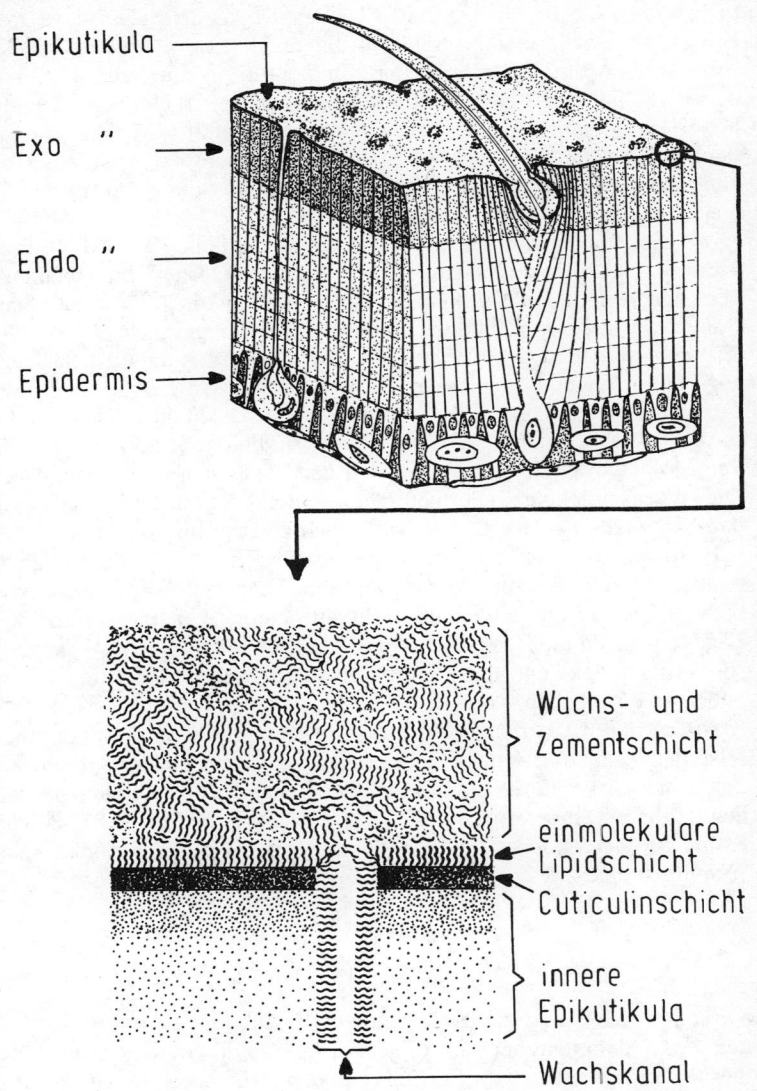

Epikutikula

Exo ''

Endo ''

Epidermis

Wachs- und
Zementschicht

einmolekulare
Lipidschicht

Cuticulinschicht

innere
Epikutikula

Wachskanal

Abb. 31: Aufbau der Kutikula von Arthropoden (nach WIGGLESWORTH 1972) und die äußersten Schichten der Insekten-Kutikula (nach LOCKE 1974). Weitere Erklärung s. Text.

pion *(Hadrurus arizonicus)* und die ebenfalls aus den Wüsten Arizonas kommenden Schwarzkäfer sind sowohl durch eine auffallend niedrige Transpiration bis zu der kritischen Temperatur als auch durch die Lage des Übergangspunktes (= kritische Temperatur) bei außergewöhnlich hoher Temperatur (40–50 °C) ausgezeichnet (Abb. 30). Aus dieser Abbildung wird weiterhin ersichtlich, daß bei den Käfern jeweils ein Übergangspunkt, bei dem Skorpion aber zwei Übergangspunkte auftreten. Der eine liegt bei 35 °C der andere bei 65 °C.

Welches sind die Ursachen für die niedrige kutikulare Transpiration der Tiere in ariden Böden? Eine Antwort hierauf lieferten Untersuchungen über den Aufbau der Kutikula. In der Epikutikula liegt in unmittelbarer Nähe der Cuticulinschicht eine einmolekulare Wachsschicht. Die polaren Gruppen der Lipide (−OH) werden von der hydrophilen Oberfläche des gegerbten Cuticulins angezogen. Die Lipide sind so orientiert, daß sie zur Cuticulinoberfläche einen Winkel von 65° bilden. Auf diese Weise sind sie so dicht gelagert, daß kein Wasser durch sie hindurchzudringen vermag. Die Moleküle werden durch die Van der Waalschen Kräfte stabilisiert. Die Wachsmoleküle außerhalb der einmolekularen Lipidschicht sind dagegen zufällig gelagert und nicht ausgerichtet (Abb. 31).

Es ist denkbar, daß die van der Waalschen Kräfte bei der Übergangstemperatur überwunden werden, und die Wachsmoleküle sich in einem rechten Winkel zur Cuticulinschicht aufrichten. Um diese senkrechte Lage schwingen die freien Enden der Wachsmoleküle (−CH$_3$) und geben so Wassermolekülen genügend Platz, um zwischen den Lipiden nach außen zu entweichen.

Arten, deren Übergangstemperatur in einem höheren Temperaturbereich liegt, haben in der Epikutikula längere Wachsmoleküle; diese werden daher stärker durch die Van der Waalschen Kräfte aneinandergebunden. Höhere Temperaturen sind erforderlich, um die Van der Waalschen Kräfte zu überwinden. Tiere mit einem zweiten Übergangspunkt, haben vermutlich eine zweite monomolekulare Wachsschicht.

2.2.4. *Entwicklung der Atmungsorgane*

Verändert sich die Körperoberfläche durch Umbildung derart, daß es für den Wasserdampf immer schwieriger wird, sie zu durchdringen, dann muß dies auch für den Sauerstoff gelten. Um dennoch genügend Sauerstoff zu erhalten, müssen Tiere, die sich von den Feuchtigkeitsbedingungen ihrer Umwelt weitgehend unabhängig gemacht haben, in ihrer evolutiven Entwicklung zu einer weiteren Spezialisierung bestimmter Abschnitte der Körperoberfläche kommen. Sie müssen Luftsauerstoff aufnehmende Atmungsorgane entwickeln. Diese sollten wiederum derart gebildet sein, daß die wirkungsvolle Wasserverlust einsparende Umbildung des Integuments nicht rückgängig gemacht wird.

Um funktionsfähig zu sein, müssen respiratorisch aktive Epithelien ständig feucht gehalten werden. Daher sind Kiemen als dünnhäutige Ausstülpungen der Körperoberfläche (= kleines d) für solche Bodentiere nicht geeignet, welche die mit Kontaktwasser angereicherten oder die mit Luftfeuchtigkeit gesättigten Poren verlassen haben und in trockenere Umweltbedingungen eingewandert sind. Funktionstüchtig bei gleichzeitig geringem Wasserverlust sind nur Einstülpungen der Körperoberfläche ins Innere der Tiere. Es bilden sich daher Lungen als sackförmige oder Tracheen als röhrenförmige Einstülpungen.

Wahrscheinlich haben die Landasseln (Onsicoidea) später als alle anderen Arthropodengruppen versucht von der aquatischen zu der terrestrischen Lebensweise überzugehen. Da es innerhalb dieser Gruppe einige Arten gibt, die noch streng an das Wasser gebunden sind, andere regelmäßig in feuchten Waldböden vorkommen oder sogar in trockenen Wüstenböden zu finden sind, sollte ein Vergleich zwischen ihnen einigen Aufschluß über die Anpassungserscheinungen geben, die notwendig sind, um auch in trockenen Böden überleben zu können. Als Beispiel der Anpassung seien die Atemorgane der Onoscoidea betrachtet.

Die Asseln haben bei der Besiedlung terrestrischer Lebensräume zunächst die Kiemenatmung beibehalten. Als Kiemen dienen die Pleopoden-Endopodite. Sie sind als hohle Säckchen mit einer dünnen Kutikula ausgekleidet und von einem Wasserfilm umgeben und kommen mit der Luft überhaupt nicht in Berührung. Die Endopodite dieser Landasseln funktionieren also wie die der Wasserasseln, da sie wie diese den in Wasser gelösten Sauerstoff aufnehmen. Neben den Endopoditen der Pleopoden liegen die Exopodite. Diese sind meistens dorsal ausgehöhlt und bilden eine Kapsel, die sich bei den Bewohnern trockener Böden besonders eng um die Endopodite schließt und so die Verdunstung der Kiemenflüssigkeit herabsetzt.

Die meisten landlebenden Asseln können neben dem im Wasser gelösten Sauerstoff auch den Sauerstoff der Luft verwerten. Die Aufnahme des Luftsauerstoffs wird umso bedeutender, je trockener der Lebensraum einer Art ist. Asseln aus ariden Gebieten sind fast ausschließlich auf Luftsauerstoff angewiesen.

Für die Luftatmung spezialisierte Lungen treten als streng spezialisierte Strukturen an den Pleopoden-Exopoditen auf (Abb. 32). Bei den hiesigen Arten sind Exopodite von 2–5 Abdominalbeinpaaren zu Luftatmungsorganen umgewandelt. Sie erscheinen wegen ihrer Luftfüllung als weiße Körperchen und nehmen etwa $\frac{1}{5}$ bis zu $\frac{1}{2}$ der Exopoditenfläche ein. Diese Lungen der Asseln haben unterschiedliche Differenzierungshöhen erreicht. Viele Beispiele zeigen eine enge Korrelation zwischen der

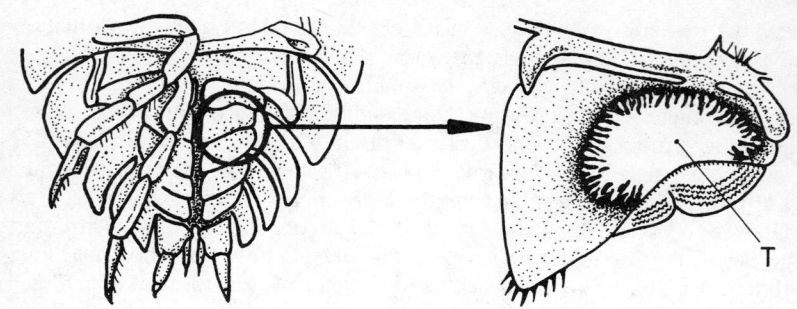

Abb. 32: Unterseite der Kellerassel *Porcellio scaber:* Abdomenende mit Pleopoden (links); der Luftatmung dienende Pleopoden-Exopodit (T = Tracheenlunge,
„weißer Körper"; rechts). Der Endopodit ist durch den Exopoditen verdeckt.
(etw. ver. aus KÄSTNER 1967, nach UNWIN).

Feuchtigkeitsbindung der Arten und der morphologischen Struktur der
Lungen. Die Mauerassel *(Oniscus asellus)* lebt in Mitteleuropa in feuchten Kellern und Gewächshäusern, außerdem in feuchten Streuschichten
der Laubwälder, im Mulm morscher Bäume und unter Steinen ist sie nicht
selten. Ihre Lunge ist sehr einfach strukturiert. Am Exoproditlappen hat
sich ein luftexponierter Abschnitt mit einer dünnen Membran herausgebildet (Abb. 33a). Die Asseln der Gattung *Trachelipus* besiedeln trockenere Böden als die Mauerasseln. Ihre Lungen sind stärker differenziert.
Die Atemmembran ist wesentlich deutlicher gefaltet und zu einem geringen Teil abgedeckt (Abb. 33b). Durch die Faltung wird die Atemfläche
vergrößert, durch die Abdeckung aber wird die mit der Atemfläche stei-
gende Verdunstungsrate herabgesetzt. Diese Entwicklung, einerseits eine
weitere Auffaltung der Lungen und Vergrößerung der Atemfläche, andererseits die Herabsetzung der Verdunstungsrate durch Bildung einer
Atemhöhle setzt sich fort.
    Am weitesten sind Epidermiseinstülpungen mit einer Vielzahl von
Lungenästchen und die Bildung einer Atemhöhle bei der Wüstenassel
(Hemilepistus reaumuri) fortgeschritten (Abb. 33d). Das respiratorische
Epithel der in trockenen Gebieten lebenden Arten ist in das Exopoditen-
innere verlagert, seine Oberfläche ist im Vergleich zur Kieme stark vergrößert und besser gegen Austrocknung geschützt.
    Asseln sind nicht die einzigen Arthropoden, die bei ihrer Anpassung an
trockenere Lebensräume zur Luftatmung übergegangen sind. Ähnliche
Ausbildungen finden wir bei den Lungen von *Scutigera coleoptrata*
(Abb. 20c). Sie haben unter einem dorsalen Stigma eine Atemhöhle, von
der etwa 600 verzweigte Ästchen ausgehen, die jederseits einen nierenför-
migen Komplex bilden.

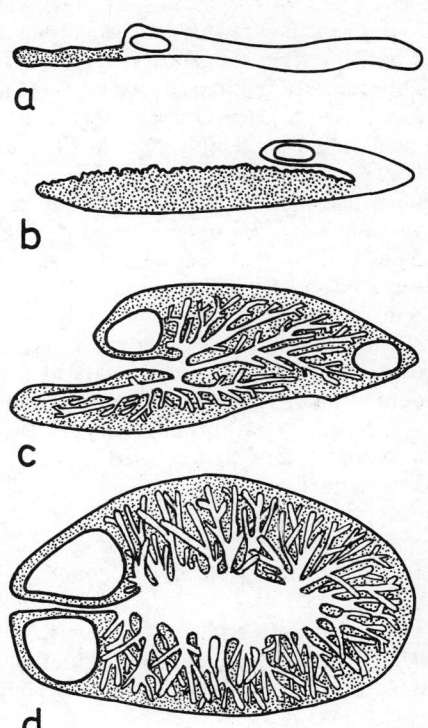

Abb. 33: Lungenquerschnitt verschiedener Landasseln: a) *Oniscus asellus,* b) *Trachelipus ratzeburgi,* c) *Porcellio scaber,* d) *Hemilepistus reaumuri.* Die respiratorisch funktionsfähigen Flächen sind punktiert (ver. nach HOESE 1979).

Auch Spinnentiere (Skorpione, Pedipalpen und Spinnen) haben Lungen (Fächerlungen) entwickelt. Hinter einem schlitzförmigen Stigma des Opisthosomas liegt ein Atemvorhof, von dessen Vorderwand zahlreiche parallel angeordnete Atemtaschen ausgehen.

Diese bei so unterschiedlichen Gruppen wie Asseln, Tausendfüßern, Spinnentieren auftretenden Lungen (Pseudotracheen) geben ein weiteres Beispiel dafür, wie sich unter gleichen Umweltbedingungen einander entsprechende (analoge) Organe mit ähnlicher Struktur konvergent entwikkeln können.

Kleinen Arthropoden, wie einigen Collembolen, einigen Proturen und Milben fehlen besondere Atmungsorgane. Bei ihnen erfolgt der Gasaustausch über das Integument. Bei den größeren Onychophoren, Tausendfüßern, den meisten pterygoten Insekten und Spinnentieren dienen Röhrentracheen der Atmung. Sie unterscheiden sich von den Lungen, weil sie nicht nur den Gasaustausch übernehmen, sondern gleichzeitig für den Transport der Atemgase zum und vom Verbrauchsort sorgen.

Bei den Asseln wurde auf die oft deutlich auftretende Korrelation zwischen einer Feuchtigkeitsbindung der Tiere und einer unterschiedlichen Differenzierungshöhe der Atemorgane hingewiesen. Wie Arten aus anderen taxonomischen Gruppen zeigen, braucht eine solche Beziehung aber nicht immer ausgebildet zu sein. Bei vielen Arten kann ein hoch entwickeltes Lungen- bzw. ein weit verzweigtes Tracheensystem evoluiert sein, ohne daß hiermit die Fähigkeit zur Besiedlung trockener Lebensräume verknüpft ist. Besonders wenn trockene Außenluft an freiliegenden, feuchten respiratorischen Epithelien vorbeistreichen kann, wird der Wasserverlust auch bei Tieren mit einem hoch entwickelten Atemsystem groß sein.

Um in trockenere Böden vordringen zu können, genügt den Arthropoden somit nicht nur die Fähigkeit den Luftsauerstoff zu verwerten, sondern es muß gleichzeitig ein Mechanismus entwickelt sein, der das Atemsystem vor Austrocknung schützt. Dies wurde bereits bei den Asseln angedeutet. Zur weiteren Erläuterung sollen Tracheentiere (Tracheate) miteinander verglichen werden.

2.2.5. Morphologie der Stigmen

Tracheenröhren schließen an der Körperoberfläche mit einer Öffnung, dem Tracheenstigma, ab. Betrachtet man die Stigmen im Querschnitt, so werden ihre unterschiedlichen morphologischen Ausbildungen sichtbar (Abb. 34).

Bei dem Hundertfüßer *Haplophilus subterraneus* (Abb. 34a) vereinigen sich die einzelnen Tracheenröhren an der Körperoberfläche in einem Stigma, dessen Öffnung auffallend groß ist. Das Atrium wird bei dieser Art nur geringfügig durch Faltenbildungen unterteilt. Diese morphologischen Eigenschaften, die große Öffnung und geringfügige Untergliederung des Atriums, ermöglichen einen nahezu ungehinderten Luftaustausch zwischen der Luft im Bereich der Tracheen und der Außenluft. Würde sich *H. subterraneus* in einer Umgebung aufhalten, in der die Luft ein hohes Sättigungsdefizit enthält, so würde dies zu einem hohen Wasserverlust durch die feuchten respiratorischen Atemflächen führen. Der Gefahr einer Austrocknung sind die Individuen von *H. subterraneus* kaum ausgesetzt, da sie in tieferen Bodenschichten leben (Artname!) aber auch in den feuchten Humusschichten der Wälder oder in Sumpfgebieten vorkommen.

Ein anderer Hundertfüßer ist *Brachygeophilus truncorum*. Er lebt in der Streuschicht der Wälder, unter Baumrinden aber auch in trockenen Heidegebieten. Vergleicht man die Tracheenstigmen von *B. truncorum* (Abb. 34b) mit denen von *H. subterraneus*, so wird die kleinere Öffnung des Stigmas und die Ausbildung größerer Falten in Atrium bei der zuerst genannten Art (Abb. 34b) deutlich. Durch diese morphologische Veränderung kann bei sonst gleichen Umweltbedingungen die Evaporation durch die Tracheenöffnung bei *B. truncorum* herabgesetzt werden. Folglich müßte *B. truncorum* eine größere Resistenz gegenüber Trockenheit aufweisen als *H. subterraneus*. Dies ließ sich tatsächlich experimentell nachweisen. Obwohl die prozentualen Wasserverluste, die bei beiden Arten letal wirken, sich nicht unterscheiden, ist die Trockenresistenz von *B. truncorum* etwa doppelt so groß wie die von H. subterraneus. Dies kann zwar durch die unterschiedliche Permeabilität der Integumente beider Arten bedingt sein (Kap. 2.2.3.), sie ist mit Sicherheit aber auch auf den Bau der Tracheenstigmen zurückzuführen.

Weitergehende Differenzierungen der Stigmen können den Wasserverlust durch die Atemsysteme noch weiter herabsetzen als dies bei den

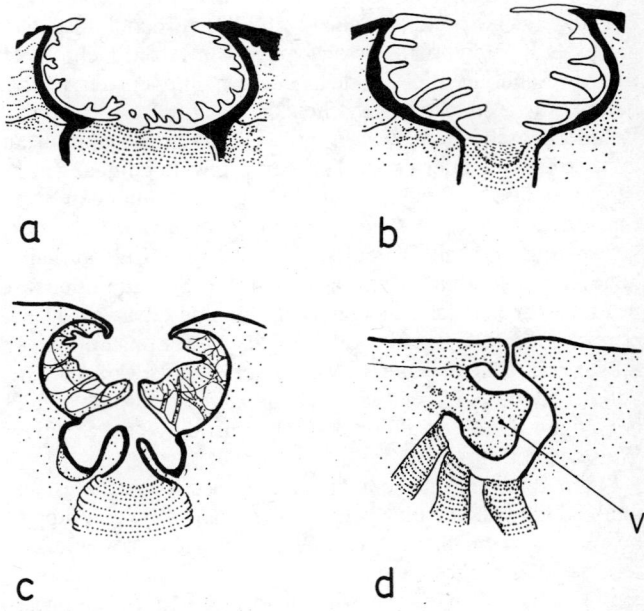

Abb. 34: Querschnitt durch die Tracheenöffnungen der Hundertfüßer (Chilopoda): a) *Haplophilus subterraneus*, b) *Brachygeophilus truncorum*, c) des Käfers (Scarabaeidae) *Strategus iulianus* und der Zwecke (Ixodoidea) *Haemaphysalis longicornis* (nach LEWIS 1963, RITCHER 1969, ROSHDY et al. 1973). Die Evaporation durch die Stigmen nimmt von a nach d ab. Die Zecke (d) kann ihre Stigmen jeweils nach Bedarf öffnen und schließen (V = Stigmenvalve)

Hundertfüßern erkennbar ist. So können die Tracheenöffnungen einge-
senkt (Abb. 34c) oder unter Skleriten verborgen sein. Die eingesenkten
Abdominalstigmen vieler Käfer und einiger Wanzen liegen unter Elytren,
die an den Seiten dicht geschlossen sind und nur an der Spitze des Abdomen eine Öffnung frei lassen. Diese Umbildungen tragen dazu bei – vergleichbar mit den geschützten Stomata der Wüstenpflanzen – die Luft-
schicht über den Stigmen zu stabilisieren und so den Wasserverlust durch
Konvektion zu erniedrigen.

Viele terrestrische Insekten haben einen anderen Weg beschritten, um
ihren Wasserverlust über die Atemorgane noch weiter herabzusetzen. Sie
können ihre Stigmen aktiv durch Haemolymphdruck oder Muskelbewe-
gungen schließen bzw. öffnen und so den Wasserverlust kontrollieren.
Der Schließmechanismus besteht aus 1 oder 2 Valven (Abb. 34d). Um
den Wasserverlust durch das Tracheensystem möglichst gering zu halten,
werden die Stigmen nur solange geöffnet, wie es für die Atmung notwendig ist. Die Öffnung der Stigmen wird ausgelöst, wenn CO_2 in den Gewe-
ben angereichert und nur noch wenig O_2 vorhanden ist. Die aktive Freigabe des Kohlendioxids erfolgt bei vielen Arten nicht gleichmäßig, sondern in Schüben oder Zyklen. Bei den Puppen der Fliege *Hyalophora*
beträgt die Zeitspanne zwischen der CO_2 - Freigabe etwa 7 h, bei den
Wanderheuschrecken etwa 3 min. Der zyklische Gasaustausch ist nicht
artspezifisch, sondern wird von den Umweltbedingungen beeinflußt. So
ist die zyklische Freigabe von CO_2 bzw. Aufnahmen von O_2 nicht bei
Fliegenpuppen von *Hyalophora* zu beobachten, die sich in feuchter
Umgebung und mit Wasserdampf gesättigter Luft aufhalten. Erst trok-
kene Umweltbedingungen und ein großes Sättigungsdefizit der Luft führen zu einer zyklischen Stigmenöffnung von etwa 7 h. Die kontrollierba-
ren Schließmechanismen allein sind als Anpassung an trockene Lebensbedingungen nicht bedeutend, wohl aber die artspezifisch langen Zeitspannen, in der die Stigmen bei Trockenheit geschlossen bleiben können. Erst
bei langen Zyklen wird der Wasserverlust durch die Stigmen auf optimale
Weise erniedrigt.

Stigmenvalven und entsprechende Schließmechanismen evoluierten
unabhängig voneinander bei mehreren Arthropodengruppen. Sie können
bei Webspinnen, Skorpionen, Walzenspinnen, Thysanuren und pterygoten Insekten vorkommen.

Bei zahlreichen Arten sind allerdings die Schließmechanismen der
Atemöffnungen, die zur deutlichen Verringerung des Wasserverlustes
beitragen und vielen Tracheata erst die Eroberung trockener Lebensräume ermöglichten, sekundär verloren gegangen. Eine Rückbildung der
Stigmenvalven hat bei solchen Arten stattgefunden, die aus trockenen
Böden in feuchte und nasse Substrate (z. B. Kuhfladen) vorgedrungen
sind. Hierzu gehören verschiedene Käfer- und Fliegenlarven.

2.2.6. Aufnahme von Wasser

Um trockenere Böden zu besiedeln, genügt es in vielen Fällen nicht, den Wasserverlust einzugrenzen. Sobald Feuchtigkeit zur Verfügung steht, muß diese von den Organismen auch aufgenommen werden können.

Viele Arthropoden erhalten mit ihrer Nahrung genügend Flüssigkeit. Stehen entsprechende Nahrungsquellen nicht zur Verfügung, sind aber Wasserreserven vorhanden, so können sie die Flüssigkeit mit ihren Mundwerkzeugen aufnehmen. Die in Südeuropa und Nordafrika lebenden Taranteln bringen es dabei zu einer besonderen Leistung. Sie erzeugen einen Saugdruck bis zu 400 mm Hg und können so kapillar gebundenes Wasser von feuchten Oberflächen aufsaugen. Bei Asseln und Tausendfüßern kann die Wasseraufnahme durch das Rectum erfolgen. Einige Onychophora *(Opisthopatus)*, Symphyla, Collembola, Diplura und Thysanura besitzen ausstülpbare Vesikel, mit denen sie Flüssigkeit aufnehmen. Diese Vesikel werden durch den Druck der Haemolymphe ausgestülpt und können durch entsprechende Muskeln wieder eingezogen werden (Abb. 35). Der Vorzug der Vesikel besteht wahrscheinlich darin, daß

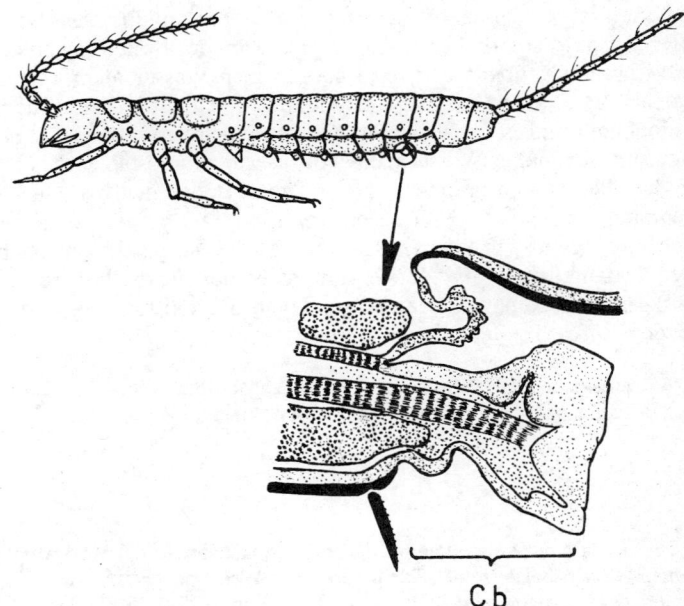

Cb

Abb. 35: Diplura mit ausgestülpten Coxalbläschen (ver. nach HENNIG 1968 und DRUMMOND 1953). Mit den Coxalbläschen (= Cb) können Doppelschwänze Wasser von feuchten Oberflächen aufnehmen.

Wasser von der feuchten Oberfläche aufgenommen werden kann, wenn eine Wasseraufnahme mit den Mundwerkzeugen nicht mehr möglich ist.

Trotz der relativ großen Saugkraft der Vesikel – bei den Collembolen sind es die Bläschen des Ventraltubus – dieser Tiere, können sie nicht mehr genügend Flüssigkeit aufnehmen, sobald der Wassergehalt des Bodens den permanenten Welkepunkt überschreitet (PWP in Abb. 5).

Ausführliche Laboratoriums- und Freilandforschungen zur Feuchtigkeitsabhängigkeit von Kleinarthropoden unternahm G. VANNIER. Seine Forschungen an Collembolen aus der Familie der Isotomidae ergaben, daß diese Urinsekten sich nur dann innerhalb der obersten Bodenschichten aufhalten, wenn diese mit Wasser gesättigt sind. Sobald die obersten Bodenhorizonte durch Evaporation austrocknen, und der Wassergehalt unter die Feldkapazität (pF = 2,5) absinkt, folgen die Collembolen dem Feuchtigkeitsgradienten und wandern in größere Bodentiefen.

Steigt die Wasserspannung des Bodens mit zunehmender Austrocknung weiterhin an und können die Collembolen dem Feuchtigkeitsgradienten nicht folgen, weil ihnen in dem Porensystem durch Erdpartikel der Weg versperrt ist, so verharren sie zunächst und warten auf einen erneuten Feuchtigkeitsanstieg. Dies ist möglich, weil die Isotomidae ihren Wasserhaushalt auch bei einer geringeren Wasserspannung des Bodens als pF = 2,5 aufrechterhalten können. Erst wenn der Boden soweit austrocknet, daß auch für die meisten Pflanzen kein Wasser mehr verfügbar ist (pF $\geq$ 4,2), können auch die Isotomiden nicht mehr genügend Wasser aufnehmen und es kommt unter ihnen zu Fluchtbewegungen. – Hornmilben sind gegenüber Wassermangel etwas widerstandsfähiger als die Isotomidae. Sie werden in einem 15 °C warmen Boden erst bei einer Wasserspannung von pF > 5,0 zur Flucht veranlaßt.

Mikroorganismen können ihre volle Stoffwechselaktivität nur bei großer Bodenfeuchte (pF < 4,2) entfalten. Ist der für die höheren Pflanzen wirksame Welkepunkt erreicht, so stellen die meisten Mikroorganismen ihren Stoffwechsel ein.

Als vergleichendes Maß der Wasserabhängigkeit hat sich in der Mikrobiologie der Begriff a_w = ,,thermodynamische Wasseraktivität" durchgesetzt.

$$a_w = \frac{p}{p_0}$$

Hierbei ist p der Wasserdampfdruck des Mediums; p_0 ist der Wasserdampfdruck reinen Wassers bei derselben Temperatur. Die Werte zwischen 0 und 1 entsprechen denen der relativen Feuchtigkeit, z. B. a_w von 0,95 $\triangleq$ 95% relative Feuchte; Umrechnung zu pF-Werten finden sich im Glossar. Bei der thermodynamischen Wasseraktivität wird die Wirksamkeit der im Wasser gelösten Salze und der Nicht-Elektrolyte wie Glycerin, Glucose und Saccharose berücksichtigt.

Besonders günstig ist das Wachstum der Mikroorganismen bei einer Wasseraktivität $a_w \geq 0,98$. Ist die Wasseraktivität geringer, so wird ihr Wachstum deutlich gehemmt; bei einer Wasseraktivität von $a_w = 0,90$ haben die meisten Arten ihr Wachstum vollkommen eingestellt.

Nur einige xerophile und halophile Arten können auch geringere Wasseraktivitäten während ihrer Wachstumsphase ertragen. Ausgeprägt xerophil ist *Xeromyces bisporus*. Dieser Pilz zeigt beste Entfaltungsmöglichkeiten bei einer Wasseraktivität von $a_w = 0,97$. Übersteigt die Wasseraktivität den Wert von $a_w = 0,97$ vermag *Xeromyces* nicht mehr zu wachsen. Es liegt also eine echte Anpassung an trockenere Lebensräume vor.

Da sich Mikroorganismen in ihrer aktiven Phase mit ihrer Umgebung in einem osmotischen Gleichgewicht befinden, müssen xerophile und halophile Arten die Fähigkeit erlangt haben, ihr Zellinneres mit Salzen oder Nicht-Elektrolyten anzureichern, ohne daß diese die Zellen schädigen und ihre Enzymaktivität beeinträchtigen. Dieses Gleichgewicht wird bei wärmetoleranten Pilzen durch eine intrazelluläre Anreicherung von Arabit und Glycerin erreicht. Bei halophilen Bakterien übernimmt Kaliumchlorid die Aufgabe zur Herstellung eines osmotischen Gleichgewichts.

Die bemerkenswerteste Leistung in der Wasseraufnahme unter den Arthropoden vollbringen einige Milben und Insekten trockenerer Lebensräume. Sie können ihren Wasserhaushalt auch dann im Gleichgewicht halten, wenn ihnen weder Nahrung noch Wassertropfen oder ein feuchter Untergrund zur Verfügung stehen. Sie haben die Fähigkeit erlangt, Wasserdampf aus der Luft aufzunehmen, auch wenn diese nicht gesättigt ist. Arten, bei denen eine Wasserdampfaufnahme aus der mit Wasserdampf ungesättigten Luft bekannt geworden ist, leben vielfach als Vorratsschädlinge im Bereich menschlicher Wohnungen. Ihre natürlichen Lebensräume aber sind die Böden trockenwarmer Wüstengebiete.

Im Bereich der Sanddünen leben Wüstenschaben der Gattung *Arenivaga*. Sie sind nachtaktiv und suchen wenige Zentimeter unter der Bodenoberfläche nach Nahrung, abgestorbenem und eingesandetem Pflanzenmaterial. In den Sommermonaten herrschen im Aktivitätsbereich der Schaben auch nachts nicht selten Temperaturen bis zu 35 °C und eine relative Feuchtigkeit von nur 10%. Finden die Schaben nicht genügend Nahrung mit hygroskopisch gebundenem Wasser, die somit gleichzeitig als Wasserquelle dient, so wandern sie in tiefere Sandschichten ab. Je tiefer die Tiere abwärts wandern, umso höher wird die Luftfeuchtigkeit zwischen den Sandkörnern. In 10–45 cm ist sie schließlich auf etwas über 80% relative Feuchte angestiegen. Diese Luftfeuchte genügt den Larven und den larvenähnlichen, flügellosen Weibchen von *Arenivaga*, um ihren Wasserbedarf zu decken. – Die Männchen haben die Fähigkeit zur Wasserdampfabsorption nicht erlangt. Sie sind geflügelt und aufgrund ihrer

Flugfähigkeit dazu befähigt, entfernt gelegene feuchtere Böden ausfindig zu machen.

Auch alle andere Arten, bei denen sich bisher die Fähigkeit zur Wasserdampfabsorption nachweisen ließ, sind ungeflügelt. Diese Übereinstimmung ist wahrscheinlich nicht nur zufällig, sondern als eine besondere Anpassung anzusehen: Nur solche Individuen besitzen die Fähigkeit, ihren Wasserhaushalt in trockenen Böden ohne frei verfügbares Wasser im Gleichgewicht zu halten, die nicht flugfähig sind und höchstens einen kleinräumigen Ortswechsel vornehmen können.

Morphologische wie auch physiologische Untersuchungen zeigen darüber hinaus, daß die Wasserdampfaufnahme entweder über das Rectum erfolgen kann oder wie bei Milben und der Wüstenschabe Arenivaga über die Mundwerkzeuge. Die Wüstenschabe streckt während der Wasserdampfaufnahme zwei Divertikeln (Vesikel des Hypopharynx) nach außen. Milben (Zecken) entlassen aus ihrer Mundöffnung Speichelsekrete, die durch Anreicherung von Na^+- und K^+-Ionen hygroskopisch wirken. Sobald sich die Kristalle durch die gebundene Feuchtigkeit verflüssigt haben, werden sie von den Tieren aufgesogen. Danach werden erneut Speichelsekret-Kristalle abgeschieden.

2.2.7. Überflutung

Bodentiere sind nicht nur der Gefahr einer Austrocknung ausgesetzt. Ebenso kann es zur Überflutung von Böden kommen. Diese tritt entweder kurzfristig auf, wie z. B. nach Regenschauern, oder kann wie in Auböden über eine längere Zeitspanne andauern. Die aquatische Bodenfauna wird durch Überflutungen nicht geschädigt. Im Gegenteil, die aquatisch lebenden Protozoen, Rotatorien, Nematoden finden bei einer Überschwemmung ideale Lebensbedingungen vor und erweitern dann ihren Lebensraum. Andere Eigenschaften zeigen dagegen die Feuchtlufttiere. Je nach ihrer Anpassung an eine terrestrische Lebensweise müssen sie Mechanismen entwickelt haben, um sich vor Überschuß an Wasser zu schützen. Benetzbare Tiere und solche, die nicht benetzbar sind, verhalten sich unterschiedlich.

Regenwürmer verlieren das meiste Wasser, ergänzen es aber auch wieder wie die Frösche durch ihre feuchte Körperoberfläche. Dies hindert sie nicht daran, in überfluteten Böden aufzutreten. Regenwürmer aus den Gattungen *Allolobophora*, *Dendrobaena* und *Lumbricus*, die gewöhnlich in trockeneren Böden vorkommen, können bis zu 7 Wochen in überfluteten Bodenhorizonten überleben. Sie sterben dann wahrscheinlich aus Nahrungsmangel und nicht wegen der Überflutung. Die Lumbriciden verändern derart ihre Osmoregulation und Exkretion, daß bei Überflutung die Flüssigkeit ebenso schnell ausgeschieden werden kann, wie sie eindringt. Somit bleibt die Konzentration der Körperflüssigkeit wie auch bei vielen terrestrisch lebenden Arthropoden weitgehend konstant.

Kleinarthropoden, besonders Larven von Käfern, können eine Überflutung ertragen, weil die Konzentration ihrer Körperflüssigkeit mit Herabsetzung der Konzentration des Mediums ebenfalls erniedrigt wird. Hierdurch wird eine erhöhte Wasseraufnahme und Quellung verhindert. Arten aber, deren Außenhaut keinen Wasserschutz bietet, und welche die Konzentration der Körpersäfte nicht erniedrigen können – wie Hundertfüßer und gelegentlich auch Regenwürmer – entziehen sich einer Überflutung durch die Flucht. Werden sie daran gehindert, so quellen sie auf und gehen zugrunde.

Die größte Anzahl der bodenlebenden Arthropoden aber ist unbenetzbar. Die Unbenetzbarkeit wird entweder durch einen wachsartigen Überzug auf der Kutikula wie bei Hornmilben, Kurzflüglern und Ameisen oder durch eine dichte Behaarung des Körpers wie bei Collembolen und Larven der Weichkäfer erreicht. Durch die Behaarung (dicht gestellte Borsten), durch Einkrümmen des Körpers und durch lockeres Anlegen frei beweglicher Körperfortsätze (Fühler, Beine) bleibt bei plötzlicher Überflutung Luft am Körper hängen. Die Luftbläschen am Tier wirken als „physikalische Kieme" und ermöglichen dem eingeschlossenen Individuum durch Gasaustausch mit dem umgebenen Wasser die Atmung. – In dem Luftbläschen befinden sich etwa 21% Sauerstoff und 79% Stickstoff. Das umgebende Wasser enthält zunächst etwa 33% Sauerstoff und 64% Stickstoff. Da das eingeschlossene Tier Sauerstoff benötigt, wird der Anteil des Sauerstoffs im Luftbläschen abnehmen, der Partialdruck des Stickstoff aber weiterhin zunehmen. So wird das Gleichgewicht der Gase im Luftbläschen aber auch im Wasser verändert. Da der Partialdruck des Sauerstoffs in der Luftblase abnimmt, diffundiert Sauerstoff aus dem Wasser in die Luftblase, andererseits entweicht der Stickstoff ins Wasser. Somit steht dem Tier mehr Sauerstoff zur Verfügung als anfänglich in der Luftblase vorhanden war. Ein Tier kann somit länger überflutet leben, als es der Fall sein würde, wenn es ausschließlich von dem anfänglich in der Luftblase enthaltenem Sauerstoff abhängig wäre. – Der Stickstoff ist in einer als „physikalischen Kieme" wirkenden Luftblase notwenig, weil sich sonst bei O_2-Verbrauch keine Veränderungen im Partialdruck ergeben würde.

Die Wirksamkeit des Luftbläschens als physikalische Kieme hängt vom Sauerstoffgehalt des umgebenden Wassers ab. In sauerstoffarmen Wasser wird der Sauerstoff aus dem Luftbläschen in die Flüssigkeit entweichen und dem Tier verloren gehen. Ist der Sauerstoffdruck im umgebenden Wasser größer als im Luftbläschen, wird der Anteil, der in das Luftbläschen diffundiert, vom Unterschied des Sauerstoffpartialdrucks abhängig.

Je höher daher der Sauerstoffdruck des Wassers ist, um so wirkungsvoller wird die „physikalische Kieme" sein. Bei lang andauernder Überschwemmung kann dennoch eine Schädigung der luftatmenden Bodenorganismen auftreten. Besonders bei Stauwasser kann der Sauerstoffvorrat des Wassers durch die Stoffwechselaktivität der eingeschlossenen Tiere und durch Sauerstoffzehrung der Bakterien soweit abnehmen, daß der zum Überleben notwendige Partialdruck des Sauerstoffs unterschritten wird.

Die Überflutungsresistenz einzelner Arten ist unterschiedlich. Sie hängt einerseits von der umgebenden Temperatur ab. So werden Frühjahrsüberflutung bei kalten Außentemperaturen auf die meisten Organismen eine geringere Schädigung verursachen als Überflutungen bei den höheren Sommertemperaturen. Andererseits wird die Überflutungsresistenz davon abhängen, ob sie Tiere in ihrer Aktivitätsphase oder in ihrer Ruhephase bei verringerter Stoffwechselintensität trifft. Beide Möglichkeiten einer solchen Anpassung können einzeln oder gemeinsam auftreten. Dies ergeben experimentelle Untersuchungen mit Kurzflüglern und Nestkäfern. Bei einer sehr vagilen Art *(Atheta fungi)* wird der Grundumsatz ausschließlich von der Temperatur bestimmt. Bei einer anderen *(Philonthus carbonarius)* haben beide, Temperatur und Entwicklungsphase, einen Einfluß. Einige winteraktive Käfer wie *Lathrimaeum atrocephalum* und *Catops nigricans* können auch als ektotherme (!) Arten ihre Stoffwechselrate über eine weite Temperaturspanne konstant halten. Bei ihnen wird der Sauerstoffverbrauch nur von der Entwicklungsphase beeinflußt.

Schließlich kann die Resistenz gegenüber Sauerstoffmangel dann erhöht sein, wenn Organismen von einem auf einen anderen Stoffwechselweg umschalten können. Bei Laufkäfern, die in Nordskandinavien leben, besteht die Gefahr, daß sie vom Eis eingeschlossen werden. Steht ihnen im Eis genügend Sauerstoff zur Verfügung, so verwerten sie den Luftsauerstoff und veratmen Glucose bis zu CO_2 und H_2O. Reicht der Luftsauerstoff zur Atmung nicht mehr aus, so schalten sie unter anaeroben Bedingungen, d. h. bei Abwesenheit von Sauerstoff, zur Glykolyse um. Die Glucose wird dann meistens nur noch bis zum Lactat abgebaut. Da bei tiefen Temperaturen ihre Stoffwechselintensität stark gedrosselt ist, reicht der niedrige energetische Wirkungsgrad der Glykolyse aus, um in den Wintermonaten bei Abwesenheit von Sauerstoff im Eis überleben zu können.

2.3. Bodenluft

Die Zusammensetzung der Bodenluft ändert sich mit der Temperatur und der Bodenfeuchte. Bei hoher Temperatur und gleichzeitig großer Feuchtigkeit lassen sich in einem Boden sehr geringe Sauerstoffwerte und sehr hohe Kohlendioxidmengen nachweisen (Abb. 7). Die Veränderung der Bodenluft birgt die Gefahr in sich, daß viele Arten nicht mehr genügend Sauerstoff zur Aufrechterhaltung ihres Stoffwechsels erhalten und daher ersticken oder durch die Einatmung zu hoher CO_2-Anteile vergiftet werden.

2.3.1. Sauerstoff

Empfindlich gegenüber Sauerstoffmangel und einer schlechten Durchlüftung des Bodens sind viele Arten der obersten Bodenschichten. Hierzu gehören die Enchytraeiden. Da die kleinen Vertreter dieser Gruppe nicht so gut graben können wie die Regenwürmer, sind sie auf bestehende Hohlraumsysteme und Gänge angewiesen. Diese finden sie vermehrt in sandigen Böden nicht aber in dichten Tonböden oder in verschlämmten Böden mit häufig auftretender Staunässe. Dichte Tonböden und verschlämmte Böden sind außerdem nur schlecht durchlüftet. So wundert es nicht, daß Enchytraeiden in solchen Böden fehlen. In sandigen und gut durchlüfteten Böden kommen sie in großer Anzahl vor und meiden dann im Gegensatz zu den Regenwürmern auch keine sauren Standorte mit einem niedrigen pH-Wert. Sie scheinen dort sogar die besten Lebensbedingungen anzutreffen. So erreichen sie die höchsten Besiedlungszahlen in feuchten Rohhumusböden unter einer Heidefläche (Calluna) (200 000 Individuen/m²) und in Böden der Nadelholzwälder (270 000 Individuen/m²). Die obersten Bodenschichten werden von den Enchytraeiden besonders bevorzugt. In vielen Böden kommen 70–99% aller Individuen in den obersten 5 cm vor. Die höheren Prozente gelten für die feuchten Wintermonate. Im Sommer, wenn die Böden oberflächlich austrocknen, wandern die Enchytraeiden, wenn dies für sie möglich ist, in tiefere Bodenschichten und können dann ihre größte Dichte bei 15–20 cm Bodentiefe haben.

Wie die Enchytraeiden, so reagieren auch die Maulwurfsgrillen *(Gryllotalpa gryllotalpa)* gegenüber Sauerstoffmangel sehr empfindlich. Dennoch graben sie vorzugsweise in schlechter durchlüfteten feuchten Tonböden und jagen dort nach Insektenlarven und Regenwürmern. Eine ausreichende Sauerstoffzufuhr erhalten sie durch die etwa fingerdicken Gänge, die bis zu 20 cm tief in den Boden reichen können.

Zahlreiche Regenwurm-Arten graben im Boden. Die Gänge der tiefgrabenden Arten können bei geeignetem Bodenprofil und entsprechendem Bodentyp bis zu 2-3 m Tiefe reichen. Im Ural ließ sich das Gangsystem der Art *Allolobophora mariupolensis* sogar bis zum 8 m tiefen Grundwasserspiegel verfolgen. Die im Vergleich zur Maulwurfsgrille schmaleren und auch längeren Gänge ermöglichen einen schlechteren Luftaustausch mit der Atmosphäre, so daß Regenwürmer in größerer Bodentiefe mit einem geringeren Sauerstoffgehalt auskommen müssen. Viele Regenwürmer sind allerdings dazu befähigt, auch bei geringerem Sauerstoffgehalt zu überleben. Dies ist möglich, weil ihre Körperflüssigkeit mit respiratorischen Pigmenten (Haemoglobin) angereichert ist. Hierdurch erhöht sich für die Regenwürmer die Affinität zum Sauerstoff, und sie können der Bodenluft auch dann noch O_2 entziehen, wenn dieser in verminderter Konzentration vorhanden ist. Die Fähigkeit, Sauerstoff zu binden, ist für Arten mit respiratorischen Pigmenten nicht in gleicher Weise ausgeprägt. Diese Unterschiede lassen sich durch O_2-Dissoziationskurven deutlich darstellen. Bei einem Vergleich verschiedener Arten sind die Halbsättigungs- oder p_{50}-Werte des Hämoglobins verwendbar. Sie geben den Partialdruck des Sauerstoffs (in mm Hg) an, der notwendig ist, um 50% der respiratorischen Pigmente mit Sauerstoff zu sättigen.

Arten, die der Atmosphäre den Sauerstoff entnehmen und der ihnen immer reichlich zur Verfügung steht, haben einen hohe p_{50}-Wert (Taube $p_{50} = 35$ mm Hg, Mensch $p_{50} = 27$ mm Hg). Für sie muß also ein relativ hoher O_2-Partialdruck herrschen, bis 50% der Haemoglobine mit O_2 gesättigt sind.

Die Haemoglobine jener Arten, die wie viele Regenwürmer an den geringeren Sauerstoffgehalt tiefer Bodenschichten angepaßt sind, zeigen eine größere Affinität zum Sauerstoff. So können die Haemoglobine von Regenwürmern der Gattung *Lumbricus* bei einem so niedrigen Sauerstoffpartialdruck von 4,8 mm Hg bereits bis zur Hälfte gesättigt sein. Bewohner sauerstoffarmer Schlammböden besitzen Haemoglobine mit noch höherer O_2-Affinität. Bei *Tubifex* und Zuckmückenlarven liegt der p_{50}-Wert bei 0,6 mm Hg.

Aber nicht nur die Affinität der respiratorischen Pigmente, auch der innere Druck der Körperflüssigkeit und die Dicke der Membran beeinflussen die Sauerstoffmenge (Gleichung s. Kap. 2.2.3.), die von einem Organismus aufgenommen werden kann. Um das Haemoglobin vieler Regenwürmer mit Sauerstoff zu sättigen, dürfte ein Sauerstoffpartialdruck (p O_2) von 19 mm Hg ausreichen. Dieser liegt deutlich unter dem Sauerstoffdruck der Atmosphäre (= 152 mm Hg).

Als vorteilhaft und weitere Anpassung für Regenwürmer an einen geringen Partialdruck des Sauerstoffs dürfte sich der niedrige Haemolymphdruck der Regenwürmer auswirken. Einen gewissen Nachteil bietet allerdings die für die Atmung wenig spezialisierte Körperwand. Da Regenwürmer keine besonderen Atmungsorgane besitzen – Sauerstoff und CO_2 diffundieren bei ihnen durch Kutikula und Epidermiszellen ins Blut – kann dies wiederum mit einem Vorteil verbunden sein. So können Regenwürmer nicht nur den Sauerstoff der Luft verwerten, sondern sie können auch dem Wasser Sauerstoff entziehen. Dies setzt allerdings voraus, daß der Partialdruck des im Wasser gelösten Sauerstoffs genügend hoch ist.

Die Atmungsintensität der Regenwürmer ist wie die der meisten anderen ektothermen Organismen von der Außentemperatur abhängig. Die verringerten Stoffwechselaktivitäten bei niedrigeren Temperaturen erklären, warum Frühjahrsüberschwemmungen in zahlreichen Auböden weniger schnell zu einem Sauerstoffmangel führen und Bodenorganismen weniger beeinflussen als Überschwemmmungen bei hohen Temperaturen.

Regenwürmer haben eine weitere Fähigkeit erlangt, um auffallend niedrigen Sauerstoffwerten entgegentreten können. Wie von Laufkäfern bereits erwähnt, sind sie fakultativ anaerob und können mehrere Stunden ohne Sauerstoffzufuhr überleben. Während der anaeroben Phase wird Milchsäure gebildet, die bei erneuter Sauerstoffzufuhr zu Glykogen resynthetisiert werden kann.

Die Zusammensetzung der Bodenluft wirkt sich nicht nur auf das Vorkommen bestimmter Tierarten aus. Besonders die Artenzusammensetzung und Artenmannigfaltigkeit der Mikroflora wird sehr deutlich durch sie bestimmt. In gut durchlüfteten, sauerstoffreichen Böden leben zahlreiche Bakterien, viele Pilze und zahlreiche Algenarten. *Azotobacter chroococcum,* das die Fähigkeit besitzt, den elementaren Luftstickstoff zu binden, der letztlich den höheren Pflanzen zugeführt werden kann, gedeiht nur bei reichlichem Sauerstoffangebot. Sauerstoff brauchen ebenfalls nitrifizierende Bakterien wie *Nitrosomonas* und *Nitrobacter.*

Der Ablauf und die Intensität der Nitrifikation (Kap. 3.4.2.2.) wird durch die Zusammensetzung der Bodenluft bestimmt. Je mehr Sauerstoff die Bodenluft enthält, um so deutlicher wird die Tätigkeit der streng aeroben Nitrifikanten gefördert. Die bakterielle Ammonium-Oxydationsrate verläuft mit der Durchlüftung derart proportional, daß diese Reaktion als Test zur Bestimmung des Belüftungsgrades eines Bodens verwendet werden kann.

Nitrifikanten können große Sauerstoffschwankungen ertragen. Ihre große Toleranz gegenüber Sauerstoffmangel ermöglicht es ihnen, auch bei niedrigem O_2-Partialdruck zu überleben und in Bodenbereichen vorzudringen, die zeitweise einer Sauerstoffzehrung unterliegen. Nach erneuter Sauerstoffzufuhr werden sie sogleich aktiv.

In wechselfeuchten Böden, in denen es häufig zur Staunässe kommen kann, treten besonders oft große Sauerstoffschwankungen auf. In diesen Bereichen sind solche Mikroorganismen sehr zahlreich, die sowohl Sauerstoff veratmen können aber außerdem zu einem anaeroben Stoffwechsel befähigt sind.

Zahlreiche Mikroorganismen leben unter Sauerstoffabschluß. Zu den anaerob lebenden Arten der Bodenmikroflora gehören die Denitrifikanten, Desulfurikanten, Methanbakterien und die Clostridien. Desulfuri-kanten *(Desulfovibrio u. a.)* kommen in überfluteten und morastigen Böden vor. Dort können sie anaerob schwefelhaltige Substanzen (Sulfate) bis zum Schwefelwasserstoff (H_2S) umwandeln und hieraus ihre Energie beziehen.

2.3.2. Kohlendioxid

Mit der Abnahme des Sauerstoffgehaltes eines Bodens kann gleichzeitig eine entsprechende Zunahme des CO_2-Gehaltes im Boden verbunden sein. Somit ist auch der Kohlendioxidgehalt großen Schwankungen unter-worfen (Abb. 7).

Gegenüber einen auch nur geringen CO_2-Anstieg reagieren viele epigä-isch lebende Arten sehr empfindlich. Ein Anstieg auf einen CO_2-Gehalt von 1–2% kann viele Collembolen *(Entomobrya, Tomocerus)* bereits ver-giften. Auch Enchytraeiden und Maulwürfe können eine hohe CO_2-Kon-zentration nicht ertragen. In tieferen Bodenschichten grabende Arten zei-gen eine größere Reaktionsbreite und sind gegenüber einer erhöhten CO_2-Konzentration weniger empfindlich. Hierzu gehören Drahtwürmer (Elateridenlarven) der Gattungen *Selatosomus, Agriotes* und *Lacon,* sowie die Maikäferengerlinge (Larven von *Melolontha melolontha, M. hippocastani).* Der euedaphisch lebende Collembole *Onychiurus armatus* verträgt sogar eine Konzentration von 35% CO_2. Eine große CO_2-Resi-stenz haben auch einige Regenwürmer entwickelt. Der Mistwurm *(Eise-nia foetida)* verläßt seinen Aktivitätsbereich erst dann, wenn der CO_2-Gehalt über 25% angestiegen ist. Können Regenwürmer dieser Art einer erhöhten CO_2-Konzentration nicht ausweichen, so überleben sie sogar bei einer Kohlendioxidkonzentration von 50%.

Wie die Tiere, so zeigen auch viele Arten der Mikroflora eine unter-schiedliche Toleranz gegenüber dem CO_2-Gehalt der Bodenluft. Viele von ihnen sind sogar auf das Kohlendioxid angewiesen. Die CO_2-toleran-ten und oft anaerob lebenden Mikroorganismen siedeln sich meistens in den tieferen Bodenschichten an, während die weniger CO_2-toleranten und gleichzeitig auf Sauerstoff angewiesenen Mikroorganismen die obersten Bodenschichten bevorzugen (Tab. 1).

Welche Veränderungen in der Zusammensetzung der Mikroflora bei einer CO_2-Zunahme und gleichzeitig erfolgenden O_2-Abnahme auftreten, läßt sich während und nach der Überflutung von Böden feststellen.

Ist ein Boden gut durchlüftet, so überwiegen in ihm die aerob lebenden Arten. *Nitrosomonas* und *Nitrosococcus* oxydieren das Ammoniak zu Nitrit; *Nitrobacter* und *Nitrocystis* bewirken die Bildung von Nitrat aus

Tabelle 1: Anteil CO_2-toleranter Pilze an der Gesamtzahl der Pilze in einem Bodenprofil (nach BISBY et al., aus BECK 1968)

Horizont	Gesamtpilzzahl pro g	CO_2-tolerante Pilze Zahl pro g	%
O	117 000	1120	0,96
A_h	15 625	1010	6,5
A_e	4 250	590	13,9
B	995	540	54,3
C	120	50	41,7

Nitrit (Kap. 3.4.2.2.). Nach einer Überflutung ist der zur Verfügung stehende Sauerstoff schnell erschöpft. Nitrifizierer ($NH_4^+ \rightarrow NO_2^-$) und Nitratifizierer ($NO_2^- \rightarrow NO_3^-$) stellen ihre Aktivität ein, der Nitratgehalt nimmt ab, da Nitrat sowohl von den Pflanzen aufgenommen als auch von den anaerob atmenden Bakterien, die sich nach einer Überflutung immer besser vermehren können. Nitratreduzierende Bakterien wie *Pseudomonas* bilden Ammoniak, so daß die Konzentration an NH_4-Ionen zunimmt. Die Denitrifikation verläuft bis zum molekularen Stickstoff.

Gleichzeitig mit der Nitratreduktion erfolgt bei überfluteten Böden der anaerobe Zelluloseabbau. Unter Beteiligung von *Clostridium*, *Escherichia* und *Micrococcus* entstehen als Endprodukte ihrer Stoffwechselaktivität Buttersäure, Essigsäure, CH_4 aber auch CO_2 und H_2.

Die Anwesenheit von Sulfat, von Kohlendioxid und Wasserstoff bilden die Voraussetzung für das Wachstum sulfatreduzierender Bakterien. Wichtigste Vertreter gehören der Gattung *Desulfovibrio* an. Diese Bakterien besitzen das Enzym Hydrogenase und die Fähigkeit aus dem Sulfat-S in Abwesenheit von freiem Sauerstoff Schwefelwasserstoff zu bilden.

$$SO_4^{2-} + 4 H_2 \rightarrow S^{2-} + 4 H_2O + \text{Energie}$$

Durch diesen Vorgang, der auch als Desulfurikation bezeichnet wird, erhalten die sulfatreduzierenden Bakterien durch Oxydation von H_2 die notwendige Energie, um Kohlendioxid zu fixieren.

Nicht nur die nitratreduzierenden Bakterien, auch die Methan bildenden und nur anaerob gedeihenden Bakterien aus den vier Gattungen *Methanobacterium*, *Methanobacillus*, *Methanococcus* und *Methanosarcina* verwerten das in überfluteten Böden angereicherte Kohlendioxid. Sie kommen dort sehr zahlreich vor.

2.4. Temperatur

Die überwiegende Anzahl der wechselwarmen Bodenorganismen hat nicht die Fähigkeit zur Regulation der Körpertemperatur erlangt. Bei den meisten bodenlebenden, wirbellosen Arten sind Körper- und Umwelttemperatur nicht oder nur geringfügig verschieden. Dennoch können diese Tiere weite Bereiche der meist sehr unterschiedlich gestalteten Ökosysteme besiedeln, in denen nicht nur jahreszeitlich bedingte Temperaturunterschiede auftreten (Abb. 6), sondern die ebenso durch tageszeitliche Temperaturschwankungen und topographisch bedingte Temperaturunterschiede gekennzeichnet sind.

2.4.1. Präferenz

Viele Arten können geringe Temperaturunterschiede wahrnehmen und hierauf mit entsprechenden Verhaltensmustern reagieren. So erkennen Feldheuschrecken bereits Temperaturveränderungen von 1 °C. Befinden sie sich auf einem unterschiedlich stark erwärmten Boden, so verlassen sie weniger zusagende Temperaturbereiche und suchen sich einen Fraß- oder Ruheplatz, der durch ihre Vorzugstemperatur gekennzeichnet ist.

Nicht nur Heuschrecken suchen Vorzugstemperaturen auf, ähnlich verhalten sich auch andere Arten. Der Tausendfüßer *Tachypodoiulus albipes* hat eine Vorzugstemperatur von 5–7 °C; der Tausendfüßer *Cylindroilus nitidus* sucht sich dagegen einen Vorzugsbereich von 21–23 °C (Abb. 36). Noch höher liegen die Vorzugstemperaturen tropischer Regenwürmer. Für sie wurden Werte von 24–31 °C ermittelt.

Durch welche Umwelteinflüsse (Feuchte, Nahrungsmangel usw.) diese Verhaltensreaktion auch immer beeinflußt werden mag, so zeigt sie doch, daß Tiere zwischen Temperaturen wählen können und immer solche Umweltbedingungen suchen, die dem jeweiligen Individuum so günstig wie möglich erscheinen.

Regenwürmer der gemäßigten Breiten sind während der Nacht auf der Bodenoberfläche besonders dann aktiv, wenn die Temperaturen innerhalb der Streuschicht bei genügender Feuchtigkeit über 2 °C liegen aber 10,5 °C nicht übersteigen. Unter diesen Temperaturbedingungen erreichen sie ihre größte Aktivität und ziehen die meisten Blätter unter die Bodenoberfläche. Gegenüber extremen Temperaturen sind Regenwürmer nicht widerstandsfähig und hierin mit nicht grabenden Arten feuchter Standorte vergleichbar.

Arten in gut beschatteten, feuchten und lehmigen Böden sind ähnlich wie im Wasser lebende Organismen nur geringen Temperaturschwankungen ausgesetzt. Sie bevorzugen niedrige Temperaturen von 5–10 °C.

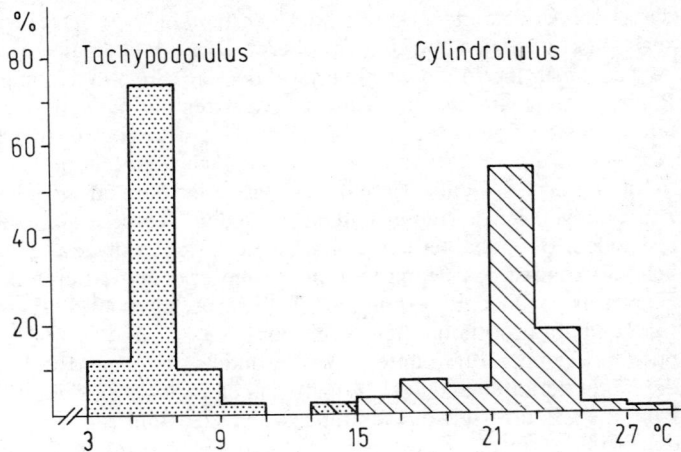

Abb. 36: Temperatur-Präferenz der Tausendfüßer *Tachypodoiulus albipes* und *Cylindroiulus nitidus*. Die Ordinate gibt den Anteil der Beobachtungen für die einzelnen Temperaturstufen in einem Temperaturgradienten an (nach THIELE 1959).

Kommt es durch den Einfluß abiotischer Faktoren zu deutlichen Temperaturschwankungen, die weit von dem Vorzugsbereich abweichen, so wirken sich diese für die Organismen meist schädigend aus.

Entsprechendes gilt für Arten, die in Mitteleuropa winteraktiv sind. Während ihrer Aktivitätszeit können sie, wie z. B. der Winterhaft *Boreus*, Kurzflügler der Gattung *Lathrimaeum*, Nestkäfer der Gattung *Catops*, Temperaturen um 20 °C nicht ertragen, wenn sie mehrere Tage auf diese Insekten einwirken. Andererseits liegt der Entwicklungsnullpunkt, d. h. jene Temperatur bei der eine Entwicklung gerade noch möglich ist, bei 0 °C und ist 5–10 °C niedriger als bei den meisten sommeraktiven Arten der gemäßigten Breiten. Die Vorzugstemperaturen winteraktiver Organismen, die besonders im atlantischen Klimabereich sehr zahlreich sind, liegen bei 5–10 °C.

In unbeschatteten und trockenen Böden, die außerdem einen großen Sandanteil aufweisen oder sehr kalkig sind, treten überwiegend im Bereich der obersten Bodenschichten große Temperaturschwankungen auf. Dies gilt besonders für südexponierte und freiliegende Rohböden. Arten, die diese erfolgreich besiedeln, wie viele Pionierarten, müssen daher sowohl an tiefe als auch an hohe Temperaturen angepaßt sein, da solche Böden während der Wintermonate gefrieren können, in den Sommermonaten aber Temperaturen von 30–40 °C aufweisen. Tiere, die in derartigen Böden leben, können oft innerhalb einer weiten Temperatur-spanne aktiv bleiben und sind eurytherm. Dies gilt ebenfalls für sehr viele Arten, die in ihrem Entwicklungszyklus (Kap. 2.6.) eine sommeraktive Phase eingeschaltet haben. Winteraktive Arten und Organismen beschatteter und gleichmäßig feuchter Böden sind im Gegensatz dazu nur in einer geringen Temperaturspanne aktiv und folglich stenotherm.

Nicht nur bei vielen Tieren, auch bei Mikroorganismen lassen sich Anpassungen an die tiefen und wechselnden Temperaturen der Böden feststellen. Bodenbakterien der gemäßigten Breiten sind kälteunempfindlich und können von Temperaturen weit unter dem Gefrierpunkt bis zum Einsetzen der Denaturierung der Proteine bei etwa 40–50°C überleben. Ihr Temperaturoptimum liegt häufig unter 25 °C, und sie wachsen selbst noch bei Temperaturen unter 5 °C. Besonders auffallend ist die Aktivität der kältetoleranten und am Chitinabbau beteiligten Mikroorganismen. So kann die Chitinzersetzung während des ganzen Jahres gleich bleiben. In den Wintermonaten wird das Chitin überwiegend durch Bakterien und Pilze abgebaut; in den Sommermonaten (bei 20 °C) sind überwiegend Protozoen und Nematoden an seinem Abbau beteiligt.

Eine noch deutlichere Anpassung an tiefe Temperaturen, die sich in der Verschiebung ihrer Aktivität in einen niedrigeren Temperaturbereich äußert, läßt sich bei arktischen Mikroorganismen nachweisen. So können laubzersetzende Mikroben aus Alaska unter dem Gefrierpunkt mit ihrer Aktivität beginnen. Ihre Aktivitätsrate steigt proportional zur Temperatur bis auf 25 °C an. Ab 30 °C nimmt sie mit zunehmender Temperatur wiederum deutlich ab. Die Bodentemperatur übersteigt dort nur selten 17 °C. Diese Anpassung an die tiefen Temperaturen dürfte es den Mikroben ermöglichen, im Herbst und Frühjahr einen Monat länger aktiv zu sein, als es ohne eine solche Anpassung möglich wäre.

2.4.2. Kälteresistenz

Können Tiere einem Temperaturgefälle nicht mehr folgen, da sie nicht grabfähig sind oder weil ein Hindernis den Fluchtweg versperrt, so kann es dazu führen, daß die terrestrischen Arten plötzlich extrem niedrigen Temperaturen ausgesetzt sind. Diese wirken entweder kurzfristig auf sie ein, wenn es sich um Tagesschwankungen handelt, oder die weit von einem Präferenzbereich entfernt liegenden Temperaturen wirken über einen langen Zeitraum, wenn es sich um jahreszeitlich bedingte Temperaturschwankungen handelt (Abb. 6). Die tolerierten Temperaturextreme für die einzelnen Arten sind unterschiedlich und lassen sich oft mit dem Vorkommen und ihrer Verbreitung in Verbindung bringen. Arten der tropischen Regenwälder, aber auch Regenwürmer der gemäßigten

Breiten (s. o.) besitzen nur geringe Kälteresistenz und sterben als abkühlungsempfindliche Arten bei Temperaturen oberhalb des Gefrierpunktes. Andere Bodentiere können bei Temperaturen unter 0 °C aktiv bleiben oder solche Temperaturen ohne Schädigung monatelang in einer inaktiven Phase überstehen. Sie sterben wenn ihre unterkühlte Körperflüssigkeit auskristallisiert (gefrierempflindliche Arten). So bleiben Insekten aus sandigen Böden der gemäßigten Breiten bei Temperaturen bis zu −5 bis −8 °C am Leben. Milben und Collembolen aus Böden der Tundra können im unterkühlten Zustand sogar Temperaturen von −25 bis −30 °C ertragen. Bei vielen, in einer Ruhephase überwinternden Arten wird der Unterkühlungspunkt in einen tieferen Temperaturbereich verschoben, da die Konzentration der Körperflüssigkeit an „Frostschutzmitteln" (Glycerin, Sorbit, Trehalose, Alanin, Lactat) zunimmt.

Einige wenige Arten können sogar ein Gefrieren der Körperflüssigkeit ertragen (gefriertolerante Arten). Dazu gehören die an niedrige Temperaturen angepaßten arktischen Chironomiden, Larven der Tipuliden und Raupen der Schmetterlingen.

Der in Alaska lebende Laufkäfer *Pterostichus brevicornis* ist in seinem Winterlager durchschnittlich −22 °C ausgesetzt. Er läßt sich unter experimentellen Bedingungen im gefrorenen Zustand, ohne geschädigt zu werden, bis auf −85 °C abkühlen. Latenzstadien von Protozoen, Rotatorien und Tardigraden können Temperaturen unter −200 °C überleben (Anhydrobiose).

2.4.3. Hitzeresistenz

Gegen Überhitzung sind besonders die euedaphisch lebenden und die winteraktiven Arten sehr empfindlich. So genügen oft schon Temperaturen weit unterhalb der Gerinnungstemperatur der Eiweiße, um diese Tiere irreversibel zu schädigen. Eine mehrtägige Einwirkung von 16 °C führt bei den Puppen des Nestkäfers *Catops picipes* zum unabwendbaren Tod.

Laboruntersuchungen lassen erkennen, daß die Letaltemperaturen nicht ausschließlich von der Temperatur sondern auch durch andere Umweltfaktoren beeinflußt werden. Eine aufallende Bedeutung kommt hierbei der Luftfeuchtigkeit zu. So sind die zum Tod führenden Temperaturen höher, wenn die Luft nicht mit Wasserdampf gesättigt ist, und der Wert der relativen Luftfeuchte weit unterhalb von 100% liegt. Hieraus läßt sich folgern, daß nicht nur die endothermen Tiere die Fähigkeit besitzen, durch Feuchtigkeitsabsonderungen die Körpertemperatur zu regulieren. Auch die ektothermen Tiere wenden den gleichen Mechanismus an, um ihren Körper vor Überhitzung zu schützen.

Der Einsatz von Verdunstungskälte ist besonders bei solchen Arten wirkungsvoll entwickelt, die in ihrer Evolution über das Littoral zur terrestrischen Lebensweise vorgedrungen sind. Im Tidenbereich der Meere sind diese Arten starken und kurzfristigen Temperaturschwankungen ausgesetzt, ohne daß es gleichzeitig zu einem Wassermangel kommen kann. Da solche Arten niemals einem Mangel an Wasser ausgesetzt sind, können sie mit dem Wasser verschwenderisch umgehen. Als Beispiel hierfür seien einige Krebstiere (Isopoda, Amphipoda, Decapoda) genannt. Arten die aus dem Meer über das Grundwasser in den Boden vorgedrungen sind, wie die Nematoden, sind der Gefahr einer Überhitzung nicht ausgesetzt und brauchen daher entsprechende Schutzvorrichtungen nicht zu entwickeln.

Winkerkrabben der Gattung *Uca* (Decapoda), die im meeresnahen Bereich der unmittelbaren Sonneneinstahlung ausgesetzt sind, können ihre Körpertemperatur durch Verdunstung um 6–7 °C herabsetzen. Die Assel *Ligia oceanica* (Isopoda), lebt in der Uferzone der Meere und ist tagsüber unter Strandgut und Steinen verborgen. Herrscht starke Sonneneinstrahlung, so kann sich die Temperatur im Bereich der Tiere der Letalgrenze nähern, ohne daß es wegen der Feuchtigkeit des Sandes und der Algen zu einer Erniedrigung der relativen Feuchte kommt. Bei solchen Bedingungen verlassen die Asseln ihren Lebensraum und klettern aus dem feuchten Versteck auf die sonnexponierte Oberseite der Abdeckungen. Obwohl die Temperaturen hier aufgrund der direkten Sonneneinstrahlung höher sind, schaden sie *Ligia* nicht, da sie ihre Körpertemperatur wegen der gleichzeitig niedrigen relativen Feuchte durch Evaporation deutlich absenken kann. Nach einiger Zeit meiden sie allerdings eine unmittelbare Sonneneinstrahlung, da sie sonst bei ständiger Transpiration austrocknen würden und wandern wieder in die Schattenzone, um dort durch Absorption von der feuchten Oberfläche den Wasserverlust zu ergänzen. Entsprechende Reaktionen sind auch von der Wüstenassel *Hemilepistus reaumuri* bekannt. Bei der Suche nach einem schützenden Versteck laufen sie auf der heißen Sandoberfläche entlang und können dann kurzfristig höhere Temperaturen ertragen, weil sie durch Verdunstung die Körpertemperatur von 37 °C um etwa 3 °C senken können.

Größere Insekten sind dazu befähigt, durch kontrollierte Stigmenbewegungen die Verdunstungsrate zu steuern und bei Bedarf die Körpertemperatur zu erniedrigen. Für kleinere Arthropoden hat die Kühlung durch Evaporation kaum Bedeutung, weil bei ihnen durch Konvektionsstrahlung ein rascher Temperaturausgleich erfolgt. Der Ausgleich zwischen Körper- und Umgebungstemperatur verläuft umso schneller, je größer der Quotient aus Körperoberfläche/Volumen ist.

Erstaunliche Anpassungserscheinungen an hohe Temperaturen haben zahlreiche Mikroorganismen entwickelt. Die thermophilen Arten aus

Wüstenböden verfolgen dabei die gleiche Strategie wie die psychrophilen Arten der arktischen und antarktischen Gebiete. Sie verschieben ihren Aktivitätsbereich in eine extreme Temperaturzone. Es lassen sich lange Listen von wärmeliebenden Pilzen (Zygomyceten, Ascomyceten, Deuteromyceten) zusammenstellen, deren Aktivitätsbereiche von etwa 20 °C bis zu 60 °C reichen. Die meisten dieser Arten haben einen Präferenzbereich von 40–50 °C.

Bei einigen von ihnen ist der Entwicklungsnullpunkt in einen hohen Temperaturbereich verschoben. Einige an der Stallmistrotte beteiligte *Humicola* (= *Thermomyces*)-Arten beginnen mit ihrem Wachstum bei etwa 30 °C. Besonders hohe Temperaturen ertragen einige wärmeliebende Bakterien. So wachsen thermophile Schwefel oxidierende Arten – z. B. *Sulfolobus acidocaldarius* – bei Temperaturen, die bis zu 85–90 °C reichen.

2.5. Chemische Faktoren

In zahlreichen, besonders älteren Publikationen, wird auf den unmittelbaren Zusammenhang hingewiesen, der zwischen den chemischen Eigenschaften des bodenbildenden Gesteins und der tierischen Besiedlung besteht. Solche Abhängigkeiten bestehen in den meisten der aufgeführten Beispiele nicht, sondern werden durch die gleichzeitig veränderten Temperatur- bzw. Feuchtigkeitsbedingungen u. a. nur vorgetäuscht. Dennoch gibt es Beispiele, die eine deutliche Korrelation zu den chemischen Eigenschaften von Böden erkennen lassen.

Arten, die in ihre Schale (bzw. Außenpanzer) Kalk einlagern – wie Schnecken, Asseln, Doppelfüßer – sind auf Standorte angewiesen, in denen genügend verfügbarer Kalk vorhanden ist. Tritt Kalk als Mangelfaktor auf, so wird die Individuenzahl dieser Arten abnehmen, oder sie werden vollkommen verschwinden.

Zahlreiche Arten sind in ihrer Verbreitung auf die Uferzonen von Salzseen oder Meeresküsten angewiesen. Sie werden entweder unmittelbar durch den höheren Salzgehalt dieser Standorte gefördert oder nur mittelbar. In diesem Falle besitzen sie eine Salztoleranz, wie sie von anderen, mit ihnen konkurrierenden Arten nicht erreicht wird und sind daher im Vorteil.

Die meisten Böden im humiden Klimabereich haben eine Wasserstoffionenkonzentration von pH 3–pH 8. Dies entspricht einer H-Ionenaktivität von 10^3–10^8 Mol/1 in der Bodenlösung. Die Empfindlichkeit von Organismen gegenüber dem Säuregrad des Bodens ist artspezifisch, wie auch die Reaktion gegenüber anderen abiotischen Faktoren. Zahlreiche Regenwürmer reagieren auf eine Veränderung der H-Ionenkonzentration

sehr empfindlich. Hiervon sind überwiegend Arten der tieferen Bodenschichten betroffen, die sich als säure-intolerant erweisen. So können sich
Oberflächentiere aus der Gattung *Dendrobaena* oder tropische Arten der
Gattung *Megascolex* in stark sauren Böden mit einem pH 4,5 gut entwikkeln. Arten aus der Gattung *Allolobophora* meiden diesen Säuregrad.

Andererseits können Böden für Regenwürmer zu alkalisch sein. Eine
mäßig alkalische Bodenreaktion mit einem pH-Anstieg von 7,25 auf 8,25
hatte bei Vergleichsuntersuchungen eine deutliche Abnahme der Individuen zur Folge.

Wie die Regenwürmer, so reagieren auch die Mikroorganismen auf
eine Veränderung des pH-Wertes sehr empfindlich (Abb. 37).

Die meisten Arten haben in Bereich des Neutralpunktes (pH 7) ihre
beste Entwicklungsmöglichkeit. Viele leben in den Grenzen von
pH 4–pH 9. Zahlreiche Pilze sind gegenüber dem Säuregehalt eines
Bodens sehr unempfindlich und können sowohl bei sehr stark alkalischen
Bedingungen (pH 11) als auch bei extrem sauren Bedingungen von
nahezu pH 2 wachsen.

Andere haben die Fähigkeit erlangt, entweder in einem stark sauren
Bereich zu gedeihen oder in einem extrem alkalischen Boden zu leben. In
sauren Bereichen kommen Bakterien der Gattungen *Bactoderma, Caulobacter* u. a. vor. Sie leben in Torfmoosen (Sphagnum) bei pH 3–pH 5.
Eine weitere Art aus der Gattung *Azotobacter* hat ihre optimale Wachs-
tumsrate bei pH 3,0 und kann nur in den Grenzen von pH 2,8 bis pH 4,3
überdauern. Ähnlich säuretolerant sind Thiobacilli, die ihre Energie

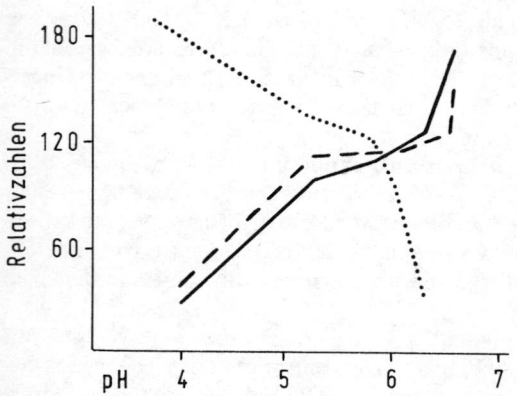

Abb. 37: Relative Häufigkeit der Mikroorganismen in Abhängigkeit von der
Bodenreaktion (pH). Bakterien (——), Actinomyceten (– – –), Pilze (· · · · · ·) (aus
BECK 1968, nch STEINBRENNER 1963).

durch Oxidation von Schwefel und aus Schwefelminerale gewinnen. *Thiobacillus thiooxidans* wächst in einem pH-Bereich von 0,9–4,5 und hat seine beste Entfaltungsmöglichkeit bei 2,5 pH. Die größte Säuretoleranz weisen wahrscheinlich einige Pilze auf. *Acontium velatium* und *Cephalosporium* wachsen sogar in 2,5 n Schwefelsäure oder in 4%iger Kupfersulfat-Lösung. *Trichosporon cereberiae* gedeiht nicht nur in Schwefelsäure sondern ebenfalls in Salzsäure-Lösungen.

Mikroorganismen können nicht nur gegenüber sauren Bodenreaktionen unempfindlich sein, sondern wie das Beispiel der Pilze zeigt, werden von einigen Arten auch extrem alkalische Reaktionen toleriert. So lassen sich im Labor Bakterien isolieren, die bei pH 11 ihr Wachstum noch nicht einstellen. *Nitrosomonas* und *Nitrobacter* können pH 13-Werte überleben.

2.6. Jahreszeitliche Veränderung im Lebensraum

Die in den vorhergehenden Kapiteln erwähnten Umweltbedingungen, denen die Bodenorganismen ausgesetzt sind, bleiben nicht konstant, sondern verändern sich mit der Tages- oder Jahreszeit. Organismen, die diese Veränderungen wahrnehmen, können in den meisten Fällen auch auf diese reagieren. Sie folgen einem Umweltgradienten wie der Temperatur, der Feuchtigkeit, dem Sauerstoffgehalt oder dem pH-Wert und suchen eine Präferenzzone auf. Viele Regenwürmer wandern in den Wintermonaten bei tiefen Temperaturen in größere Bodentiefen oder bei Staunässe in die oberen Bodenschichten. Andere Arten können sich den veränderten, für sie ungünstig werdenden Umweltbedingungen nicht entziehen. Sie haben Latenzstadien entwickelt und überdauern in einem scheinbar leblosen Zustand.

Jedoch gibt es noch weitere Anpassungserscheinungen. Treten die für eine Art ungünstigen Umweltbedingungen in regelmäßigen Abständen auf, wie z. B. tiefe Temperaturen in den Herbst- und Wintermonaten, so reagieren die Individuen dieser Art mit bestimmten an die Jahreszeit gebundenen Aktivitäten und erreichen auf diese Weise, daß sensible Entwicklungsstadien nicht in der ungünstigen Jahreszeit auftreten. Sind z. B. die Larven einer Käferart besonders empfindlich gegenüber tiefen Temperaturen, sind die Imagines aber kältetolerant, so wird eine günstige Überlebensrate der Art nur dann gewährleistet sein, wenn die jährliche Individualentwicklung dieser Art so an den Jahresgang angepaßt ist, daß die Imagines im Winter bei den tieferen Temperaturen überdauern, die Weibchen im Frühjahr ihre Eier ablegen, damit die Larven sich bei den höheren Sommertemperaturen entwickeln können.

Jahreszeitlich bedingte Entwicklungszyklen sind nicht nur von Käfern bekannt, sondern haben sich bei Arten aus zahlreichen taxonomisch sehr unterschiedlichen Gruppen konvergent herausbilden können. Jahreszyklen evoluieren aber nicht nur durch den Selektionsdruck abiotischer Faktoren, sondern werden auch durch den Einfluß biotischer Faktoren (Feinde, Konkurrenten, Nahrung, Abb. 3) bestimmt. Als Beispiel für eine jahreszeitliche Aktivität sei zunächst auf die Kokonablage von *Allolobophora chlorotica* hingewiesen (Abb. 38).

Regenwürmer bilden nach der Kopulation um das Clitellum einen Schleimgürtel, der an seiner Außenfläche verhärtet. Ist der Schleimgürtel hart, so kriecht der Wurm rückwärts und beginnt, das Schleimgebilde über sein Vorderende abzustreifen. Beim Passieren der weiblichen Geschlechtsöffnung werden in ihm ein oder mehrere Eier abgelagert, beim Vorübergleiten über die Receptacula folgt das Sperma. Schließlich rutscht der Schleimgürtel über das Prostomium hinweg. Vorderteil und Hinterteil des Schleimgürtels ziehen sich elastisch zusammen, so daß ein Kokon in einer artspezifischen, birnenförmigen Gestalt geformt wird. In ihm befinden sich neben Ei und Spermatozoen noch eine eiweißhaltige Flüssigkeit, die von den Clitellardrüsen abgesondert wurde. Diese dient den Embryonen als Nahrung.

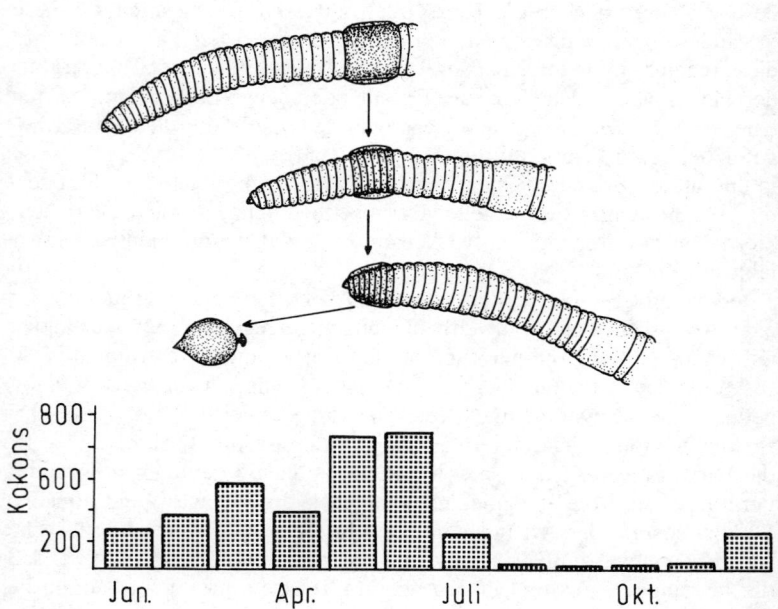

Abb. 38: Jahreszeitlich beeinflußte Kokonablage des Regenwurms *Allolobophora chlorotica* (unten); Stadien der Kokonproduktion (oben); ver. aus EDWARDS und LOFTY 1972, nach TEMBE und DUBACH 1963, GERRARD 1967).

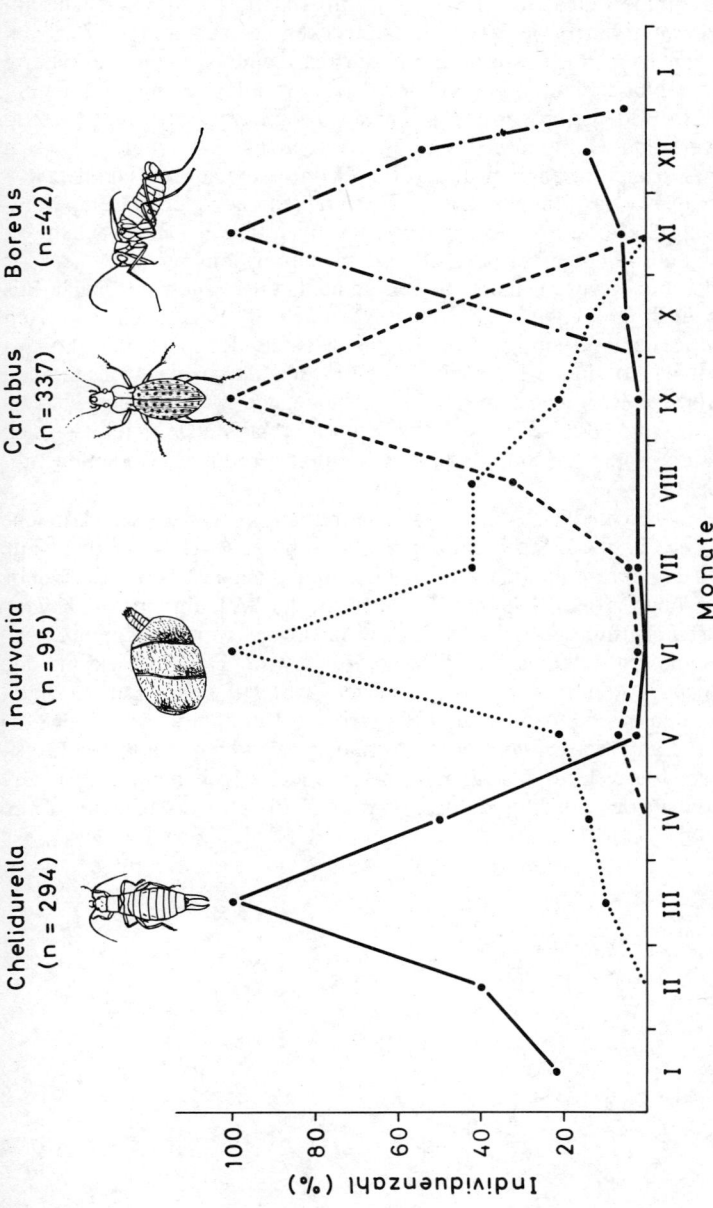

Abb. 39: Jahreszeitlich bedingte Aktivität verschiedener Insekten innerhalb der Streuschicht desselben Lebensraumes (Modalwert = 100%, n = Anzahl der gefundenen Individuen). Der Waldohrwurm *Chelidurella acanthopygia*, Miniersackmotten aus der Gattung *Incurvaria*, der Gartenlaufkäfer *Carabus hortensis* und der Schneefloh *Boreus hyemalis*.

Allolobophora chlorotica legt die meisten Kokons im Frühjahr und den ersten Sommermonaten ab (Abb. 38). Ihre Aktivität wird deutlich herabgesetzt, wenn der Boden entweder zu trocken oder zu kühl wird.

Die meisten Regenwürmerarten dürften keine graduell veränderte Aktivitätsphase wie in Abb. 38 haben, sondern in den Sommermonaten, wenn die Bodentemperaturen ansteigen in eine Sommerruhe (Aestivation) verfallen. Dann hören sie mit der Nahrungaufnahme auf, rollen sich zu einer Kugel zusammen und verlieren ihre sekundären Geschlechtsmerkmale wie das Clitellum. Da sie Feuchtigkeit und niedrige Temperaturen (Kap. 2.2) besser vertragen als Trockenheit und Hitze, erwachen solche Arten im September oder Oktober aus ihrer Sommerruhe.

Nicht nur Regenwürmer aus den gemäßigten Breiten der Paläarktis zeigen in ihrer Aktivität einen deutlichen Jahreszyklus, auch bei Arten aus tropischen und subtropischen Gebieten ist ein deutlicher Jahreszyklus erkennbar. So sind die Regenwürmer in den durch die Monsunregen beeinflußten Regionen Südostasiens überwiegend in der Regenzeit zwischen Mai und Oktober aktiv. Entsprechende Aktivitätszyklen ließen sich ebenfalls in Japan, beeinflußt durch Bodentemperatur und Bodenfeuchte, beobachten.

Wie unterschiedlich Arten in den Jahresgang eingepaßt sein können, zeigt Abb. 39. Das Auftreten der hier erwähnten Arten wird nicht nur durch Temperatur und Feuchtigkeit bestimmt, auch das Nahrungsangebot hat bei ihnen große Bedeutung. So erreicht der Waldohrwurm *(Chelidurella)* seine größte Aktivitätsdichte, wenn in der winterfeuchten Streuschicht die Entwicklung der Pilze gefördert wird. Die Entwicklung der Miniersackmotten *(Incurvaria spec.)* ermöglicht den jungen Larven Blattfraß an den frisch austreibenden Blättern von Birke und Eiche. Der räuberische Laufkäfer *Carabus hortensis* findet in den Herbstmonaten Insektenlarven, die sich zur Verpuppung in den Boden begeben und Regenwürmer, die in der feuchten Jahreszeit an der Bodenoberfläche mit ihrer Aktivität beginnen.

3. Einfluß der Bodenorganismen auf ihren Lebensraum

In dem vorhergehenden Abschnitt wurden Antworten auf die Frage gesucht, welche Fähigkeiten bei Bodenorganismen evoluiert sein müssen, damit sie an die herrschenden abiotischen Faktoren des Bodens angepaßt sind und in ihm leben und sich fortpflanzen können.

In diesem Abschnitt soll eine andere Fragestellung berücksichtigt werden. Nicht die Eigenschaften des Bodens und die Möglichkeiten der Organismen, sich diesen anzupassen, stehen im Mittelpunkt. Sondern umgekehrt soll der Wirkung der Bodenorganismen nachgegangen werden und der von ihnen ausgehende Einfluß auf die Umwelt. Wie beeinflussen Bodenorganismen ihren Lebensraum? In welchem Ausmaß tragen sie zur Bodenbildung oder seiner Umbildung bei?

3.1. Primärbesiedlung

In gut entwickelten Böden sind wegen einer großen Artenfülle die Wechselwirkungen zwischen Umwelt und Organismen oder zwischen den Organismen untereinander kaum zu überschauen. Übersichtlicher gestalten sich die Wechselwirkungen bei der Neubildung von Böden. Auf nacktem Fels, auf Dünenflächen oder in Rohböden mit nahezu humusfreiem A-Horizont, der unmittelbar dem unverwittertem Ausgangsgestein aufliegt, lassen sich einander entsprechende Prozesse verfolgen. Daher dient unsere Aufmerksamkeit zunächst solchen Lebensräumen.

3.1.1. Algen, Flechten

Zu den Pionierbesiedlern von unbewachsenen Steinen, von kahlen Felswänden, erodierten Flächen, frisch aufgewehten Dünen oder neu entstandenen Vulkanböden gehören neben Bakterien und Pilzen überwiegend Grünalgen, Blaualgen und Flechten.

Das Chlorophyll befähigt sie, aus dem Licht Energie zu gewinnen und Kohlensäure als C-Quelle zu nutzen. Sie sind daher nicht auf die Anwesenheit organischer Kohlenstoffverbindungen angewiesen und brauchen außer Stickstoff nur noch geringe Mengen von Nährstoffen. Diese Besonderheiten ermöglichen ihre Entwicklung auf unbesiedelten, humus- und vegetationsfreien Flächen. Ob auf einem freien Untergrund zunächst Grünalgen, Blaualgen oder Flechten zur Entwicklung gelangen, darüber entscheiden meistens die Standorteigenschaften. Auf sonnenexponierten Flächen werden sich überwiegend Blaualgen ansiedeln, in feuchten und schattigen Bereichen finden Grünalgen bevorzugte Bedingungen. In Gebieten mit geringen Niederschlägen, die aber gleichzeitig einer starken Belichtung ausgesetzt sind, werden sich Flechten in größerer Zahl ansiedeln.

Im Silikatgestein folgen Algen (u. a. *Pleurococcus*) oder Flechten (u. a. Landkartenflechten *Rhizocarpon geographicum*) den vorgebildeten Spaltfugen oder den feinsten Haarrissen. In den Zellen der Algen und Flechten oder zwischen ihnen wird Wasser festgehalten. Sinken die Temperaturen unter den Gefrierpunkt, so sind die Primärbesiedler indirekt an der Ausweitung der Spalten durch physikalische Verwitterung beteiligt. Neben dieser verstärkten physikalischen Verwitterung von Gesteinen begünstigen die autotrophen Primärbesiedler auch die chemische Verwitterung. Hierzu gehören die verpilzten Algenzellen der Gattung *Gloeocapsa*. Dort, wo sie sich an der Felsoberfläche festsetzen, kommt es zu einer chemischen Auflösung des Gesteins. Sie wird wahrscheinlich durch die Anreicherung von CO_2 oder die Ausscheidung organischer Säuren hervorgerufen. Kalkfelsen, die von *Gloeocapca* in größerer Anzahl besiedelt werden, sind an ihrer Oberfläche von zahlreichen ,,Kratern'' übersät. Diese Krater verjüngen sich mit der Tiefe. An ihrem Grund liegen die verpilzten Dauerzellen dieser Algen. Bei starker Vergrößerung ähnelt die Oberfläche eines solchen Gesteinsbrockens einer Eisfläche, in die bei Erwärmung durch Sonnenstrahlen mehrere Kiesel verschieden tief eingesunken sind. Da die Algen-Pilz-Gemeinschaft nicht nur senkrecht in den Fels eindringt, sondern auch schräg verlaufende Verzweigungen und Höhlungen entstehen, wird die Oberfläche des Gesteins von *Gloeocapsa* weitgehend zernagt. Physikalische Verwitterungsvorgänge bewirken anschließend die vollkommene Zerstörung der Gesteinsoberfläche.

In der zersetzten Gesteinsoberfläche können zwischen dem Grus weitere Algen, Flechten und Moose keimen. Hinzu gesellen sich oft zusätzlich niedere und höhere Pflanzen, die ebenfalls als Produzenten durch Photosynthese aus anorganischen Verbindungen organische Nährstoffe aufbauen. Wo Produzenten gedeihen, dort finden auch Tiere als Konsumenten geeignete Lebensbedingungen. Sie fressen entweder von den autotrophen Pflanzen und sind dann im weitesten Sinne Phytophagen, oder sie ernähren sich als Zoophagen von anderen Tieren oder sie fressen als Saprophagen abgestorbene Pflanzensubstanz, Kot bzw. Tierleichen. In einem Lebensraum, der durch Produzenten und Konsumenten besiedelt wird, fehlen auch Bakterien und Pilze nicht, welche die organische Substanz bis zu anorganischen Verbindungen abbauen und daher als Reduzenten bzw. Destruenten bezeichnet werden (Abb. 40).

Der **Kreislauf der Stoffe** – Aufbau durch Produzenten, Verwertung durch Konsumenten, Abbau durch Reduzenten – hat sich somit bereits im Anfangsstadium einer Bodenbildung geschlossen.

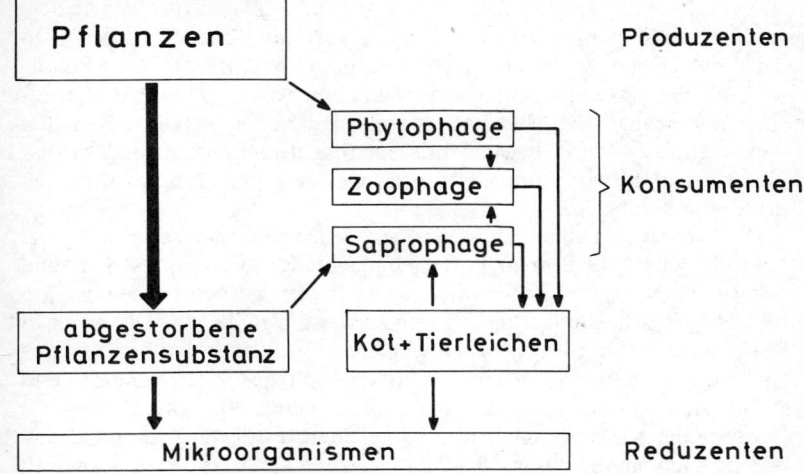

Abb. 40: Schematische Darstellung des Stoffumsatzes in einem Ökosystem.

Bei den Neubesiedlern von Lebensräumen handelt es sich meistens um Arten, die sich passiv mit dem Wind verdriften lassen und die gleichzeitig dazu befähigt sind, hohe Feuchtigkeits- und Temperaturschwankungen zu ertragen, wie sie auf exponierten Gesteinsflächen nicht selten auftreten können. Ihre besondere Anpassung an derartig extreme Lebensräume liegt oft in der Fähigkeit, langlebige Dauerstadien zu bilden (Kap. 2.2.2.).

3.1.2. Protozoa

Zu den tierischen Erstbesiedlern gehören die Einzeller (Protozoa). Sowohl Geißeltierchen (Flagellata) als auch Wurzelfüßer (Rhizopoda) und Wimpertierchen (Ciliata) sind an der Primärbesiedlung beteiligt. Die Flagellaten können sich von Bakterien ernähren, Detritusteilchen aufnehmen aber auch gelöste organische Stoffe in ihrer Zelle anreichern. Von Bakterien, Algen oder Pilzen ernähren sich auch die schalenlosen Amoeben (Rhizopoda) und die Wimpertierchen. Bei vielen von ihnen kann die Nahrungswahl bereits spezifisch sein. So entwickeln sich freilebende Amoeben *(Hartmaniella)* sehr gut bei Ernährung mit Bakterien der Gattung *Aerobacter*. Dienen jedoch die eiweiß- und chitinzersetzenden Stämme von *Flavobacterium* als Nahrungsgrundlage, so müssen sich die Amoeben zunächst an das toxisch wirkende gelbe Enzym gewöhnen. Ein anderes Bakterium, *Pseudomonas pyocyanea,* scheidet das Gift Pyocyanin aus und hemmt die Entwicklung von *Hartmaniella.* Größere Arten der schalenlosen Amoeben (z. B. *Amoeba terricola*) ernähren sich vorwiegend räuberisch (= zoophag) von anderen Amoeben, von Rädertierchen oder sogar von Nematoden und Tardigraden. – Die beschalten Amoeben (Testacea, Thecamoeba) leben nicht räuberisch, sondern sind überwiegend Detritusfresser und ernähren sich von der abgestorbenen organischen Substanz.

Die Protozoen-Fauna jedes einzelnen Lebensraumes ist sehr vielfältig. Da viele der Einzeller in enger Beziehung mit der Mikroflora stehen, und nur wenige Arten in Kulturbedingungen gehalten werden können, ist ihre bodenbiologische Bedeutung oft nur schwer abzuschätzen. Die wenigen bisher untersuchten Arten zeigen eine große Vielfalt an Stoffwechselvorgängen. Vorzugsweise dürften sie einfache Kohlenstoffverbindungen und Aminosäuren verwerten, aber wohl nur selten über pektinolytische, lignolytische oder sogar zellulolytische Fähigkeiten verfügen (Kap. 3.4.2.), so daß sie kaum an der unmittelbaren Zersetzung der Streu beteiligt sind. In Biotopen, wo die Einzeller in großer Anzahl vorkommen, bilden sie für andere Organismen einen großen Vorrat an Nährstoffen wie Stickstoff, Phosphor und Schwefel und fördern den schnellen Kreislauf dieser Stoffe.

3.1.3. Rotatoria

Primärbesiedler der aquatischen Lebensräume des Bodens sind auch die Rädertierchen (Rotatoria). Sie können sich im Bodenwasser schwimmend oder spannenartig kriechend fortbewegen. Als Nahrung dienen ihnen Bakterien, Algen und abgestorbenen Pflanzenteilchen. Einige Arten sind räuberisch und fressen Protozoen. Diese werden entweder mit ihrem Räderorgan herbeigestrudelt oder von der Unterlage aufgenommen.

3.1.4. Tardigrada

Reine Wasserbewohner sind die Bärtierchen (Tardigrada), die nur selten größer als 0,5 mm groß werden. Wasseransammlungen in Flechten oder Moospolstern genügen ihnen, um volle Aktivität zu erreichen. Da diese auf exponiert liegenden Sand- oder Felsflächen häufig periodischen Austrocknungen unterliegen,können die Bärtierchen in ihnen nur leben, weil sie anhydrobiontische Dauerstadien („Tönnchen") bilden. Die Tönnchen können den abiotischen Wechselwirkungen widerstehen und außerdem leicht durch den Wind verfrachtet werden. Daher findet man die Bärtierchen immer wieder in isoliert gelegenen Moospolstern auf der Erdoberfläche, und auch in Polstern an Baumstämmen und auf Hausdächern. Die Tardigraden leben phytophag. Sie bohren die Zellen der Moose an und saugen sie aus.

3.1.5. Nematoda

In Fels- und Dünengebieten sind auch die Fadenwürmer (Nematoden) als Primärbesiedler nicht selten. Wie die Arten der zuvor genannten Gruppen sind es Tiere, die im Bodenwasser ihre Aktivität entfalten und bei Trockenheit in einem Dauerstadium verharren, und dann extremen Hitze- und Kältegraden widerstehen. Sie sind klein, erreichen meistens eine Länge zwischen 0,5 und 2,0 mm, treten im Boden aber in so großer Individuenzahl auf, wie sie nur noch von den Protozoen erreicht wird. Die meisten freilebenden Fadenwürmer sind Bakterienfresser (u. a. *Plectus, Rhabditis, Cephalobus*). Oft nehmen sie die durch Bakterien verflüssigten Abbauprodukte mit ihren Zersetzern gemeinsam auf. Die Nahrungswahl der Fadenwürmer ist unterschiedlich. Einige Arten, so *Rhabditis curvicauda*, sind offensichtlich auf Bakterien und die Kohlenhydrate faulender Pflanzenstoffe angewiesen. Andere Arten, so *Rhabditis teres*, sind hingegen auf Bakterien und die Eiweißstoffe sich zersetzender Tierleichen spezialisiert.

Fadenwürmer leben nicht nur von Bakterien. Einige ernähren sich ausschließlich von flüssiger Nahrung (u. a. *Tylenchus, Dorylaimus, Tylencholaimus*). Sie besitzen einen vorstreckbaren Mundstachel, der sich bei Ruhe in der Mundhöhle befindet. Pflanzenzellen oder kleinere Tiere werden von ihnen angestochen. Durch den Stich werden enzymhaltige Sekrete abgesondert, die der Vorverdauung dienen. Der verflüssigte Nahrungsbrei wird anschließend eingesogen. So unterschiedlich die Ernährungsweise der Fadenwürmer auch ist, sie fressen fast ausschließlich lebende Pflanzen und Tiere und sind nicht am Abbauprozeß der abgestorbenen organischen Substanz beteiligt. Ihre bodenbiologische Bedeutung dürfte in der Anreicherung stickstoffhaltiger Verbindungen liegen, die nach ihrem Tod über die Bodenmikroorganismen pflanzenverfügbar werden.

Fadenwürmer dienen zahlreichen Bodentieren als Nahrung. Nicht nur von Amoeben, sondern auch von räuberisch lebenden Käfer- und Fliegenlarven werden sie erbeutet. Sie sind eine Nahrungsquelle für Milben *(Laelaps)*, Collembolen *(Onychiurus)* und werden darüberhinaus noch von einigen Pilzen gefangen. Die nematodenfressenden Pilze fangen ihre Beute mit Hyphen, die ein klebriges Sekret enthalten, oder sie haben Schlinghyphen ausgebildet, die sich bei Berührung mit einem Nematoden zusammenziehen und diesen gefangenhalten. Der Pilz löst dann die Kutikula des erbeuteten Tieres auf und entsendet Nährhyphen in seinen Körper. Andere Pilze aus der Gruppe der Fungi imperfecti bohren spitze Sporen in Nematoden ein. Bald danach entwickelt sich im Nematoden ein weit verzweigtes Hyphengeflecht. Diese enzymatische Fähigkeit der Pilze erscheint um so erstaunlicher, wenn man daran denkt, daß kleinere Nematoden, die von den größeren räuberischen Fadenwürmern unverletzt verschlungen werden, unverdaut den Darm des Räubers passieren.

Da Nematoden gegenüber abiotischen Faktoren weitgehend unempfindlich sind, wird ihr Vorkommen und ihre gehäufte Verteilung in Böden (Kap. 4.2.1.) überwiegend durch das Nahrungsangebot bestimmt. Die Neubesiedlung von Lebensräumen durch die Nematoden kann erfolgen, weil Dauerstadien im anhydrobiontischen Zustand verweht oder weil sie durch andere Tiere passiv verschleppt werden (Phoresie, Kap. 4.3.1.2.).

3.1.6. Acari, Collembola

Wo Algen, Flechten und Moose keimen, finden ebenfalls Kleinarthropoden geeignete Lebensbedingungen, die nicht an das Bodenwasser gebunden sind. Die im luftgefüllten Porensystem des Bodens oder zwischen den Pflanzen lebenden Springschwänze (Collembola) und Milben (Acari) können sehr unterschiedliche Nahrung zu sich nehmen. Einen kleinen Ausschnitt aus dem reichhaltigen Nahrungsangebot der Hornmilben (Oribatei) veranschaulicht Abb. 41.

Die wenigen bisher durchgeführten Experimente zur Ernährungsbiologie dieser Tiere zeigen, daß einige Arten überwiegend von Algen leben. So ließen sich Collembolen erfolgreich mit den Grünalgen *Pleurococcus* und *Protococcus* als Nahrung züchten. Darminhalt-Untersuchungen ergaben, daß auch prostigmate und cryptostigmate Milben von Algen leben. Hornmilben (Cryptostigmate, Oribatei) können die Grünalgenzellen mit ihren Cheliceren aufbrechen. Einige der phytophagen Kleinarthropoden sind hinsichtlich ihrer Nahrungswahl wenig spezialisiert (= polyphag) und fressen außer Algen und Pilzhyphen auch Flechten. Andere Arten sind deutlich spezialisiert (= oligo-, monophag). So fressen die Hornmilben der Gattungen *Cryptoribatula* und *Pirnodus* ausschließlich an Flechten.

Unter den mächtigen Moospolstern der Gesteins- oder Dünenflächen ist die Individuenzahl von Kleinarthropoden oft besonders hoch. Sie finden unter diesen Polstern nicht nur Nahrung, sondern auch Schutz und geeignete mikroklimatische Bedingungen. Die zahlreichen Kothäufchen, die in unmittelbarer Nähe größerer Moospolster sichtbar werden, scheinen sogar anzuzeigen, daß Collembolen in wenig besiedelten Lebensräumen die größte Bedeutung bei der Zersetzung von Moosen zukommt. Sie nagen nicht nur an den lebenden Blättchen, sondern verwerten als Sapro-

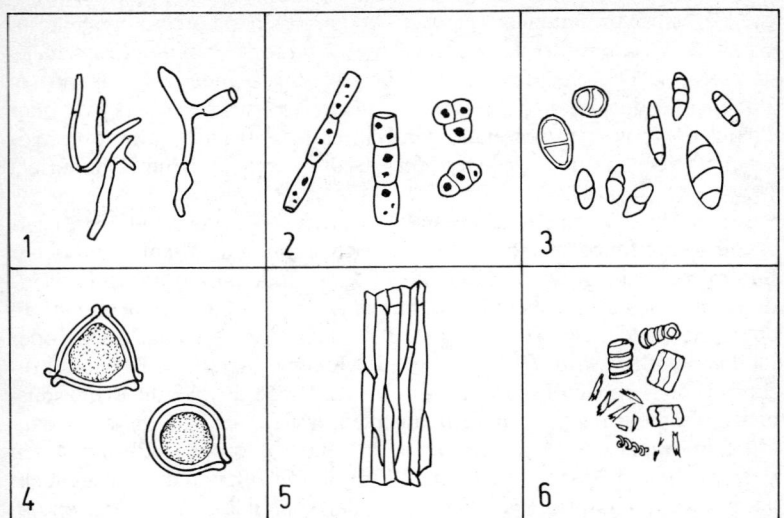

Abb. 41: Nahrungsbestandteile von Hornmilben (Oribatei): 1. Pilzhyphen der Basidiomyceten und Fungi imperfecti; 2. Algenfäden und Algenzellen, wahrscheinlich Chlorophyceen; 3. zwei- bis vierzellige Pilzsporen; 4. Pollenkörner, vermutlich vom Haselstrauch *Corylus avellana;* 5. Langgestreckte Zellen von Moosblättchen; 6. Ligninelemente (nach SCHUSTER 1956).

phagen ebenso einen großen Anteil der abgestorbenen organischen Substanz.

Die Fraßtätigkeit der saprophagen frost- und trockenresistenten Oribatiden und Collembolen führt zu einer Anhäufung einer dünnen Bodenschicht, die aus Exkrementen dieser Tiere, aus Pflanzenresten und Mineralkörnern zusammengesetzt ist. Eine solche Schicht ist auch mit Nährstoffen angereichert. Die feinen Partikel werden in Bodenmulden zu mächtigeren Häufchen zusammengeweht. Werden diese anschließend durchfeuchtet, so hat sich ein geeignetes Substrat für eine günstige Entwicklung höherer Pflanzen – für Kräuter, Sträucher und Bäume – gebildet.

3.1.7. Bakterien, Pilze

Tote Pflanzensubstanz, Kot und die Leichen der Tiere bieten vielen Mikroorganismen eine geeignete Nahrungsgrundlage. So gewinnen zahlreiche Bakterien aus abgestorbenen organischen Substanzen wasserlösliche Stickstoffverbindungen, Zucker und verschiedene organische Säuren. Es handelt sich hierbei um Verbindungen, die sonst durch Niederschläge in tiefere Bodenschichten transportiert werden könnten und dann dem Boden und den Pflanzen verloren gingen. Abgestorbene Pflanzen oder Pflanzenteile werden vor allem von Bakterien aber auch von saprophytischen Pilzen aus den Gruppen der Ascomyceten und Fungi imperfect verwertet.

Einige Pilze, Actinomyceten und Bakterien werden durch die Streuzersetzung unmittelbar beeinflußt und erreichen mit dem Abbau organischer Substanzen sehr große Häufigkeiten. Diese Bodenmikroorgnismen werden der **zymogenen** Bodenflora zugerechnet. Neben diesen gibt es zahlreiche Arten, deren Vermehrungsrate durch den Streuabbau nicht oder kaum beeinflußt wird. Dies sind die **autochthonen** Arten der Bodenmikroflora. Laborbeobachtungen führten zu dem Ergebnis, daß die explosionsartige Vermehrung von Mikroorganismen, wie sie bei Zufuhr von abbaufähigem organischen Material im Boden eintritt, von den Mikrokolonien der zymogenen Bakterien ausgeht. Wird die Zersetzung der Streuschicht geringer und nimmt die Konzentration der abbaufähigen Substanzen ab, so verschwinden die zymogen Arten nicht vollständig. Sie bleiben wahrscheinlich in einer inaktiven Phase im Boden erhalten und werden erneut aktiviert, sobald frisch gefallene Blätter die Streuschicht erreichen, und diese wasserlösliche Verbindungen ausscheiden.

3.2. Sukzession

Aus dem vorhergehenden Abschnitt wurde ersichtlich, daß bei der Primärbesiedlung von Lebensräumen bereits Vertreter mit unterschiedlichsten Ernährungsweisen vorkommen können. Sobald sich irgendwelche autotrophen Organismen in einem Habitat ansiedeln, finden Konsumenten und Reduzenten geeignete Entwicklungsmöglichkeiten.

Primärbesiedler sind vielfach Opportunisten, die in dem neu besiedelten Lebensraum sehr rasch eine Population mit großer Individuenzahl aufbauen können (= r – Selektionisten). Opportunisten meiden jedoch in der Mehrzahl zwischenartliche Konkurrenz. Kommen Sekundärbesiedler (Tertiärbesiedler usw.) in das von den Primärbesiedlern beanspruchte Gebiet, so weichen die Primärbesiedler ihnen vielfach aus. Sekundärbesiedler können die Erstbesiedler auch durch Konkurrenz verdrängen. Zweitbesiedler erreichen oft nicht vergleichbar hohe Individuenzahlen wie die Erstbesiedler, sondern haben das Bestreben, ihre Populationsgröße auf einem bestimmten Niveau konstant zu halten (Gleichgewichtsarten, K-Selektionisten). Wird die zeitliche Aufeinanderfolge von Arten in einem Lebensraum durch die Wirkung der jeweils vorhandenen Arten bestimmt, so spricht man von einer **autogenen Sukzession**. Eine solche Sukzession liegt auch dann vor, wenn die Erstbesiedler ihre Umgebung allmählich derart verändern, z. B. durch Vernichtung oder Umwandlung der zur Verfügung stehenden Nahrungsquellen, so daß sie schließlich selbst nicht mehr existieren können, wohl aber die Voraussetzungen für die Besiedlung von Nachfolgearten schaffen. Andererseits brauchen es nicht die Organismen zu sein, die für eine Aufeinanderfolge von Arten verantwortlich sind. Diese kann ebenfalls durch klimatische Veränderungen hervorgerufen werden (= **allogene Sukzession**). In vielen Lebensräumen treten beide Möglichkeiten der Sukzession gemeinsam auf. Dann ist nur schwer zu entscheiden, ob die zeitliche Aufeinanderfolge von Arten durch die Aktivität der Organismen oder durch die Veränderung abiotischer Faktoren ohne gleichzeitigen Einfluß der Arten hervorgerufen worden ist.

Am Beispiel der Besiedlung von Binnendünen seien auffallende Merkmale einer Sukzessionsfolge aufgezeigt (Abb. 42).

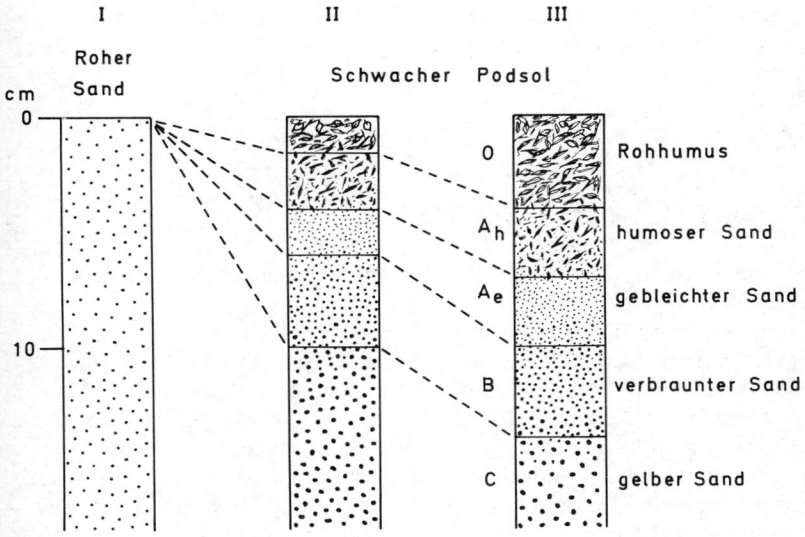

Abb. 42: Entwicklungsstadien eines Podsols aus Sand in einem Binnendünengebiet; I. Roher Sand mit einzelnen Grasbüscheln, II. Heidegebiet, III. Eichen-Birken-Mischwald.

101

I. Roher Sand

Auf kahlen Sandflächen siedeln Grünalgen *(Zygogonium ericetorum, Prasiola crispa)*. Organische Bestandteile der Umgebung (Blätter, Nadeln, Zweigstücke) werden in den Dünentälchen zusammengeweht und mit den Sandkörnern vermengt. Räuberische Tiere, z. B. der Sandlaufkäfer *Cicindela hybrida*, graben sich Höhlungen, in denen sie zufällig vorbeikommende Insekten auflauern und nach erfolgtem Fang verzehren. Grabwespen (u. a. *Mellinus arvensis*) legen auf den freien Sandflächen ihre Nester an, in die sie Insekten als Nahrung für ihre Brut eintragen.

Durch die Tätigkeit der Erstbesiedler wird die kahle Sandfläche immer mehr strukturiert. Irgenwo auf dieser Fläche finden dann Flechten (*Cladonia*-Arten), Moose *(Rhacomitrium canescens, Polytrichum piliferum)* oder Gräser *(Carex arenaria, Corynephorus canescens)* Möglichkeiten zum Keimen.

Im Schutze dieser Pflanzen entwickeln sich zahlreiche saprophag lebende Kleinarthropoden, die den Boden durch ihre Exkremente anreichern. Die Losungen dieser Tiere werden durch Niederschläge und ihre eigene Aktivität mit den Sandkörnern vermengt, verbleiben aber meistens in den oberen 2–4 cm des Bodens. In den Moospolstern siedeln phytophage Pillenkäfer (u. a. *Byrrhus arietinus*), an den Wurzeln der Gräser fressen Rüsselkäfer *(Philopedon plagiatus)*, vom Kot und den abgestorbenen Pflanzenteilen ernähren sich Schwarzkäfer *(Crypticus quisquilius)*, von ihren Larven ernähren sich räuberische Laufkäfer *(Calathus erratus)* (Tab. 2).

II. Schwacher Podsol (Heidefläche)

Die obersten Zentimeter des Bodens der Heideflächen sind stark durchwurzelt und mit Pflanzenresten durchsetzt. In 4–6 cm Tiefe kommt es andeutungsweise zu einem ausgebleichten Eluvialhorizont ($= A_e$). Darunter befinden sich dunklere und mit organischer Substanz angereicherte, stellenweise mit Enchytraeiden-Extrementen durchsetzte bänderförmig ausgebildete B-Horizonte. In einer Tiefe von 10–15 cm sind zwischen den Quarzkörnern kaum noch organische Bestandteile zu entdecken.

Einige auffallende epigäisch lebende Arthropoden der Heideflächen sind in Tabelle 2 aufgeführt. Ihre Individuen- und Artenzahl ist erheblich größer als auf dem rohen Sand. So leben dort bereits eine größere Anzahl von Nahrungsspezialisten. Dies gilt ebenfalls für die Collembolen. Arten aus vielen Gattungen *(Tomocerus, Orchesella, Entomobrya u. a.)* besitzen kauende Mundwerkzeuge. Ihre Maxillen sind oft kompliziert ausge-

Tabelle 2: Auswahl einiger Arthropoden im Bereich der Streuschicht von drei Sukzessionsstufen einer Binnendünenlandschaft (s = saprophag, P = phytophag, z = zoophag; + = vereinzelt, + + = häufig)

Arten	Ernährung	Roher Sand (u. Moose, Gräser)	Schwacher Podsol Heidefläche	Eichenmischwald
Lumbricidae				
Dendrobaena octaedra	s			++
Lumbricus rubellus	s			++
Isopoda				
Philoscia muscorum	s			+
Porcellium conspersum	s			+
Chilopoda				
Lithobius calcaratus	z		++	
Lithobius erythrocephalus	z			++
Geophilus truncorum	z			++
Collembola				
Entomobrya multifasciata	s	++	+	
Lepidocyrtus lignorum	s	+	++	+
Orchesella multifasciata	s		++	
Hypogastrura denticulata	s			++
Tomocerus longicornis	s			++
Coleoptera				
Cicindela hybrida	z	++		
Calathus erratus	z	++	++	
Carabus hortensis	z			++
Ousipalia caesula	z (s)	++		
Oxypoda togata	z	++	+	
Lathrimaeum atrocephalum	s (z)			++
Byrrhus arietinus	p	++		
Philopedon plagiatus	p	++		
Strophosomus melanogrammus	p			++
Geotrupes stercorosus	s			++
Dermaptera				
Chelidurella acanthopygia	p			++
Mecoptera				
Boreus hyemalis	s	++		
Trichoptera				
Enoicyla pusilla	s			++
Lepidoptera				
Incurvaria spec.	s (p)			++

bildet und haben die Aufgabe, die abgerissenen Pflanzenteile den Reibplatten der Mandibeln zuzuführen (Abb. 43a).

Arten mit kauenden Mundwerkzeugen ernähren sich überwiegend von den Blättern der Streuschicht, sie fressen manchmal auch Algen und Hyphen der Bodenpilze. Sie können die verschiedenen Blattarten von Bäumen, Sträuchern und Kräutern unterscheiden und bevorzugen neben leicht zersetzbaren Blättern besonders solche, die schon mehrere Monate in der feuchten Streuschicht gelegen haben und mikrobiell stärker angegriffen sind. Diese Blätter werden von ihnen regelrecht skelettiert. Nur die Blattnerven bleiben zurück (Abb. 47).

Frisch gefallene Blätter oder harte trockene Blätter der obersten Streuschicht werden von den Collembolen kaum angegriffen. Diese werden höchstens stellenweise von der Unterseite bis auf die Epidermisschicht abgenagt. Wichtige Nahrungsquelle der Collembolen mit kauenden Mundwerkzeugen sind weiterhin die Kotballen der größeren Tiere. Kleinere Collembolen *(Folsomia)* ernähren sich von den Kotballen der größeren *(Orchesella)*. Größere Collembolen *(Orchesella)* fressen von den Kotballen der Regenwürmer, Tausendfüßer und Asseln.

Einigen Springschwänzen fehlen die Reibplatten der Mandibeln. Auch sind ihre Maxillen weniger stark differenziert (Abb. 43b). Sie können ihre Nahrung nur abbeißen und nicht zerkauen. Beißende Mundwerkzeuge besitzt unter den Collembolen des Heidegebiets *Friesea claviseta*. Diese Art lebt räuberisch von Rädertierchen und Tardigraden. Weitere Arten

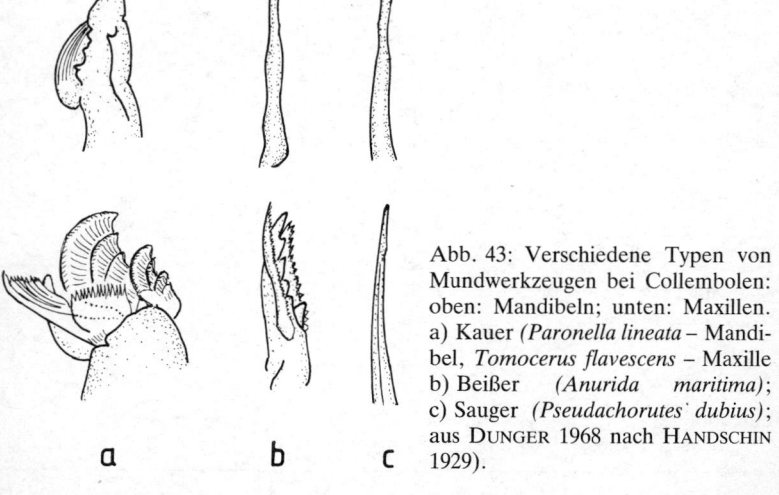

a   b   c

Abb. 43: Verschiedene Typen von Mundwerkzeugen bei Collembolen: oben: Mandibeln; unten: Maxillen. a) Kauer *(Paronella lineata* – Mandibel, *Tomocerus flavescens* – Maxille b) Beißer *(Anurida maritima)*; c) Sauger *(Pseudachorutes dubius)*; aus DUNGER 1968 nach HANDSCHIN 1929).

sind mit stechend-saugenden Mundwerkzeugen ausgestattet. Aus den Heideflächen gehören hierzu *Neanura muscorum, Pseudachorutes dubius* und *P. subcrassus*. Sie besitzen nicht nur nadelförmige Maxillen, auch ihre Mandiblen sind nadelförmig, sofern sie nicht vollkommen zurückgebildet sind (Abb. 43c). Ausführliche Nahrungswahluntersuchungen mit diesen Arten fehlen. Doch läßt sich aus ihren Vorkommen ableiten, daß sie als Saprophagen flüssige Zersetzungsprodukte gemeinsam mit Protozoen und den verschiedensten Arten der Bodenmikroflora aufsaugen. Die nadelförmigen Mundwerkzeuge lassen darüber hinaus vermuten, daß sie sich phytophag oder zoophag ernähren und z. B. Pflanzenzellen oder lebende Tiere anstechen. Entsprechende Beobachtungen sind allerdings noch nicht bekannt.

3.2.1. Enchytraeidae

Im Heidegebiet der Binnendünen sind nicht nur die Collembolen sehr häufig. Dort leben auch Ringelwürmer (Annelida) in großer Anzahl. Hierbei handelt es sich nicht um Regenwürmer (Lumbricidae), sondern um eine andere Familie der Wenigborster (Oligochaeta), um die Enchytraeidae. Sie sind in Böden immer dann sehr häufig, wenn ein niedriger pH-Wert vorherrscht, und Regenwürmer wegen der starken Versauerung nicht mehr vorkommen. Enchytraeiden sind meistens farblos, etwa 4–40 cm lang und von den anderen Würmern des Bodens gut durch ihre Ringelung zu unterscheiden.

Die Nahrung der Enchytraeiden besteht überwiegend aus unzersetzten oder nur wenig zersetzten Pflanzenresten. Um Nahrung aufnehmen zu können, scheiden sie zunächst aus ihrer Mundhöhle alkalische Verdauungsenzyme aus, durch welche die Nahrungsstoffe extraintestinal aufgeweicht und verflüssigt werden. Eine entsprechende extraintestinale Vorverdauung finden wir außerdem bei räuberisch lebenden Arthropoden der Bodenoberfläche (Laufkäfer, Spinnen). Die verflüssigte Nahrung wird von den Enchytraeiden aufgesogen. Dabei erfolgt die Nahrungsaufnahme nicht selektiv. Neben den verflüssigten Nahrungsstoffen gelangen zahlreiche Mikroorganismen und Mineralteilchen in den Darm. Die Minerale verlassen den Darmtrakt eng vermischt mit unverdaubaren, organischen Resten; zusätzlich sind sie mit Mikrobenschleim verkittet (= **Ton-Humus-Komplex**). Diese Kotkrümel haben eine sehr viel größere Stabilität als die physikalischen Bodenkrümel und besitzen auch eine sehr viel größere Wasserkapazität. Durch diese Eigenschaften wirken die Kotkrümel der Enchytraeiden (s. auch Lumbriciden) einer Verschlämmung der Böden und somit gleichzeitig einer Stauwasserbildung oder schlechteren Durchlüftung entgegen.

In nicht zu dichten Böden graben und fressen die Enchytraeiden feine Gänge, so daß sie nicht nur über ihre Kotabgabe, sondern auch unmittelbar durch ihre Aktivität günstig auf die Wasser- und Luftführung des Bodens einwirken. Wegen ihrer geringen Größe ist ihre Grabfähigkeit nur gering. Daher benutzen sie vorzugsweise die bereits vorhandenen Poren des Bodens und meiden dichte Tonböden oder verschlämmte Horizonte der leichteren Böden.

In feuchten Heideböden oder den sauren Böden unter Nadelholz sind die Enchytraeiden oft besonders zahlreich. Schätzungen ergaben eine höchste Besiedlungsdichte von etwa 250 000 Ind/m^2. Diese hohen Individuenzahlen lassen vermuten, daß die Enchytraeiden auch für die Zersetzungsvorgänge und Humifizierung saurer Böden von besonderer Bedeutung sind.

Beobachtungen an Jungtieren der Gattung *Enchytraeus* und *Fridericia* zeigen, daß Enchytraeiden die Fähigkeit besitzen, mit ihren stilettförmigen Mundwerkzeugen Pflanzenzellen anzustechen. Besonders an Wurzeln, die mit Nematoden parasitiert sind, sammeln sich Enchytraeiden. Mit ihren Verdauungssäften töten sie die Nematoden, lösen sie auf und ernähren sich von dem zersetzten Nahrungsbrei. Sind Pflanzen nur von wenigen pathogenen Nematoden befallen, so können sie durch Einfluß der Enchytraeiden geheilt werden. Ist der Nematodenbefall der Pflanzen jedoch stark, so sind die Enchytraeiden nicht mehr in der Lagen den Befallsherd zu säubern. In diesem Falle fördern sie die schnellere Zersetzung der befallenen Planzen.

3.2.2. *Diplopoda*

Zu den saprophagen Arten der Heidefläche gehören auch einige Tausendfüßer. Ihre Anzahl und bodenbiologische Bedeutung war während des Untersuchungszeitraums im Bereich der hier berücksichtigten Fläche im Vergleich zu den Arten aus anderen Tiergruppen sehr gering (Tab. 2).

Diplopoden ernähren sich überwiegend von abgestorbenem pflanzlichen Material. Bei einem reichhaltigen, unterschiedlichen Nahrungsangebot fressen sie nicht willkürlich irgendwelche Pflanzenstoffe, sondern sie wählen in dem zur Verfügung stehenden Angebot aus. Weiche, leicht zersetzbare Blattarten (Holunder, Erle, Esche, Linde) werden von den meisten Arten bevorzugt. Schwerer zersetzbare Blattarten (Rotbuche, Stieleiche), die eine höhere Konzentration an Huminsäure aufweisen, werden meistens gemieden, solange andere Nahrung zur Verfügung steht. Bei den schwer zersetzbaren Blättern ist die Nahrungsausnutzung sehr gering, so daß Diplopoden eine größere Blattmenge fressen müssen, um gesättigt zu sein. Erwachsene Juliden benötigen täglich bis zu 30%, Jungtiere bis zu 50% ihres Körpergewichts an Nahrung.

Die mit den Mundwerkzeugen zerkleinerten und im Darm nur teilweise zersetzten Bestandteilchen der Streu werden im Darm der Tausendfüßer mit Mineralteilchen vermengt. So kann es auch in den Exkrementen der Diplopoden zur Bildung von **Ton-Humus-Komplexen** kommen. In Einzelfällen wurde beobachtet, daß den Diplopoden bei der Durchmischung trockener Sandböden und der Entstehung einer mullartigen Moderschicht die größte Bedeutung zukam. – Individuen von *Cylindroiulus teutonicus* legten sogar reine Sand-Kotballen ab. Die Tiere hatten den Sand möglicherweise nur gefressen, um Bodengänge anzulegen.

Da die von Diplopoden aufgenommene Nahrung oft nur wenig ausgenutzt wird, besteht ihre bodenbiologische Bedeutung auch darin, daß sie den organischen Bestandesabfall für Folgezersetzer und Mikroorganismen aufbereiten. Kotkrümelchen der Diplopoden werden nicht nur von Collembolen sondern auch von verschiedenen Pilzen verwertet. Die Besiedlungsfolge von Mikroorganismen an den Kotkrümeln von *Glomeris marginata* zeigt Abb. 44.

Drei bis vier Tage nach Ablage der Kotkrümel werden diese von Phycomyceten *(Mucor, Piptocephalis)* besiedelt. Anschließend folgen eine grö-

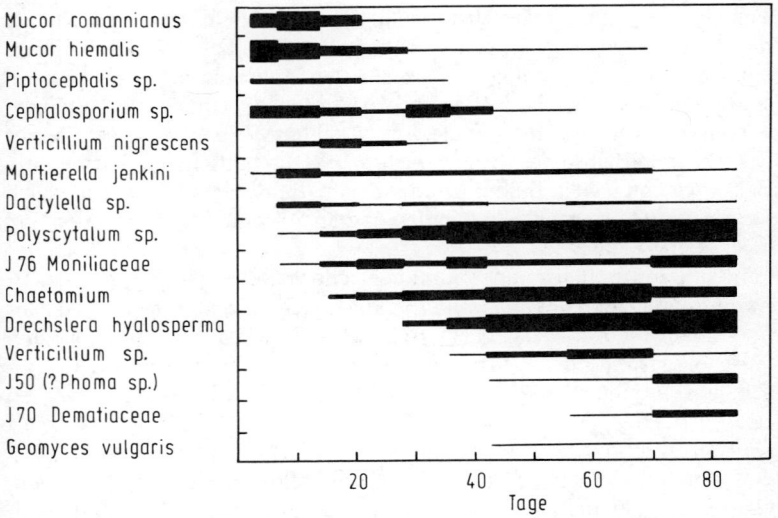

Abb. 44: Pilzsukzession an den Kotkrümeln des Tausendfüßers *Glomeris*. Die Dicke der Balken gibt die prozentuale Häufigkeit der Pilze an (nach NICHOLSON et al. 1966).

ßere Anzahl von Fungi imperfecti und einige Ascomyceten *(Verticillum nigrescens–Chaetomium)*. In einem späteren Zersetzungsstadium folgen schließlich eine weitere *Verticillium*-Art und einige Basidiomyceten. Die gezeigte Besiedlungsfolge ist nicht nur für die Kotkrümel der Diplopoden kennzeichnend. Sie gilt ebenso für die Besiedelung der Kotkrümel der bodenlebenden Köcherfliegenlarve *Enoicyla pusilla*. Sogar im Dung höherer, pflanzenfressender Wirbeltiere läßt sich eine ähnliche mikrobielle Sukzession verfolgen.

III. Schwacher Podsol (Eichen-Birken-Mischwald)

3.2.3. Lumbricidae

In einem weiteren, etwas feuchteren Teilbereich der untersuchten Binnendünen sind Eichen und Birken angesiedelt. Durch ihren Bestandesabfall hat sich eine etwa 5 cm dicke Auflageschicht aus Rohhumus gebildet. Zwischen den Pflanzenresten befinden sich Kotkrümel von Enchytraeiden, Collembolen, Asseln, Milben und Mückenlarven. An der Zersetzung der organischen Substanz sind darüber hinaus viele Arten aus anderen Insekten-Ordnungen beteiligt, sogar Regenwürmer (Tab. 2) und Mistkäfer *(Geotrupes-Arten)*, die etwa 10 cm tiefe Baue anlegen und den unteren Teil ihrer Baue mit organischen Abfallstoffen anfüllen. An einigen Stellen hat in dem erwähnten Binnendünenbereich durch die Aktivität der Tiere eine enge Durchmischung von organischer Substanz und Sandkörnern stattgefunden. Organische Bestandteile treten aber auch hier überwiegend nur bis zu einer Bodentiefe von 15 cm auf. Selbst die Regenwürmer des Eichenmischwaldes trugen nicht zur Durchmischung der tieferen Bodenschichten bei. Beide Arten, sowohl *Lumbricus rubellus* als auch *Dendrobaena octaedra*, leben in den oberen Schichten flacher Böden und legen keine Gänge an.

In anderen Lebensräumen kommen jedoch Regenwürmer vor – z. B. *Lumbricus terrestris, Allolobophora longa, Octolasium cyaneum –*, die als tiefgrabende Formen das zur Verfügung stehende Bodenprofil bis zum Ausgangsgestein oder bis zum Grundwasserspiegel durchziehen. In Einzelfällen konnten Gänge bis zu 8 m Länge gemessen werden (Kap. 2.3.1.).

Damit ihre Gänge nicht zusammenfallen und wiederholt benutzt werden können, werden sie durch die zunächst flüssige Losung der Regenwürmer ausgekleidet. So erhalten die Wandungen eine größere Festigkeit. Werden Gänge durch andere Bodengräber verschüttet (z. B. Maulwürfe), so können die Regenwürmer ihre zerstörten Gänge in wenigen Tagen erneuern.

Tabelle 3: Abhängigkeit der Regenwurmdichte von dem Nahrungsangebot bei weitgehend gleichen Bodeneigenschaften (nach PEREL 1958)

Baumart	Alter (Jahre)	Regenwürmer /m^2
Fichte	28	10 ± 2
Kiefer	31	72 ± 7
Eiche	28	190 ±13
Birke	28	269 ±14

Das Vorkommen der Regenwürmer kann von abiotischen Bedingungen abhängen (s. o.). Bei Untersuchungen in Waldanpflanzungen auf Schwarzerdeboden zeigt sich, daß auch das Nahrungsangebot für das Vorkommen von Regenwürmern entscheidend sein kann. So kommen unter bodenkundlich noch weitgehend gleichen Bedingungen in Waldböden mit der schlecht zersetzbaren Streu der Nadelbäume weitaus weniger Regenwürmer vor als in Böden mit der leichter zersetzbaren Streu der Laubbäume (Tab. 3).

Bevorzugte Nahrung der Regenwürmer sind abgestorbene organische Stoffe. *Lumbricus rubellus, L. terrestris* und *Allolobophora longa* bevorzugen Fallaub, *Allobophora caliginosa* und *A. rosea* fressen gern abgestorbene Pflanzenwurzeln und nehmen gut zersetzten Dung als Nahrung auf. Der Dungwurm *Eisenia foetida* ist ein Charaktertier, der Kompost- und Misthaufen bevorzugt, besonders Pferde- und Rindermist.

Die Regenwürmer saugen sich mit dem Vorderende an organischen Bestandteilen, z. B. Blättern, fest und ziehen diese, oder abgerissene Teile davon meistens mit dem Stiel nach unten, in ihre Röhren. Dabei wird aus den Schlunddrüsen ein Sekret abgegeben, das die Blätter befeuchtet und möglicherweise den Zersetzungsprozess der bereits abgestorbenen Substanz fördert (extraintestinale Verdauung Kap. 3.2.1.). Ist die Zersetzung weit genug fortgeschritten, so wird die Blattmasse aufgesogen. Zurück bleiben oft die den Verdauungssäften gegenüber widerstandsfähigeren Blattnerven.

Bietet man Regenwürmern Blätter unterschiedlicher Pflanzenarten an, so wählen sie zwischen diesen aus. Besonders schmackhaft sind für sie die Blätter der Brennessel *(Urtica dioica)* und des Holunders *(Sambucus nigra).* Diese enthalten keine Tannine und sind relativ reich an Stickstoff. Blätter der Nadelbäume, von Eiche und Buche sind tanninhaltig, außerdem relativ stickstoffarm und werden von den Regenwürmern nach Möglichkeit gemieden. Auch Blätter mit wasserlöslichen Polyphenolen werden nur ungern genommen. Haben diese jedoch längere Zeit angefeuchtet in der Streu gelegen und sind die Polyphenole weitgehend ausgewaschen, so werden diese Blätter für die Regenwürmer genießbar.

Die Nahrungswahl der Regenwürmer läßt sich experimentell gut verfolgen. Bringt man frische Blätter unterschiedlicher Herkunft wie z. B. von der Linde, Ulme oder Buche in oder auf den Boden und bietet sie den Regenwürmern an, so fressen sie besonders gerne an den Blättern der Ulme, Blätter der Linde werden weniger gern genommen und am allerwenigsten werden die Buchenblätter von ihnen zersetzt (Abb. 45).

Auch hier zeigt sich eine Beziehung zum Stickstoffgehalt der Blätter. So sind die Blätter der Ulme deutlich reicher an Stickstoff als die Blätter der Buche.

Die unverdauten Reste der Regenwurmnahrung dienen nicht nur der Verfestigung ihrer Gänge. Zu einem großen Teil werden die Kotkrümel an der Bodenoberfläche abgelagert. Diese Verhaltensweise ermöglicht es, die Aktivität der Regenwürmer an den von ihnen abgelagerten Kotkrümeln abzuschätzen. Schon CHARLES DARWIN führte vor etwa 100 Jahren derartige Schätzungen durch und fand nach seinen Berechnungen, daß Regenwürmer auf Weideland jährlich etwa 18–40 t Kotkrümel je ha absetzen. Dies würde als gleichmäßige Schicht auf der Bodenoberfläche ausgebreitet, einer jährlich abgelagerten Bodenschicht von 5 mm entsprechen. Die Schätzungen Darwins konnten in späteren Jahren für weitere Böden Mitteleuropas bestätigt werden. Untersuchungen in subtropischen und tropischen Böden brachten noch weitaus höhere Zahlen. So reicht die

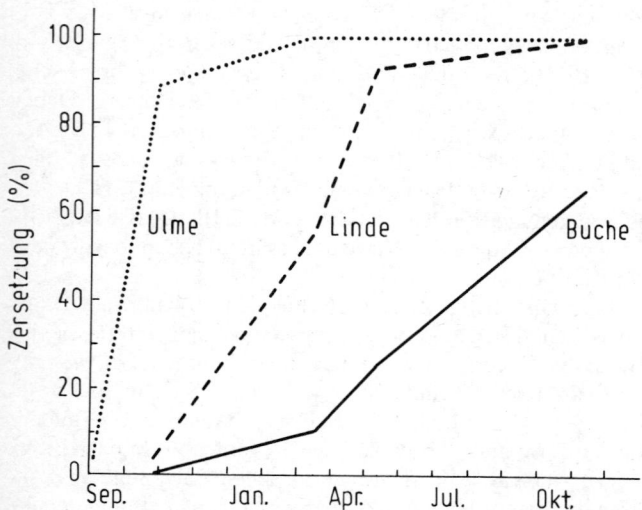

Abb. 45: Zersetzungsgeschwindigkeit von Blättern verschiedener Laubbäume im Waldboden (nach HEATH et al. 1966).

Kotkrümelproduktion der Regenwürmer von 50 t/ha in einigen Böden Ghanas bis zu 210 t/ha in den Bergsavannen Kameruns bzw. bis zu 260 t/ha in Böden des Nildeltas. Die tatsächlich umgelagerte Bodenmenge der Regenwürmer mag noch höher sein, da nicht alle Kotkrümel an der Bodenoberfläche, sondern zum Teil auch im Boden abgelegt werden. Veranschaulicht man sich diese Aktivität der Regenwürmer, so verwundert es nicht, daß selbst in Mittereuropa ältere ungestörte, regenwurmreiche Weideflächen aus einer 10–15 cm dicken Schicht aus Regenwurmlosungen gebildet sein können.

Finden Regenwürmer, wie auf vielen Weideflächen, neben den geeigneten abiotischen Bedingungen auch geeignete Nahrung, so kann es zu einer hohen Populationsdichte kommen. Ein weiteres Beispiel mag dies veranschaulichen: Die Biomasse der im Boden lebenden Regenwürmer entspricht etwa dem Gewicht der Kühe, die von einer gleichgroßen Fläche ernährt werden können. Geht man von einem Besatz von 3 Kühen/ha mit einem Gesamtgewicht von 2000 kg aus, so kann man erwarten, daß die Biomasse der Regenwürmer ebenfalls 2000 kg ausmacht. Es scheint sogar wahrscheinlich, vorausgesetzt die Bodenbedingungen sind günstig, daß die Dichte und Biomasse der Regenwürmer noch weiter zunimmt, bis die Nahrung der begrenzende Faktor für ein weiteres Populationswachstum wird.

Die bodenbiologische Bedeutung der Regenwürmer liegt nicht nur in ihrer großen Anzahl und der Menge der erzeugten Kotkrümel, sondern gleichfalls in den Eigenschaften der Kotkrümel. Denn Regenwürmer fressen nicht nur organische Substanz, auch Mineralteilchen werden von ihnen aufgenommen. Die Zusammensetzung der Nahrung an organischen und anorganischen Bestandteilen ist bei ihnen nicht gleich. Tiefgrabende Formen, die sich durch die unteren Bodenhorizonte hindurchdrücken oder auch hindurchfressen, werden mit der Nahrungsaufnahme einen geringeren Anteil an organischen Partikeln aufnehmen als die Oberflächenformen. Eine entsprechend unterschiedliche Zusammensetzung findet sich in den Kotkrümeln wieder.

Die besondere Bedeutung der Regenwürmer liegt nun darin, daß unverdauliche organische und anorganische Bestandteile im Darmtrakt so eng miteinander verkittet werden, und sie dadurch feste organo-mineralische Verbindungen (**Ton-Humus-Komplexe**) bilden. Derartige Aggregate erhöhen die Stabilität der Böden. Sie widerstehen noch Wasserströmungen, Erosionen oder Druckeinwirkungen, wenn alle anderen Bodenaggregate unter gleichem Einfluß bereits zerstört sind. Sie können die doppelte Menge Wasser speichern, ohne zu verschlämmen, und übertreffen hierin andere Bodenaggregate bei weitem.

Die Wirkung des Regenwurmkots auf die Bodenbeschaffenheit wird somit offensichtlich. Böden, die von zahlreichen Regenwurmgängen durchzogen sind und zusätzlich eine größere Anzahl von Ton-Humus-Komplexen enthalten, sind gut durchlüftet und gut drainiert. Bei Wasserüberschuß wirkt sich ihre gute Wasserdurchlässigkeit aus, ohne daß hierbei die Gefahr einer Verschlämmung besteht. Bei Trockenheit hat die erhöhte Wasserkapazität der Aggregate einen günstigen Einfluß. Sie ermöglicht Pflanzen und Tieren noch eine Wassserzufuhr, wenn andere Böden bereits ausgetrocknet sind und in ihnen aktives Leben der meisten Arten unterbunden ist.

Bis jetzt bleibt umstritten, wie die Regenwurm-Aggregate gebildet werden. Möglicherweise werden die einzelnen Partikel durch Darmsekrete zusammengeklebt. Auch die Sekretion von Polysacchariden, wie sie von einigen Bakterien bekannt ist, könnte zur Stabilisierung der Aggregate beitragen. Eine andere Erklärung besagt, daß stabile Aggregate dann innerhalb der Kotkrümel gebildet werden, wenn die Bodenpartikel mit Kalziumhumaten aneinandergekettet sind. Kalziumhumate entstehen bei Regenwürmern durch den gleichzeitigen Abbau organischer Substanz und der Aktivität ihrer Kalkdrüsen.

Die Kotkrümel verschiedener Regenwurmarten zeigen unterschiedliche Stabilität. *Allolobophora longa* und *Lumbricus terrestris* bilden große und stabile Aggregate. Die Kotaggregate von *Lumbricus rubellus* und *Dendrobaena subrubicunda* sind im Vergleich hierzu klein und wenig stabil. Die Stabilität der Aggregate kann auch bei verschiedenen Individuen derselben Art unterschiedlich sein. Hierbei wirkt sich die Nahrung aus. Kotkrümel von Tieren im Grasland oder im Waldboden haben eine größere Stabilität als solche, die von Regenwürmern im Boden der Getreidefelder gebildet werden.

Im Darm der Regenwürmer befindet sich eine große Anzahl von Mikroorganismen. Es dürfte sich weitgehend um die gleichen Arten handeln, die in den Bodenschichten auftreten in denen sich die Regenwürmer jeweils aufhalten. Regenwürmer besitzen somit keine eigene indigene Mikroflora. Dennoch gibt es Unterschiede. Vergleicht man nähmlich die Individuenzahlen der Mikroorganismen im Boden mit denen im Darm der Regenwürmer, so findet man sehr häufig in den Regenwürmern eine sehr viel größere Zahl. Daher läßt sich folgern, daß die Kotkrümel der Regenwürmer sehr viel mehr Mikroorganismen enthalten als der umgebende Boden. Die Kotkrümelchen sind somit Konzentrationsstellen, von denen sich Mikroorganismen in den umliegenden Boden ausbreiten können. Welchen Einfluß dies auf die Zersetzung der Streu haben kann, zeigt folgender Versuch.

Gibt man Streu, Kotkügelchen u. a. in zwei Bodenproben, von denen die eine mit Regenwürmern besetzt ist *(Allolobophora caliginosa)*, so erfolgt die Streuzersetzung unterschiedlich schnell. Wie zu erwarten, wird die Streu in der Bodenprobe mit den Regenwürmern schneller zersetzt als in dem Vergleichsversuch ohne Regenwürmer, und zwar um etwa 20%. Dabei ist die Hälfte dieser beschleunigten Zersetzung der unmittelbaren Einwirkung der Regenwürmer zuzurechnen, die anderen 10% der erhöhten Zersetzungsrate aber lassen sich auf die erhöhte Aktivität der Mikroorganismen zurückführen.

Welchen Einfluß in mitteleuropäischen Böden den Regenwürmern bei der Zersetzung des Bestandesabfalls zukommt, läßt sich durch weitere einfache Experimente ermitteln. Hierzu nimmt man Blattstücke von frisch gefallenen Blättern, näht diese in Nylonbeutel mit unterschiedlich großer Maschenweite ein und vergräbt sie im Boden. Dabei wird die Maschenweite so gewählt, daß sie in einer Versuchsserie für alle größeren saprophagen Bodentiere, auch die Regenwürmer, kein Hindernis darstellt. Dies wird bei einer Maschenweite von 7 mm erreicht. In einer zweiten Serie wird die Maschenweite der Nylonbeutel kleiner gewählt (etwa 1 mm). Die engen Maschen halten Regenwürmer von den eingenähten Blattstückchen ab. An dem unterschiedlichen Zersetzungsgrad der eingeschlossenen Blattstücke läßt sich nunmehr der Einfluß der Regenwürmer ermitteln. (Abb. 46).

Nach einem Jahr sind mit dem Einfluß der Regenwürmer 92% der Eichenblätter und 70% der Buchenblätter vollkommen abgebaut. Die Regenwürmer zersetzen in dieser Zeit nicht nur die weicheren Blattflächen, sondern auch die härteren Blattrippen. Bei Ausschluß der Regenwürmer sind nach einem Jahr höchstens 40% der Blätter abgebaut.

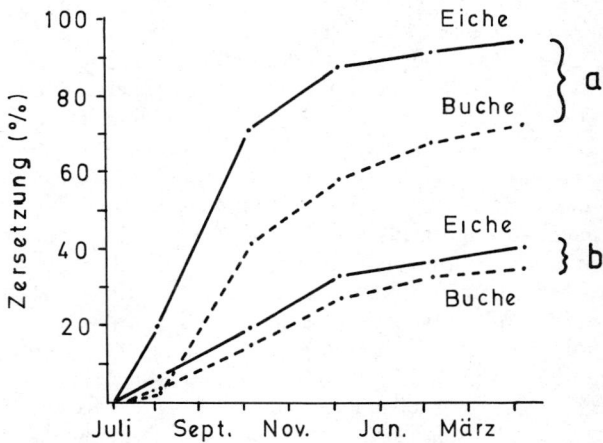

Abb. 46: Zersetzung von Eichen- und Buchenblättern durch Bodenorganismen: a) unter Mitwirkung der Regenwürmer, b) unter Ausschluß der Regenwürmer (nach EDWARDS und HEATH 1963).

3.2.4. Isopoda

Im Eichen-Birken-Mischwald sind neben den Regenwürmern auch Asseln an der Zersetzung der Streu beteiligt. In dem kalkarmen und sauren Boden kommen die Asseln jedoch niemals zu einer höheren Populationsdichte, so daß der Anteil ihrer Zersetzungsleistung in diesem Gebiet nur gering ist.

Asseln sind in ihrer Nahrungswahl wenig wählerisch. Sie fressen Bodenpartikel, Algen, Pilze, Moose und frische Blätter. Doch auch der eigene Kot oder der anderer Tiere dient ihnen als Nahrungsquelle. Am liebsten verzehren sie abgestorbenes und durchfeuchtetes Pflanzenmaterial, Fallaub und Holzreste. Sie zerkleinern dies und machen es für andere Bodentiere und Mikroorganismen zugänglicher. Wie die Regenwürmer, so zeigen auch die Asseln eine besondere Vorliebe für bestimmte Blattarten. Blätter mit einem großen Anteil an Polyphenolen (z. B. Buchenblätter) werden solange gemieden, bis diese Verbindungen zersetzt oder ausgewaschen sind. Daher bevorzugen Asseln weniger das frisch gefallene Laub, sondern mehr die vorjährigen Blätter, die außerdem im stärkeren Maße mikrobiell zersetzt sind.

In den Böden der gemäßigten Breiten haben die Asseln im allgemeinen eine geringere bodenbiologische Bedeutung als die Regenwürmer. Nur auf einzelnen, isoliert gelegenen Standorten, wie Ruderalflächen, kann es zu einer großen Dichte von Asseln kommen. Ihre Aktivität läßt sich an den kantigen, langgestreckten Kotballen erkennen, die oberflächlich abgelagert werden, und wie die der Regenwürmer durch **Ton-Humus-Komplexe** angereichert sind.

Besondere bodenbiologische Bedeutung kommt den Asseln in ariden Regionen zu. So ist die Wüstenassel *Hemilepistus reaumuri* in den ausgedehnten Trockengebieten Nordafrikas oft die einzige Art, die an der Durchmischung von organischen Stoffen mit Mineralsubstanzen beteiligt ist und zur Verbesserung der Bodenqualität beiträgt. *Hemilepistus* frißt die Blätter verschiedener Wüstenpflanzen, seine Nahrung besteht aber auch aus anorganischen Bodenteilchen. Diese machen 85–92% der gesamten Nahrung aus. Sie sind für das Überleben der Asseln sogar notwendig. Erhalten Wüstenasseln ausschließlich pflanzliche Nahrung ohne die mit Mikroorganismen besetzten Bodenpartikel, so sterben die meisten von ihnen. Werden neben der pflanzlichen Nahrung auch Bodenteilchen an die Wüstenasseln verfüttert, so unterscheidet sich die Mortalitätsrate nicht von den Freilandbefunden. Wie bei den Regenwürmern, so ist die von den Wüstenasseln aufgenommene Nahrungsmenge beträchtlich. Die täglich von Jungtieren aufgenommene Nahrung entspricht etwa ihrem Körpergewicht. Adulte Tiere verzehren täglich etwa die Hälfte ihres Körpergewichts.

3.2.5. Pterygote Insecta

Zu den Streuzersetzern des Eichen-Birken-Mischwaldes gehören nicht nur Asseln und Regenwürmer, sondern außerdem zahlreiche Insektenarten aus verschiedenen Ordnungen. Eine von ihnen ist die Köcherfliege *Enoicyla pusilla*. Ihre Larven bauen als einzige terrestrisch lebende Köcherfliegenart Mitteleuropas charakteristische Köcher aus kleinen Steinchen und Sandkörnern. Manches Mal sind auch Blatt- und Rindenteile oder Kotkrümel im Köcher verarbeitet. Die Larven ernähren sich faßt ausschließlich von Fallaub und nagen bevorzugt an der Unterseite der Eichen- und Birkenblätter. Ihre Phänologie ist mit der des Waldohrwurms *Chelidurella acanthopygia* zu vergleichen (Abb. 39). Die Köcherfliegen legen ihre Eier im Spätsommer ab. In den feuchten Herbstmonaten beginnen die Larven mit der Streuzersetzung. Von März bis April erreichen sie ihre größte Aktivitätsdichte. Verpuppung und Auftreten der Imagines fällt in die trockeneren Sommermonate. Zu einer Massenvermehrung von *Enoicyla* kann es besonders im atlantischen Klimabereich mit seinen milden Wintern kommen. Die Köcherfliegenlarven können dann bis zu etwa 20% der jährlich anfallenden Streumenge verarbeiten. Im Eichenmischwald dürften die Köcherfliegenlarven einen gleichgroßen Anteil der Streu verarbeiten wie Regenwürmer oder Asseln.

Auffallende Insekten der Streuschicht des Eichen-Birken-Mischwaldes sind auch die Larven der Miniersackmotte *Incurvaria* spec. Die Junglarven dieser Schmetterlinge minieren zunächst in den Blättern der Birke und Eiche. Dann lassen sie sich von den Bäumen herab. In der Streuschicht schneiden sie sich bei weiterem Wachstum aus Fallaubstücken eine Behausung. Zwei Blattstücke werden jeweils miteinander versponnen (Abb. 39). Den älteren Larven dienen die Blätter der Streuschicht als Nahrung.

Als weitere saprophage Arten leben in dem erwähnten Mischwald mehrere Roßkäfer aus der Gattung *Geotrupes*. Sie schleppen zersetzte organische Substanz in ihre bis zu 10 cm tiefen Höhlen, wo sie den Junglarven als Nahrung dient. Saprophage Arten im Eichenmischwald sind weiterhin die Larven verschiedener Fliegenfamilien (u. a. Tipulidae, Bibionidae, Fungivoridae). Sie erreichen in dem genannten Areal keine großen Populationsdichten und tragen dort nur unwesentlich zur Streuzersetzung bei (Abb. 47).

Viele Fliegenlarven bevorzugen feuchte und sogar nasse Böden. Sie sind gegen Überschwemmungen und Staunässe weitgehend unempfindlich. So kommt es, daß Zuckmückenlarven (Chironomiden) in den nassen Permafrostböden der Tundra eine der bodenbiologisch bedeutendsten Gruppen sind.

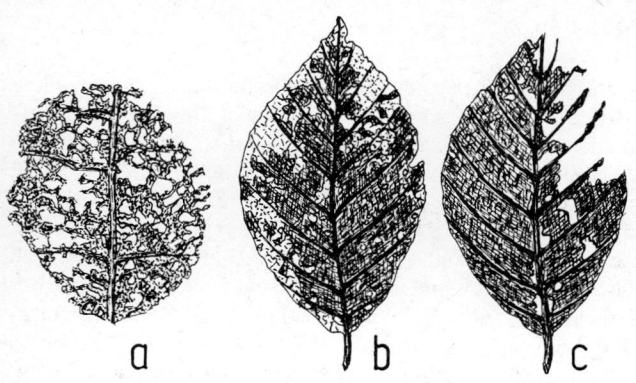

Abb. 47: Fraßspuren a) von *Tomocerus flavescens* an einem Fallaubblatt der Weißbuche, b) von *Enoicyla pusilla* an einem Blatt der Rotbuche, c) von Tipulidenlarven an einem Blatt der Rotbuche (aus Brauns 1968, nach versch. Autoren).

Eine gewisse bodenbiologische Bedeutung können auch die Landlungenschnecken (Pulmonata) haben. Sie ernähren sich von faulenden Holzresten oder von Blättern, die sie bis auf die Blattmittelrippe oder die Nerven vollkommen verzehren. In dem Eichenmischwald kommen einige Nacktschnecken aus der Gattung *Deroceras* vor. Sie sind dort die einzigen Tiere, die auch Zellulose zersetzen können.

3.2.6. Termiten

Alle Termiten sind soziale Insekten, die in mehr oder weniger großen Lebensgmeinschaften innerhalb ihrer Nestanlagen leben. Die oft weit über die Bodenoberfläche herausragenden kegel- und pilzförmigen Hügel und die ausgedehnten unterirdischen Gallerien unterscheiden sich sehr deutlich von dem sie umgebenden Boden.

Das von den Termiten verwendete Baumaterial – es sind Bodenpartikel, denen zur Verfestigung Pflanzenteile, Sekrete oder auch Exkremente beigemengt werden – hängt teilweise von den Nahrungsgewohnheiten der einzelnen Arten ab, wird teilweise aber auch von den Besonderheiten des besiedelten Lebensraumes mitbestimmt.

So bauen einige Termiten-Arten ihre Nester mit Bodenpartikeln, die aus einem ganz bestimmten Bodenhorizont stammen, andere Arten wählen ganz bestimmte Korngrößen für den Bau der Nestanlagen aus. Meistens enthalten die Baue einen größeren Anteil an Tonteilchen als der sie umgebende Boden.

Durch die Bautätigkeit der Termiten wird im Bereich der Nestanlagen die Feldkapazität des Bodens verändert. Sie kann, wie Untersuchungen an Nestern der in Indien lebenden Art *Odontotermes obscuripes* ergaben, etwa fünfmal so groß sein; sie kann aber auch niedriger sein als die Feldkapazität des angrenzenden Bodens. Dies zeigten Ergebnisse, die in Zentralasien durch die Arbeiten des russischen Bodenbiologen M. S. GHILAROV gewonnen wurden.

Auf einen weiteren auffälligen Unterschied machten die beiden Entomologen K. E. LEE und T. G. WOOD aufmerksam, die ihre Untersuchungen an den Nestern australischer Arten aus den Gattungen *Amitermes* und *Tumulitermes* durchführten. Sie fanden im Bereich der Nestanlagen einen hohen Anteil an pflanzenverfügbaren Nährstoffen. Dies gilt nicht nur für die Stickstoff- und Phosphorverbindungen, sondern ebenso für die austauschbaren Ca-, Mg-, K- und Na-Ionen.

Der hohe Anteil an pflanzenverfügbaren Nährstoffen ist auf die Bautätigkeit und den Nahrungserwerb der Termiten zurückzuführen. In den warmgemäßigten und tropischen Regionen der Erde, wo die Termiten besonders zahlreich sein können, sammeln sie einen großen Teil der jährlich anfallenden Streu ein, zersetzen diese fast vollkommen, so daß kaum Reste für andere Organismen zurückbleiben. Sie verwerten nicht nur leicht zersetzbare organische Verbindungen, sondern mit Hilfe ihrer zahlreichen Symbionten auch Zellulose und Lignin.

Besonders unentbehrlich für die Holzzersetzung sind einige Flagellaten, die im Enddarm der Termiten eine so große Dichte erreichen können, daß sie bis zu 1/3 des Gesamtgewichtes eines Insekts ausmachen. Doch auch Bakterien, Actinomyceten, Pilze und Amoeben gehören zu den zellulolytischen und lignolytischen Symbionten der Termiten.

3.3. Umwandlung organischer Ausgangssubstanzen

Aus dem vorhergehenden wurde ersichtlich, daß je nach der geographischen Lage Insektenlarven in der Tundra, Regenwürmer in den gemäßigten Breiten, Asseln in ariden Gebieten oder Termiten in den subtropischen-tropischen Regionen den größten Anteil des Bestandesabfalls zerkleinern, ihn mit den Bodenpartikeln vermischen und so an den physikalischen und chemischen Veränderungen des Bodens beteiligt sind. Könnten die Bodentiere die Jahr für Jahr absterbenden pflanzlichen Substanzen nicht verwerten, so würden sich diese immer mehr anhäufen.

In arktischen Böden erreichen jährlich 0,6–1,5 t/ha an organischer Substanz die Bodenoberfläche. In den Wäldern der gemäßigten Breiten sind es sogar 2,9–9,1 t/ha, die jährlich die Waldböden von neuem bedecken. In den tropischen Regenwäldern kann die Menge der jährlich anfallenden Substanz sogar auf 15,3 t/ha und Jahr ansteigen.

Diese Zahlen an jährlich absterbenden Pflanzen und Pflanzenteilen werden noch erhöht, wenn die unterirdisch absterbenden Wurzeln und Sprosse berücksichtigt werden. Nach Längemessungen an den Wurzeln von Kiefern läßt sich folgern, daß die jährlich absterbende Wurzelmasse etwa die Hälfte der jährlich anfallenden Bodenstreu ausmacht. Diese Schätzungen schließen nicht die regelmäßig absterbenden Pfanzenzellen und die Ausscheidungstoffe der Wurzeln mit ein. Neben der Streu müssen daher auch die unterirdisch abgestoßenen Pflanzenteile und Exsudate von Bodenorganismen verarbeitet werden, sollen sie bei ihrer Anreicherung nicht allmählich zu einer Verschlechterung der Bodeneigenschaften (Vergiftung) beitragen.

Welche Auswirkungen das Fehlen von Bodentieren haben kann, zeigt folgendes Beispiel: Eine Obstplantage wurde wiederholt und intensiv mit einem Fungizid besprüht, das die Regenwürmer aus dem Boden vertrieb. Daraufhin bildete sich ein verdichteter Boden mit kaum erkennbarer Krümelstruktur. Auf der Bodenoberfläche kam es zu einer 1–4 cm dicken Blattauflage, die sich deutlich vom Boden abhob. Eine schlechtere Durchlüftung und Drainage des Bodens war die Folge. – In einer vergleichbaren, unbehandelten Obstplantage verarbeiteten Regenwürmer *(Lumbricus terrestris)* während der Wintermonate mehr als 90% der jährlich anfallenden Streu. Dies waren etwa 1,2 t Trockengewicht an Blättern pro Hektar.

Die Einwirkung der Bodentiere auf den Bodenzustand und ihr Einfluß auf eine Bodenentwicklung werden nicht nur durch Kulturmaßnahmen, wie es das Beispiel der Fungizidbehandlung zeigt, oder durch die Qualität des Bestandesabfalls bestimmt, wie es Untersuchungen zur Nahrungspräferenz (Kap. 3.2.3) ergeben. Auch die abiotischen Faktoren sind für die Entwicklungsmöglichkeiten der Bodenorganismen und ihren Einfluß auf die Zersetzung organischen Bestandesabfalls von Bedeutung.

Ist der Bestandesabfall tiefen Temperaturen ausgesetzt und besteht außerdem ein Wasserüberschuß, so werden sich in den nassen, sauerstoffarmen Böden nur noch wenige Arten aufhalten können. Durch eine Anreicherung von Säuren sinkt der pH-Wert. Hierdurch werden weitere Arten ferngehalten. So kommt es schließlich bei geringer Organismentätigkeit zu einer Anreicherung von organischer Substanz. Dieser Vorgang wird als **Vertorfung** bezeichnet.

Sind die abgestorbenen organischen Stoffe gut durchnäßt, kommt es aber nicht zu einer verstärkten Säurebildung und einem längeren Kälteeinfluß, so tritt **Fäulnis** ein. Der Fäulnisprozeß wird durch die Tätigkeit anaerober Bakterien eingeleitet, welche die organischen Stoffe verwerten. Die Bakterien dienen Nematoden als Nahrung. Diese werden wiederum von räuberischen Fliegenlarven und Käfern gefressen. Die tierische Zersetzung organischer Substanz aber ist bei Fäulnisprozessen unbedeutend.

Herrschen andererseits hohe Temperaturen vor und außerdem Trokkenheit, so sind zahlreiche aerobe Bakterien an dem oxydativen Abbau des organischen Bestandesabfalls beteiligt (= **Verwesung**). Durch ihre Aktivität entweichen Stickstoff und Kohlenstoff gasförmig als NH_3 und CO_2 und gehen dem Boden verloren.

Bieten Temperatur, Feuchtigkeit, Durchlüftung und pH-Wert des Bodens hingegen zahlreichen Arten geeigneten Lebensbedingungen und liefert die Vegetation auch noch nährstoffreichen, leicht zersetzbaren Bestandesabfall, so erfolgt eine schnelle und fast vollständige Umwandlung der abgestorbenen organischen Substanzen. Als Endprodukte der Abbauprozesse entstehen sowohl anorganische Verbindungen (= **Mineralisierung**), die den Pflanzen als Nährstoffe verfügbar sind, als auch durch den Umbau und erneuten Aufbau der zersetzten organischen Substanzen hochpolymere Huminstoffe (= **Humifizierung**), die zur Stabilisierung des Bodengefüges beitragen (Abb. 48).

Bei geeigneten abiotischen Bedingungen und einer daraus folgenden günstigen Entwicklung zahlreicher Bodenorganismen-Arten, werden abgestorbene organische Substanzen in eine Humusform überführt, die

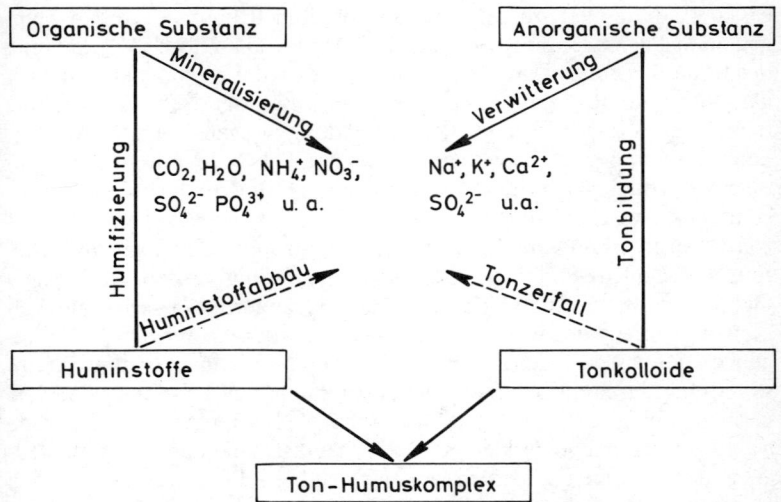

Abb. 48: Schematische Darstellung der Zersetzung und des Aufbaus von Boden-Partikeln (ver. aus Beck 1968, nach Scheffer und Kloke 1956).

119

als **Mull** bezeichnet wird. Es ist die ideale Humusform der fruchtbaren Böden, die in vegetationsreichen Steppengebieten (Schwarzerde, Tschernosem), in Laubwäldern mit krautreicher Bodenvegetation und in Wiesen und Ackerböden oft in großer Mächtigkeit angereichert sein kann. Im Bodenprofil wird ein durch organische Substanz dunkel gefärbter Mineralboden (Schwarzerde, = A_h-Horizont) sichtbar. Alle toten Pflanzenreste sind durch die gemeinsame Tätigkeit von Tieren und der Mirkoflora vollkommen zersetzt und mit den Mineralteilchen bis in große Tiefe (meistens 60–80 cm) so eng vermengt, daß organische und mineralische Bestandteile auf mechanischem Wege nicht mehr voneinander zu trennen sind.

Der Boden besteht dann zu einem großen Teil aus porösen, wasserstabilen Aggregaten, die eine günstige Wasserkapazität ermöglichen und seine Verschlämmung verhindern. Diese Aggregate werden durch die Tätigkeit der Bodentiere aber auch durch Verflechtung der Bodenpartikel mit Pilzhyphen, Bakterienkolonien und Algen gebildet. Selbst Quarzkörner der sandigen Böden können so zu einem festen Verband umsponnen werden.

In kalten, humiden Klimagebieten breitet sich auf nährstoffarmen Böden oft eine Flora aus, deren Rückstände wie die der Ericaceen *(Erica, Calluna, Vaccinium, Rhododendron)* und der Koniferen *(Picea, Pinus)* von Tieren und Mikroorganismen nur schwer zersetzt werden können. Es bildet sich eine **Rohhumus**-Schicht. Bei Humifizierungsprozessen kommt es zur Bildung niedermolekularer Fulvosäuren. Kommen größere Mengen an Sickerwasser hinzu, so bewirken sie eine allmähliche Versauerung des Bodens. Die Versauerung hemmt die Aktivität zahlreicher Bodenorganismen und löst zahlreiche weitere Prozesse der Bodenentwicklung (s. u.) aus. Da nur wenige stabilisierende Aggregate gebildet werden, kommt es zur Verlagerung feiner Bodenpartikel. Nährstoffe und organische Verbindungen werden aus den obersten Bodenschichten (A-Horizont) ausgewaschen und in größerer Bodentiefe angereichert (B-Horizont). Auswaschung und Ablagerung führen zu einer deutlichen Gliederung des Bodens und zur Ausbildung einer wenig wasserdurchlässigen Ortstein- bzw. Orterdeschicht. Durch die veränderte Wasserleitfähigkeit können oberhalb des Verdichtungshorizontes trockene und aerobe Bedingungen mit nassen anaeroben in kürzester Folge miteinander abwechseln, so daß hierdurch die Aktivität weiterer Organismen gehemmt wird. Die geringe biologische Aktivität führt schließlich zu einer Anreicherung wenig zersetzter und zerkleinerter Pflanzenreste, die mit den Bodenteilchen nicht vermengt werden und als Auflageschicht auf dem Boden erscheinen (Rohhumus) (Abb. 2).

Zwischen den beiden Humusformen, Mull und Rohhumus, gibt es eine dritte Form. Sie wird als **Moder** bezeichnet. Beim Moder ist die biologische Humifizierung bereits weit fortgeschritten, jedoch sind die Pflanzenreste noch erkennbar. Die Durchmischung der Humushorizonte durch Bodentiere ist nur unvollständig. – Moder bildet sich z. B. in humiden Klimaten unter krautarmen Buchenwäldern, die auf relativ nährstoffarmen Gesteinen wachsen.

3.4. Mikrobieller Abbau organischer Verbindungen

Fallen abgestorbene Blätter oder Zweige auf die Bodenoberfläche, so werden mit den Niederschlägen aus ihnen wasserlösliche Verbindungen wie Natrium- und Kaliumsalze, Aminosäuren und Zucker ausgewaschen. Die meisten dieser ausgeschwemmten Verbindungen, die bis zu 3% des Trockengewichts von Blättern ausmachen können, werden in wenigen Tagen durch Mikroorganismen abgebaut.

Danach werden komplexe Verbindungen wie Stärke, Zellulose und Proteine von den Mikroorganismen angegriffen. In einem Kiefernwald Finnlands ergaben Gewichtsmessungen, daß frisch gefallene Nadeln im ersten Jahr innerhalb der Streuschicht 11–30% an Gewicht verloren, im 2. Jahr 25–48% ihres Anfangsgewichtes einbüßten. Der Gewichtsverlust ließ sich hierbei überwiegend durch den Abbau von Zellulose erklären.

Die Geschwindigkeit der Zersetzung und somit auch der jährliche Gewichtsverlust der Nadeln wird sehr deutlich durch die Umweltfaktoren Temperatur und Feuchtigkeit beeinflußt. Mit steigender Temperatur erhöht sich die Zersetzungsgeschwindigkeit, während die Zersetzung und gleichzeitig die Aktivität der Mikroorganismen bei einem überdurchschnittlich hohen Feuchtigkeitsgehalt und der dann einsetzenden mangelnden Durchlüftung des Bodens deutlich herabgesetzt wird.

Die Zellwände des pflanzlichen Bestandesabfalls bestehen neben Zellulose aus einem beachtlichen Teil Lignin. Das Lignin, welches nicht einheitlich aufgebaut ist und dessen Struktur bei den verschiedenen Pflanzenarten unterschiedlich sein kann, ist gegenüber einer mikrobiellen Zersetzung besonders widerstandsfähig, und es dauert oft viele Jahre, bis stark verholzte Zellen vollkommen zersetzt sind.

3.4.1. Zersetzung einfacher organischer Verbindungen

Viele der einfachen Zellbestandteile, wie organische Säuren und Zucker, werden aus dem Zellprotoplasma in den Boden geschwemmt oder entstehen bei der Zersetzung komplexer Verbindungen. Einfache organische Verbindungen können besonders bei Sauerstoffzufuhr sehr schnell durch eine größere Anzahl polyphager Mikroorganismen verwertet werden. Der im Boden nachweisbare Anteil an organischen Säuren und Zucker ist daher gering. Nur bei Standorten mit extremen Eigenschaften, wie den Mooren, kann es kurzfristig zu einer größeren Anhäufung solcher leicht zersetzbaren organischen Verbindungen kommen.

Zu den besonders schnell abbaubaren Stoffen gehören Zucker wie Glucose, Xylose, Galactose und Mannose, die in löslicher Form im Boden nachgewiesen wurden, hierzu gehören aber auch Pflanzenfarbstoffe wie die Chlorophylle und Karotinoide und zahlreiche Aminosäuren wie Asparaginsäure, Glutaminsäure, Serin, Threonin, Prolin, Glycin und Alanin, um einige der häufigeren zu nennen.

Die meisten der im Boden vorkommenden **Aminosäuren** liegen nicht im freien Stadium vor, sondern sind zu Proteinen polymerisiert oder an komplexe Huminstoffe adsorbiert. Treten freie Aminosäuren auf, so werden sie zu einem großen Teil innerhalb von zwei Tagen abgebaut. Die Zersetzung der Aminosäuren durch die Mikroorganismen erfolgt jedoch nicht mit gleicher Geschwindigkeit. Arginin, Asparagin und Tryptophan lassen sich leicht verwerten. Lysin und Tyrosin sind besonders widerstandsfähig und bleiben oft länger als zwei Tage unzersetzt im Boden.

Gibt man ^{14}C-Acetat in Böden, so läßt sich der Weg des Kohlenstoffs verfolgen. Nach etwa 9 h können bis zu 30% zum CO_2 oxydiert sein. Das übrige Azetat läßt sich zu diesem Zeitpunkt bereits nicht mehr nachweisen. Es ist denkbar, daß es in der Zwischenzeit entweder von Mikroorganismen aufgenommen oder auf anaerobem Weg an organische Substanzen des Bodens adsorbiert wurde.

Der Abbau der Aminosäuren kann sehr verschiedenartig sein. Am häufigsten dürfte es bei genügender Sauerstoffzufuhr entweder zur oxydativen Desaminierung kommen.

$$R \cdot CH \cdot NH_2 \cdot COOH + O_2 \rightarrow R \cdot CO \cdot COOH + NH_3 + 1/2\,O_2$$

oder zur Desaminierung mit Dekarboxylierung

$$R \cdot CH \cdot NH_2 \cdot COOH + O_2 \rightarrow R \cdot COOH + NH_3 + CO_2$$

unter Bildung einer Säure, Kohlendioxid und Ammoniak.

Bei der oxydativen Desaminierung der Aminosäure Tryptophan wird der für die höheren Pflanzen wichtige Wuchsstoff Indolylessigsäure gebildet.

Unter anaeroben Bedingungen ist bei direkter Desaminierung die Bildung von Ammoniak und die Entstehung von ungesättigten Fettsäuren möglich.

$$R \cdot CH_2 \cdot CH \cdot NH_2 \cdot COOH \rightarrow R \cdot CH = CH \cdot COOH + NH_3$$

Auf diese Weise wird Asparaginsäure in Fumarsäure umgewandelt. An der Reaktion ist u. a. *Escherichia coli* beteiligt. *Escherichia coli* ist aber nicht nur zur Desaminierung von Aminosäuren befähigt, sondern kann bei entsprechender Bodenreaktion auch eine Dekarboxylierung einleiten. Die Wirksamkeit ihrer Aminosäure-Desaminase ist bei pH 8 am größten, bei saurer Bodenreaktion (pH 4) entfaltet hingegen ihre Aminosäure-Decarboxylase die größte Aktivität.

Zahlreiche Mikroorganismen-Arten sind auch bei veränderten Umweltbedingungen niemals zu einem Abbau aller Aminosäuren befähigt. Einige Beispiele, welche die spezifische Wirkung von Mikroorganismen aufzeigen, seien genannt:

● Dekarboxylierung von Leucin zu Isoamylamin durch *Proteus vulgaris*
● *Dekarboxylierung von* Asparaginsäure *zu* β-Alanin durch *Rhizobium*-Arten
● Glutaminsäure zu α-Ketoglutarsäure durch *Clostridium, Aspergillus, Fusarium*.

Wie die Aminosäuren so lassen sich auch **Zucker** (Galactose, Glucose, Xylose, Ribose u. a.) im Boden nur in geringer Konzentration nachweisen. Auch sie werden von vielen Mikroorganismen bevorzugt angegriffen und zersetzt. Versuche mit radioaktiv markierter Glucose zeigen, daß nach etwa 3 Monaten bis zu 75% dieses Zuckers zu Wasser und CO_2 abgebaut sind. Der restliche Anteil ist dann nicht mehr nachweisbar und offensichtlich an die Humus-Fraktion des Bodens adsorbiert.

Je nach Durchlüftung des Bodens wird der Glucose-Abbau in unterschiedliche Bahnen gelenkt. Bei aerobem Abbau durch Bakterien oder Pilze entstehen als Endprodukte H_2O und CO_2. Eine der wichtigsten Intermediärverbindungen dieser Stoffwechselwege ist die Brenztraubensäure. Sind anaerob lebende Bakterien oder Pilze am Zucker-Abbau beteiligt, so entstehen flüchtige Säuren mit nur 1 bis 5 C-Atomen, Wasserstoff, Methan und CO_2, oder es kommt zur Bildung von Fumarsäure und Alkohol.

Die Zwischenprodukte, die bei der anaeroben Zersetzung der Zucker entstehen, lassen sich im Boden kaum nachweisen, da sie von anderen Mikroorganismen in kürzester Zeit zu Wasser und Kohlendioxid mineralisiert werden. Die unmittelbaren, die Zucker angreifenden Mikroorganismen kommen im Boden nicht allein vor, sondern gemeinsam mit jenen Arten, die die Zwischenprodukte verwerten können.

3.4.2. Abbau komplexer organischer Verbindungen

3.4.2.1. Proteine

Mit den pflanzlichen Rückständen gelangen nicht nur freie Aminosäuren in den Boden, sondern auch Eiweiße, die aus zahlreichen über eine Peptidbindung aneinandergeketteten Aminosäuren zusammengesetzt sind.

Bakterien (z. B. *Bacillus*, und *Pseudomonas*-Arten) oder Pilze (z. B. *Aspergillus*- und *Penicillium*-Arten), die Eiweiße verwerten können, müssen die Fähigkeit besitzen, zunächst einmal die Peptidbindungen (CO-NH-) durch proteolytische Enzyme, die Proteinasen, aufzubrechen und die Eiweiße in Polypeptide zu zerlegen (Abb. 49). Da die Spaltprodukte jedoch zu groß sind, um von den Mikroorganismen aufgenommen zu werden, setzen sie außerdem weitere Enzyme ein, um auch die Polypeptide zu zerkleinern. Besitzen die Eiweißzersetzer Amino-Peptidasen, so können sie von den Polypeptiden Verbindungen mit reinen Aminogruppen abspalten; Carboxyl-Peptidasen ermöglichen ihnen die Abspaltung von Aminosäuren mit freien Carboxylgruppen. Die so abgespaltenen Aminosäuren können von den Mikroorganismen über ihre Zellwand aufgenommen werden, sofern sie über hierfür spezifische Enzyme (= Permeasen) verfügen oder die Aminosäuren werden, wie oben beschrieben, bis zu ihren Endprodukten zersetzt.

In Laborversuchen läßt sich mit einfachen Testserien relativ leicht überprüfen, ob bestimmte Mikroben-Stämme über die Fähigkeit der Eiweißzersetzung verfügen. Handelt es sich um Eiweißzersetzer, so gelingt ihnen die Zersetzung der Proteine und es zeigt sich eine Verflüssigung der Gelatine- und Fleischextraktnährböden.

Die Zersetzung der natürlichen Eiweiße des Bodens läßt sich weniger gut beobachten. Dies ist darauf zurückführen, daß Bakterien und Pilze die Eiweiße erst dann mit größerer Intensität zersetzen, wenn keine der leichter verwertbaren Kohlenhydrate mehr zur Verfügung stehen. Andererseits werden gelöste Proteine sehr leicht durch organische oder anorganische Bestandteile absorbiert. Besonders eine Komplexbildung der Pro-

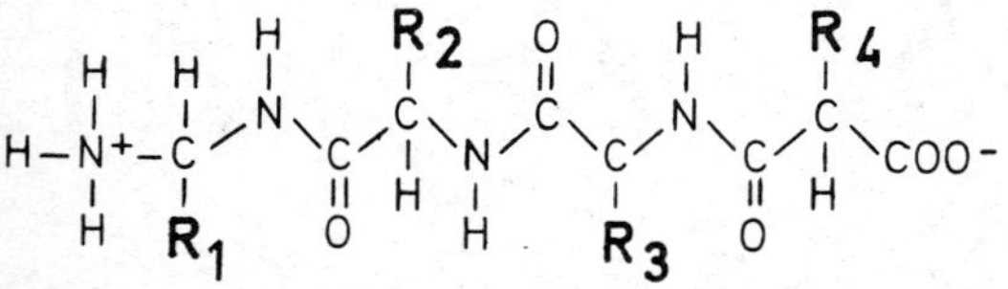

Abb. 49: Peptidbindung der Aminosäuren im Proteinmolekül.

teine mit Tonmineralen (Kaolin, Montmorillonit u. a.) dürfte den Eiweiß-
abbau hemmen. Die Komplexe Eiweiß-Tonmineral bieten einem weiteren Abbau unterschiedlichen Widerstand, da die Tonminerale sich in
ihrer Affinität zu den Eiweißen unterscheiden. So ist eine Komplexbildung mit dem 2-Schichtmineral Kaolin gegenüber einer mikrobiellen Zersetzung weniger widerstandsfähig als eine Komplexbildung mit dem 3-
Schichtmineral Montmorillonit.

Die Fähigkeit zur Eiweißverwertung ist bei den verschiedenen
Mikroorganismen nicht gleichmäßig ausgebildet. Einige Arten können
bestimmte Eiweißverbindungen schneller mineralisieren als andere oder
sind ausschließlich auf den Abbau bestimmter Proteine spezialisiert. So
wird Collagen von vielen Arten sehr schnell abgebaut. Im Gegensatz dazu
kann das Keratin, der Hauptbestandteil von Federn, Haaren, Krallen
durch proteolytische Enzyme der meisten Arten nicht angegriffen werden. Die Widerstandsfähigkeit dieses Proteins läßt sich durch die Anwesenheit der Disulfid-Brücken zwischen den Cystin Molekülen erklären. –
Zu den wenigen Arten, die auch Hornsubstanz zersetzen und verwerten
können, gehören Arten der Gattungen *Keratinomyces* und *Streptomyces*.

Verlauf und Geschwindigkeit der Eiweißspaltung kann weiterhin durch
die Bodenreaktion beeinflußt werden. Denn wie bei dem Abbau der Aminosäuren so ist auch beim Protein-Abbau die Wirkungsweise der spezifischen Enzyme der Eiweißzersetzer vom pH-Wert des Bodens abhängig.

3.4.2.2. Der Stickstoffkreislauf

Wie aus der Abb. 50 ersichtlich wird, können bei der mikrobiellen Zersetzung abgestorbener organischer Substanzen (u. a. Proteine) einfache
Abbauprodukte wie Wasser, Kohlendioxid und Ammoniak entstehen.
Das Ammoniak entweicht jedoch nicht in gleicher Weise in die Atmosphäre wie das CO_2. Es wird durch biologische und chemisch-physikali-
sche Vorgänge an den Boden gebunden und steht dann den Pflanzen zur
Verfügung. Die Bindung von Stickstoff an den Boden und seine Verfüg-
barkeit erweist sich als notwendig, da die höheren Pflanzen nicht die
Fähigkeit erlangt haben, Stickstoff aus der Luft aufzunehmen. Sie sind auf
den im Boden verfügbaren Stickstoff zum Aufbau von Pflanzeneiweiß als
wichtigsten Zellinhaltsstoff für ihr Wachstum angewiesen. In landwirtschaftlich genutztem Mineralboden wird der Stickstoffmangel dieser
Böden besonders auffällig. Nur durch Stickstoffdüngung – als Jauche,
Gülle, Kompost oder Mineraldüngung – lassen sich die Erträge steigern.
Welche Bedeutung aber kommt den im Boden lebenden Mikroorganis-
men für den Stickstoffkreislauf und die Aufbereitung pflanzenverfügbarer
Stickstoffverbindungen zu?

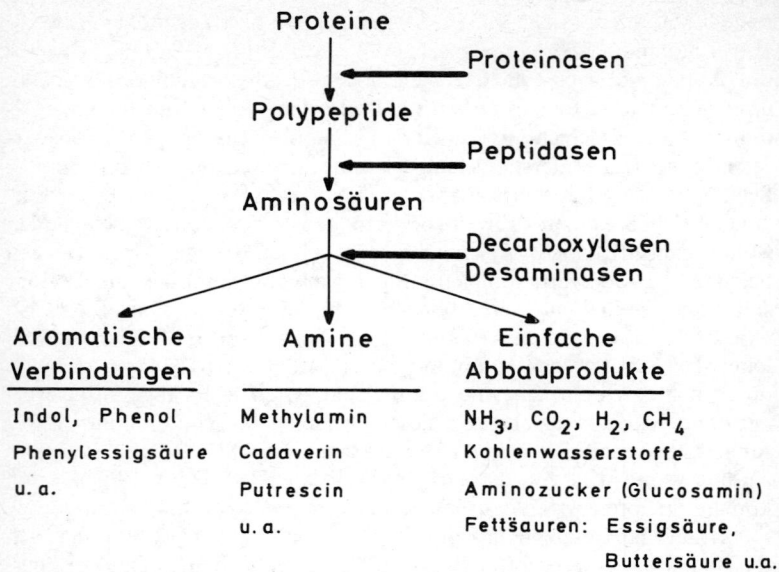

Abb. 50: Enzymatischer Abbau der Proteine.

Der Abbau eiweißhaltiger Substanzen wird im Boden von einer Ammoniakbildung begleitet. Man bezeichnet diesen Vorgang als Mineralisation des Stickstoffs oder **Ammonifikation**. Als Endprodukt der Zersetzung (s. o.) befinden sich in der wäßrigen Bodenlösung Ammonium-Ionen (NH_4^+). Diese können mit dem Sickerwasser ausgewaschen werden. NH_4^+-Ionen können sich aber auch an den Tonpartikeln des Bodens anlagern und gehen dann ebenfalls den Pflanzen als Stickstoffquelle verloren. Andererseits können Ammonium-Ionen unmittelbar von Pflanzenwurzeln aufgenommen werden. Auch Mikroorganismen sind zu ihrer Aufnahme befähigt. Sie tragen zu einem wesentlichen Teil dazu bei, daß der Stickstoff den Boden nicht verläßt. An der Aufnahme von NH_4^+ sind heterotrophe Bakterien wie *Bacillus* und *Proteus* aber auch autotrophe Organismen beteiligt. Letztere verwenden nicht wie die heterotrophen organisches Material als Energie- und Nährstoffquelle, sondern erhalten die zum Aufbau organischer Substanzen notwendige Energie entweder durch das Sonnenlicht als photoautotrophe Organismen oder durch Oxydation anorganischer Verbindungen als chemolithoautotrophe Organismen.

Chemolithoautotrophe Bakterien sind in der Familie der Nitrobacteraceae zusammengefaßt. Diese bilden zwei ernährungsphysiologische Gruppen. Die einen oxydieren NH_4^+ zu NO_2^-; die anderen oxydieren NO_2^- zu NO_3^-. Am ersten Prozess ist z. B. *Nitrosomonas* und *Nitrosococcus* beteiligt

$$NH_4^+ + 1\frac{1}{2}\,O_2 \rightarrow NO_2^- + 2\,H^+ + H_2O + 66 \text{ kcal}$$

am 2. Prozeß nehmen *Nitrobacter* und *Nitrocystis* teil.

$$2\,NO_2^- + O_2 \rightarrow 2\,NO_3^- + 17,5 \text{ kcal}\;.$$

Bei dieser, als **Nitrifikation** bezeichneten Umformung, entsteht NO_3^-, das von den meisten Pflanzen wie das NH_4^- als Nährstoffquelle genutzt werden kann. Doch lassen sich Ökosysteme unterscheiden, in denen entweder das eine oder andere Ion von größerer Bedeutung ist. Ammonium-Ionen werden überwiegend von Pflanzen solcher Böden verwertet, in denen ein niedriger pH-Wert die Aktivität der nitrifizierenden Bakterien hemmt. Hierzu gehören u. a. Moore, *Calluna*-Heiden, Birken-Eichen-Mischwälder. Nitrat-Ionen werden vorwiegend in den Böden tropischer Regenwälder und in Laubwäldern auf Kalkböden der gemäßigten Breiten verwertet, die einen hohen pH-Wert aufweisen.

Die an der Nitrifikation beteiligten Bakterien sind obligatorisch aerob. Kommt es zu einem Sauerstoffmangel, so verringern sie ihre Aktivität. Da Nitrifikanten Cytochrome mit hoher Affinität zum Sauerstoff besitzen, bleiben sie auch noch bei sehr geringem Sauerstoffgehalt aktiv. Sinkt der Sauerstoffgehalt des Bodens schließlich unter einen Schwellenwert, unter dem keine Sauerstoffaufnahme mehr möglich ist, so stellen die nitrifizierenden Bakterien ihr Wachstum vollkommen ein. Die Nitrifikation wird unter anaeroben Bedingungen beendet und durch den Prozeß der **Denitrifikation** abgelöst. Der Vorgang entspricht der Atmung und wird daher als Nitrat-Atmung oder als dissimilatorische Nitratreduktion bezeichnet.

Zu den denitrifizierenden Bakterien gehören Arten aus der Gattung *Pseudomonas, Micrococcus, Bacillus*. Bei ihrer Atmung werden NO_3^- zu NO_2^- und dies schließlich zu Stickoxidul (N_2O) und molekularen Stickstoff reduziert. Bei Sauerstoffzufuhr wird die Denitrifikation unterbunden, und es treten die Prozesse der Nitrifikation wieder in den Vordergrund. Folglich erreichen denitrifizierende Bakterien ihre größte Aktivität in überfluteten Böden und ihre geringste Aktivität in gut durchlüfteten Böden (Kap. 2.3.2.).

Wie aus Abb. 51 zu ersehen, ist die Tätigkeit der Mikroorganismen mit diesen Umwaldlungsprozessen noch lange nicht erschöpft. Im Boden leben einige Algen und Bakterien, die im Gegensatz zu vielen anderen

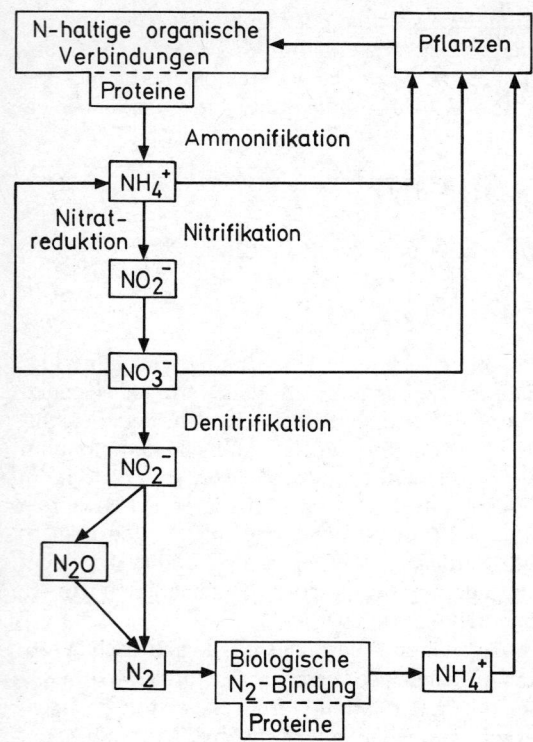

Abb. 51: Biologischer Kreislauf des Stickstoffs.

Mikroorganismen und im Gegensatz zu den höheren Pflanzen die Fähigkeit erlangt haben, den molekularen Stickstoff zum Aufbau der Eiweiße zu verwenden.

Zur Bindung des molekularen Stickstoffs sind symbiontische Bakterien befähigt (Kap. 4.3.1.1.) aber auch freilebende Arten. Zu den letzteren gehören die aeroben *Azotobacter-* und die anaeroben *Clostridium*-Arten. Atmosphärischen Stickstoff können weiterhin Algen aus der Familie der Nostocaceen (*Nostoc*, *Anabaena*) binden. Wie die Flechten, von denen einige ebenfalls Luftstickstoff binden, gehören sie oft zu den Primärbesiedlern von Lebensräumen und reichern diese mit stickstoffhaltigen organischen Stoffen an.

Beim Zerfall der über den Luftstickstoff gebildeten Eiweiße laufen die oben beschriebenen Prozesse der Ammonifikation und Nitrifikation ab. Den Pflanzen können wiederum Ammonium- und Nitrat-Ionen zugeführt werden.

Von den Mikroorganismen wird nur ein Teil des bei der Denitrifikation entstandenen gasförmigen Stickstoffs gebunden werden können. Ein gewisser Anteil wird dem Boden entweichen und dem Stickstoffkreislauf zunächst verloren gehen. Als weitaus günstiger ist daher eine **Nitratreduktion** bis zum NO_2^- oder NH_4^+ zu werten. Sie führt weder für den Boden noch für die Pflanzen zu einem Stickstoffverlust.

Zu einer Nitratreduktion sind zahlreiche Bakterien aus den Gattungen *Pseudomonas*, *Xanthomonas*, *Achromobacter* und Actinomyceten wie *Streptomyces* befähigt.

Bei den Bakterien handelt es sich um aerobe Arten, die in der Lage sind, unter anaeroben Bedingungen Nitrat als terminalen H-Acceptor zu benutzen. Beispielsweise wird bei *Micrococcus denitrificans* unter aeroben Bedingungen das assimilatorische Enzym aktiviert und es kommt zur assimilatorischen Nitratreduktion: $NO_3^- \rightarrow NO_2^- \rightarrow NH_4^+$; während des Wachstums unter anaeroben Bedingungen wird jedoch das dissimilatorische Enzym aktiviert und es kommt zur dissimilatorischen Nitratreduktion: $NO_3^- \rightarrow NO_2^- \rightarrow N_2O \rightarrow N_2$

$$\searrow N_2$$

3.4.2.3. Polysaccharide

Die meisten höheren Pflanzen bilden als Endprodukte ihrer Assimilation nicht einfache wasserlösliche Zucker, sondern sie kondensieren die photosynthetisch gebildeten Einfachzucker zu Polysacchariden $(C_6H_{10}O_5)n$. Diese dienen den Pflanzen als Reservekohlenhydrate zur Energiespeicherung. So findet man in den Zellen der verschiedensten Gewebe und Organe kugelige oder ovale Stärkekörnchen, die aus zahlreichen, um einen Kern gruppierten Schichten aufgebaut sind.

Pilze und Tiere bilden einen Teil der Nahrungskohlenhydrate um und bilden als Reservestoff Glykogen. Polysaccharide dienen den Pflanzen außerdem als Gerüstsubstanz, wie die Zellulose oder Hemizellulose. Somit ist es nicht verwunderlich, daß mit den Pflanzenrückständen größere Mengen an Polysacchariden in den Boden gelangen.

Stärke. Die Stärke ist ein Gemisch aus zwei Polymeren der Glucose, der Amylose und dem Amylopektin. Amylose entsteht bei der Aneinanderreihung vieler Glucosemoleküle durch die $\alpha\,1–4$ glucosidische Bindung. Das Amylopektin besitzt im Gegensatz dazu neben der in Reihe angeordneten Glucosemoleküle mehr oder weniger zahlreiche Verzweigungen, die durch die $\alpha\,1–6$ glukosidische Bindung entstehen. Amylopektinmoleküle der Stärkekörner können aus etwa 2000 Glucoseresten zusammengesetzt sein.

Wollen Mikroorganismen ein solches Makromolekül verwerten, so müssen sie die Fähigkeit zu seiner Zerkleinerung besitzen. Dies ist nur durch die Wirkung von Enzymen möglich, die zusammenfassend als Amylasen bezeichnet werden. α-Amylasen greifen die glucosidischen Bindungen wahllos an, und es entstehen wasserlösliche Polysaccharide, deren Molekulargewicht kleiner als das der Stärke ist (Dextrine). β-Amylasen bauen die Ketten vom Ende schrittweise zu Maltose ab (Abb. 52 a). Maltose wird schließlich durch die Glucosidase in ihre beiden Glucosemoleküle hydrolisiert. Die α1–6 glucosidische Bindung des Amylopektins kann jedoch durch keines dieser drei Enzyme aufgebrochen werden.

Fast alle der bisher überprüften Pilze, viele der polyphagen Bakterien und Actinomyceten verfügen über stärkespaltende Amylasen. Relativ viele Arten dürften über α-Amylasen verfügen und die Stärke bis zu den Dextrinen abbauen. Die Fermentation der Dextrine zu der einfacheren Maltose oder gar der Abbau der Glucose zu organischen Säuren und Kohlendioxid dürfte dagegen nur einigen wenigen Mikroorganismen gelingen.

Wie bei der Zersetzung der Proteine, so wirken sich auch beim Stärkeabbau die abiotischen Bedingungen und die Zusammensetzung der amylolytisch tätigen Mikroorganismen auf Zersetzung und Zersetzungsgeschwindigkeit aus. In gut durchlüfteten Böden sind fast ausschließlich aerobe Arten am Stärkeabbau beteiligt. Steigt der Wassergehalt des Bodens an, und wird dadurch die Durchlüftung gehemmt, so können fakultativ anaerobe Bakterien (*Bacillus*-Arten) am Stärkeabbau teilhaben. Unter streng anaeroben Bedingungen werden mehrere *Clostridium*-Arten aktiv. Meistens verläuft die Amylolyse umso schneller je wärmer der Boden ist, und je mehr anaerobe Mikroorganismen am Abbau beteiligt sind. In nährstoffreichen Böden ist die Zersetzung deutlich schneller als in nährstoffarmen.

Zellulose. Ein wesentlicher Anteil der Zellwandsubstanz der höheren Pflanzen besteht aus Zellulose. Auch in den Zellwänden vieler Pilze ist Zellulose enthalten. Da sie in jüngeren Pflanzen etwa 15%, in älteren verholzten Pflanzenteilen aber mehr als 50% der gesamten Trockenmasse ausmacht, und sie außerdem mit den Pflanzenrückständen weitgehend unzersetzt in den Boden gelangt, ist die Zellulose das weitaus häufigste Polysaccharid in der Natur und die wichtigste Nahrungsquelle für die Mikroflora des Bodens.

Die unverzweigten Makromoleküle der Zellulose ähneln denen der Stärke. Jedoch sind die Glukosemoleküle der Zellulose jeweils um 180° gegeneinander verdreht und durch β 1–4 glucosidische Bindungen miteinander verbunden (Abb. 52 b). Die Fähigkeit zum Zelluloseabbau besitzen zahlreiche Mikroorganismen. Dazu gehören die Bakterien der Gattungen *Cellulomonas, Clostridum, Bacillus, Cytophaga*. Zellulolytische Fähigkei-

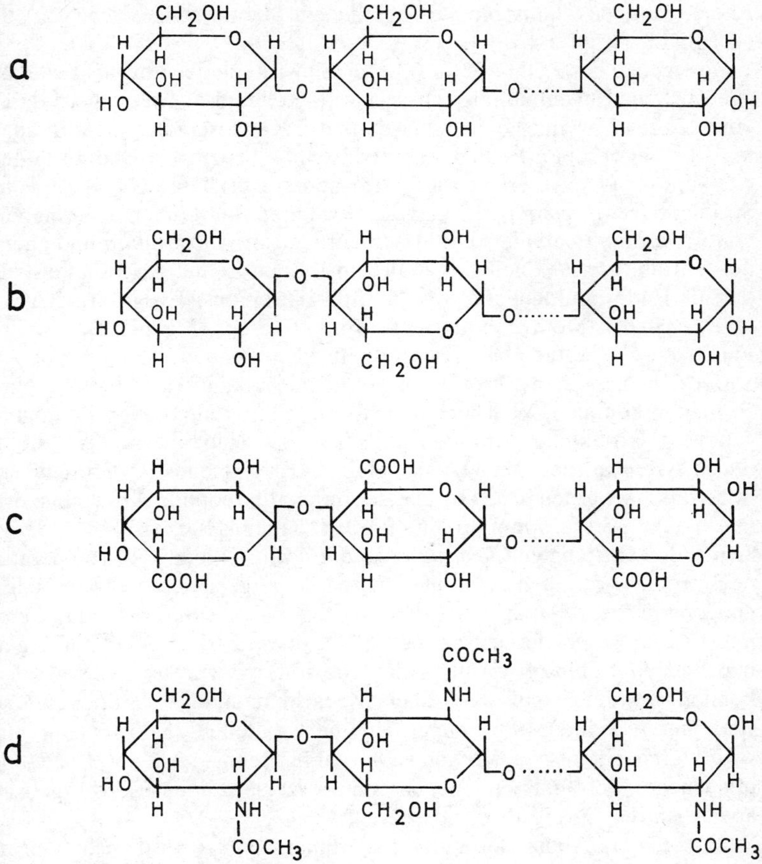

Abb. 52: Aufbau von a) Stärke, b) Zellulose, c) Pektin, d) Chitin.

ten besitzen außerdem Actinomyceten der Gattung *Streptomyces* und zahlreiche Pilze. Besonders aktive Zellulosezersetzer sind Ständerpilze (Basidiomycetes). Zu ihnen gehören Schichtpilze (*Stereum*-Arten), die überwiegend totes Holz besiedeln und durch ihre konsolenförmigen 1–3 cm großen Hüte auffallen. Dazu gehören aber auch die noch größer werdenden Porlinge (Polyporaceae).

An Stämmen und Stümpfen von Laub- und Nadelbäumen lebt der Fichtenporling (*Fomes marginatus*), dessen konsolenförmiger Hut bis zu 25 cm breit wird. Der Fichtenporling verursache die Rotfäule. Durch seine Aktivität wird die Zellulose abgebaut. Zurück bleibt das bräunlichrote Lignin, das dem vom Pilz befallenem Stamm seine Farbe verleiht (Weißfäule, Kap. 3.4.2.4.).

Der Abbau der Zellulose führt unter Einwirkung des Enzyms Zellulase zunächst zur Entstehung des Disaccharids Zellubiose. Dieses wird durch ein weiteres Enzym, die Zellubiase, in zwei Glucosemoleküle aufgespalten, die bei aeroben Bedingungen vollständig bis zu den Endprodukten CO_2 und H_2O oxydiert werden. Am aeroben Zelluloseabbau sind die Strahlenpilze (*Streptomyces*) und die erwähnten Bakterien mit Ausnahme von *Clostridium* beteiligt. Die Arten der Gattung *Clostridium* und einige der Gattung *Bacillus* nehmen an der anaeroben Zellulosegärung teil, bei der als Endprodukte Fettsäuren (Butter-, Propion-, Essigsäure), Alkohole (Äthyl-, Methylalkohol), sonstige Säuren (Milch-, Bernstein-, Fumarsäure) und die Gase H_2, CO_2 entstehen können.

Bei der anaeroben Zersetzung der Zellulose kann es nicht selten zur Erhitzung kommen. Weichen zunächst die mikroklimatischen Bedingungen vom Großklima nur unwesentlich ab, so sind überwiegend *Cytophaga*-Arten an der Zersetzung beteiligt. Erfolgt eine Erwärmung des Substrats, so werden die Erstbesiedler durch thermophile Arten abgelöst, die ihr Temperaturoptimum bei 40–50 °C haben. Hierzu gehören einige Arten der Gattungen *Clostridium* und *Bacillus*. Steigt die Temperatur noch weiter, so finden auch diese Arten keine geeigneten Lebensbedingungen mehr vor. An ihrer Stelle treten dann andere *Bacillus*- und *Micromonospora*-Arten, die erst bei 60–65 °C mit verstärkter Aktivität beginnen und eine Selbsterwärmung des Substrats bis zu 80 °C hervorrufen können. Kommt es schließlich zu einer Selbstentzündung des Substrats, so sind hieran keine Mikroorganismen mehr beteiligt. Selbstentzündung wird durch chemische Vorgänge hervorgerufen. – An der Erhitzung pflanzlicher Substanz sind neben zellulosezersetzenden Mikroorganism aber auch die Eiweißzersetzer beteiligt.

Wie bei dem Abbau der anderen Verbindungen, so wird auch die Zersetzung der Zellulose durch den Wassergehalt des Bodens oder durch seinen pH-Wert beeinflußt. In stark durchnäßten Böden übernehmen die Bakterien den Zelluloseabbau, in trockeneren Böden sind überwiegend Pilze hieran beteiligt. Ist der pH-Wert des Bodens niedrig, so sind ebenfalls die Pilze wichtige Zellulosezersetzer. Bakterien entfalten ihre größte Aktivität in neutralen oder schwach sauren Böden.

Hemizellulosen. Als Hemizellulosen werden mehrere wasserunlösliche Polysaccharide zusammengefaßt, die aus einem unterschiedlichen Anteil an Hexosen, Pentosen und Uronsäuren zusammengesetzt sind. Sie stehen der Zellulose sehr nahe und lassen sich durch schwache Säuren oder spezifische Enzyme in verschiedene Zucker umwandeln.

Überwiegt in einem der komplexen Polysaccharide die Xylose, so wird das Polymerisationsprodukt als Xylan bezeichnet. Überwiegen andere

Zucker-, z. B. Arabinose, Galaktose, Mannose, so bezeichnet man diese Hemizellulosen als Araban, Galaktan und Mannan. Sie sind mit Ausnahme des Xylans, das im Getreidestroh bis zu 30% der Trockensubstanz ausmachen kann, nur von untergeordneter bodenbiologischer Bedeutung.

Am Beginn der Xylanzersetzung sind überwiegend Pilze beteiligt, die über einen Enzymkomplex mit der Bezeichnung Xylanase verfügen. Hierzu gehören Arten aus den Gattungen *Aspergillus*, *Penicillium* und *Rhizopus*. Doch auch Strahlenpilze und Bakterien (*Clostridium*, *Cellvibrio*, *Pseudomonas*, *Sporocytophaga*) nehmen am Abbau der Xylane teil. Bei den Bakterien handelt es sich oft um polyphage Organismen, die ebenfalls zum Zelluloseabbau befähigt sind. Die Abbaugeschwindigkeit der Xylane ist mit jener der Stärke vergleichbar.

Hemizellulosen, die Uronsäuren enthalten, werden als Pektine bezeichnet. Es sind Verbindungen, die aus kettenförmig aneinandergereihten Galakturonsäuren bestehen (Abb. 52 c). Sie kommen in den Mittellamellen pflanzlicher Zellwände vor und sind daher in der Streu nicht selten.

Zur Spaltung der Pektinsubstanzen sind mehrere Enzyme erforderlich, die als Pektinasen zusammengefaßt werden. Protopektinasen verwandeln das wasserunlösliche Protopektin in das wasserlösliche Pektin. Pektinmethylesterase greift die Methylesterverbindung das Pektins an, so daß Pektinsäure und Methanol (Methylalkohol) entstehen. Polygalacturonase löst die β 1–4 glucosidische Bindung sowohl zwischen den Galacturonsäuren der Pektine als auch zwischen den Pektinsäuren. Beide Säuren werden zu anderen organischen Säuren (Buttersäure, Essigsäure u. a.) Alkoholen und Gasen weiterverarbeitet.

Zahlreiche Bodenorganismen besitzen die spezifischen Enzyme, um Pektine abzubauen. Anaerob lebende pektinolytische Bakterien sind Arten der Gattung *Bacillus*, *Erwinia*, *Pectobacterium*, *Clostridium*. Pilze mit pektinolytischen Fähigkeiten gibt es in den Gattungen *Botrytis* und *Fusarium* u. a. Auch der Schimmelpilz, *Mucor mucedo*, kann Pektine auflösen. Sein weit verzweigtes Myzel bildet nicht nur auf organischen Substanzen der Streuschicht, sondern auch auf Brot weiße Schimmelrasen.

Chitin. Ein wichtiger Bestandteil des Exoskeletts der Arthropoden ist das Chitin. Es kommt außerdem in den Zellwänden von Pilzen vor, in einigen Algen und ist ebenfalls in den Eischalen von Nematoden nachweisbar. Chitin ähnelt dem Polysaccharid Zellulose. Im Gegensatz zu diesem wird es aber nicht durch Aneinanderreihung zahlreicher Glucosemoleküle, sondern überwiegend durch Glucosamine gebildet (Abb. 52 d).

Bakterien, Pilze und Actinomyceten können Chitin zersetzen. Es wird von ihnen sehr schnell besiedelt und kann in Waldböden der gemäßigten Breiten in 3–8 Monaten vollkommen abgebaut sein. Zu den häufigen am

Chitinabbau beteiligten Arten gehören Pilze der Gattungen *Mortierella* und Bakterien aus den Gattungen *Pseudomonas* und *Bacillus*. Wichtigste Chitinzersetzer im Bereich der Agrarlandschaft aber sind die Streptomyceten (*Streptomyces*).

Chitin tritt im Boden niemals als reine Substanz auf. Es ist eng mit anderen Stoffen verknüpft, so daß die mikrobielle Zersetzung des Chitins oft erschwert wird. Besonders die sklerotisierten Chitinpanzer der Insekten, die mit Aminophenolen (Orthochinon) imprägniert sind, widerstehen einer mikrobiellen Zersetzung sehr lange. So ist es möglich, daß bei Bedingungen mit rascher Zersetzung reinen Chitins der Abbau sklerotisierter Chitinteile deutlich gehemmt wird und Insektenpanzer, die bis zu 10 Monaten im Boden gelegen haben, fast vollständig erhalten geblieben sind.

3.4.2.4. Lignin

Ein wesentlicher Baustein in den Zellwänden der Pflanzen ist das Lignin. Reine Zellulosewände sind geschmeidig und elastisch dehnbar. Lagern sich Lignine oder Holzstoffe in das Zellulosegerüst der Zellwände ein, so wird hierdurch ihre Dehnbarkeit deutlich herabgesetzt, ihre Druckfestigkeit aber deutlich erhöht. So entstehen Mischkörper aus zugfester Zellulose und druckfestem Lignin. Die verholzten Bestandteile machen bei den Kulturpflanzen bis zu 20%, bei den Hölzern bis zu 30% der Trockensubstanz aus. Mit fortschreitender Zersetzung der abgestorbenen Pflanzensubstanz steigt ihr Anteil immer weiter an.

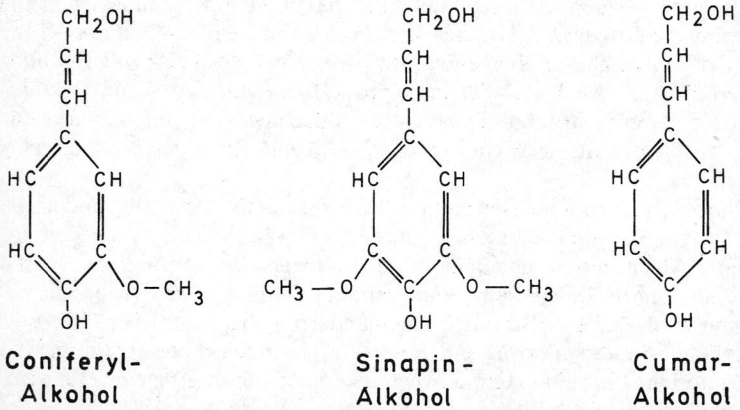

Abb. 53: Strukturelemente des Lignins.

In ihrer chemischen Zusammensetzung sind die Lignine nicht einheitlich. Vielmehr handelt es sich um Mischpolymerisate verschiedener Abkömmlinge des Phenylpropans. Im Lignin der Fichten überwiegt als wichtigstes Bauelement der Coniferyl-Alkohol. Bei den Laubhölzern kommt der Sinapin-Alkohol als weiteres wichtiges Strukturelement hinzu. Bei den Gräsern tritt zu diesen beiden Alkoholen als 3. Baustein der Cumar-Alkohol (Abb. 53).

Im Vergleich zu allen bisher erwähnten pflanzlichen Verbindungen ist das Lignin einem mikrobiellen Abbau gegenüber sehr viel widerstandsfähiger. Bei der schnelleren Verwertung des übrigen Pflanzenmaterials führt dies allmählich zu einer Anreicherung ligninhaltiger Substanzen im Boden (Abb. 54).

Vergleicht man die Zersetzungsgeschwindigkeit der verschiedenen Stoffklassen miteinander, so wird Stärke und Hemizellulose etwa 15mal so schnell, Zellulose etwa 3mal so schnell zersetzt wie Lignin. Entsprechend der unterschiedlichen Zusammensetzung des Lignins sind auch die bei der Zersetzung entstehenden Zwischenprodukte verschieden.

Die Anzahl der Mikroorganismen, die Lignin abbauen können, dürfte sehr klein sein. Bisher ließen sich nur einige aerob lebende Bakterien aus den Gattungen *Pseudomonas* und *Flavobacterium* und einige wenige Pilze (u. a. *Aureobasidium pellulans, Trichosporum cutaneum*) mit der Fähigkeit zur Zersetzung von Lignin oder ligninverwandter Verbindungen isolieren. Andere Bodenpilze aus den Gattungen *Stilbum* und *Humicola* können Zwischenprodukte des Lignins, wie Vanillinsäure, als einzige Kohlenstoffquelle verwerten.

Ligninhaltige Pflanzenrückstände werden am erfolgreichsten von höheren Pilzen (Basiodomyceten, Ascomyceten) abgebaut, die nicht zur

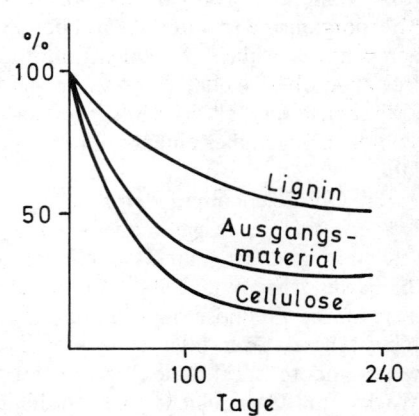

Abb. 54: Fortschreitende Mineralisation des Zellulose- und Ligningehaltes von Weizenstroh bei Einwirkung von Bodenmikroorganismen (aus BECK 1968, nach HAIDER 1965).

135

eigentlichen Bodenflora gehören, sondern die oberhalb der Bodenoberfläche auf umgestürzten Baumstämmen anzutreffen sind. Ihre Hyphen können durch enzymatische Wirkung und die beim Wachstum auftretenden physikalischen Kräfte unterschiedlich weit in das verholzte Substrat eindringen. Ligninabbauende Pilze verursachen die Weißfäule. Sie zersetzen das bräunlichrote Lignin; die weiße Zellulose bleibt zurück. Weißfäule erregen viele Porlinge, u. a. die Schmetterlings-Tramete (*Trametes versicolor*) und der Zunderschwamm (*Fomes fomentarius*). Letzterer ist besonders an verfaulenden Buchenstämmen sehr zahlreich.

Durch mikrobiellen Abbau und Umbau des Lignins entstehen Polymerisate mit huminsäureähnlichem Charakter. Somit dürfte dem Lignin bei der Bildung von Huminstoffen und der Anreicherung von Dauerhumus große Bedeutung zukommen.

3.4.2.5. Lipide

Tiere und viele Pflanzen bilden eine große Anzahl von Lipiden. Gelangen die Lipide mit Pflanzenresten und Tierleichen in den Boden, so werden auch sie mikrobiell zersetzt. Lipide, wie Fette und Öle, entstehen durch die Veresterung des Glycerins (= 3-wertiger Alkohol) mit höheren Fettsäuren. Bei den Wachsen sind Fettsäuren statt des Glycerins mit höheren einwertigen Alkoholen verestert (Alkohol und Säure = Ester + H_2O).

Zahlreiche Mikroorganismen besitzen die entsprechenden Enzyme (Lipasen, Esterasen), um die Ester abzubauen. Von den Bodenbakterien können Arten aus den Gattungen *Pseudomonas*, *Clostridium*, *Bacterium* u. a. Fette und Wachse verwerten. Die entstandenen Produkte Glycerin (bzw. höherer 1-wertiger Alkohol) und Fettsäuren können von anderen Mikroorganismen weiter verarbeitet werden. Unter aeroben Bedingungen geht der Abbau bis zu den Endprodukten Wasser und Kohlendioxid. Bei anaeroben Abbau kann zwar das Glycerin ebenfalls über mehrere Zwischenstufen relativ schnell verwertet werden, die freien Fettsäuren sind dann gegenüber einem mikrobiellen Abbau jedoch sehr widerstandsfähig.

Ein Oberflächenlipid der Pflanzen ist das Cutin. Es wird durch die Epidermiszellen ausgeschieden und erhärtet an der Luft. Eine Cutinschicht schützt, oft gemeinsam mit der auf ihr abgelagerten Wachsschicht, die darunterliegende Zellulose und Pektinschicht der Zellen. Mikroorganismen, die Zellulose oder Pektin verwerten, müssen somit zuerst Lipidschichten zerstören oder können als Folgearten erst dann aktiv werden, wenn andere spezifische Lipidzersetzer, die oberflächlich abgelagerte Wachs- und Cutinschicht abgebaut haben.

4. Individualentwicklung und wechselseitiger Einfluß der Organismen – biotische Faktoren

4.1. Individualentwicklung

4.1.1. Fortpflanzung

Zur geschlechtlichen Fortpflanzung kommen die Partner der meisten aquatischen Tiere – wie Ringelwürmer, Seesterne und Fische – in einem begrenzten Areal zusammen. Die Männchen entlassen ihre Spermazellen, die Weibchen ihre Eier ins Wasser. Im Wasser erfolgt auch die Befruchtung der Eier.

Die Befruchtung von Eiern durch einzelne frei schwimmende Spermatozoen ist für Arten ungeeignet, die den aquatischen Raum verlassen haben und zu einem Landleben übergegangen sind. Frei abgelegte Spermazellen würden wegen des fehlenden Wassers die Eier niemals erreichen, außerdem wären sie der Gefahr einer Austrocknung ausgesetzt. Viele Landtiere haben das Problem erfolgreich gelöst, indem sie von der äußeren zu der inneren Befruchtung übergegangen sind. Die Männchen dieser Arten – wie Schnecken und höhere Insekten – haben Kopulationsorgane entwickelt. Sie befruchten das im Muttertier befindliche Ei.

Andere Möglichkeiten der Fortpflanzung lassen sich bei zahlreichen Bodentieren beobachten. Die Männchen entlassen nicht mehr einzelne Spermatozoen wie viele Meerestiere, sondern erzeugen Samenpakete, die oft in einer aus erstarrenden Sekreten gebildeten Kapsel eingeschlossen sind. Solch ein Samenpaket bezeichnet man als Spermatophore. Die Spermatophoren können vom Männchen zum Weibchen unmittelbar übertragen werden, wie bei den Regenwürmern, Egeln, Onychophora und Orthoptera, oder sie werden vom Männchen einfach am Boden abgesetzt und später vom Weibchen aufgenommen, wie bei den Spinnentieren und Urinsekten.

Die direkte Spermatophorenabgabe erfolgt bei Bodentieren nicht immer gerichtet. Bei Egeln und den stummelfüßigen Onychophoren *Peripatus* ist die Spermatophorenabgabe vielmehr ungerichtet. Die Männchen heften ihre Spermienpakete an das Integument der Artgenossen, gleichgültig ob es sich dabei um Weibchen, um Männchen oder sogar um juvenile Individuen handelt. Wird das Spermapaket jedoch auf einem weiblichen Tier angebracht, so lösen Amöbozyten das Integument an der Berührungsstelle auf, so daß die Spermien in den Körper eindringen und die reifen Eier in den Ovarien befruchten können. Andere Arten mit direkter Spermatophorenübertragung (z. B. Heuschrecken) plazieren

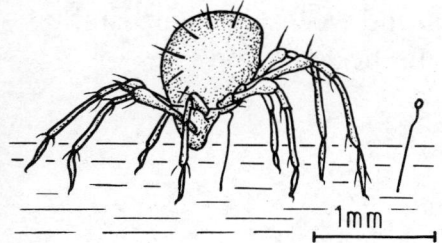

Abb. 55: Ein Männchen der Moosmilbe *Belba geniculosa* beim Absetzen gestielter Samentröpfchen (aus SCHALLER 1962, nach PAULY 1956).

ihre oft kompliziert gebauten Spermakapseln gerichtet an oder in die Genitalöffnung der Weibchen.

Die Methoden der indirekten Spermotophorenübertragung sind offenbar unabhängig voneinander bei bodenlebenden Myriopoden, Urinsekten und Spinnentieren entstanden. Im einfachsten Fall setzen sie – wie Moosmilben und Collembolen – hüllenlose, gestielte Samentropfen ab (Abb. 55).

Da viele Männchen dieser Gruppen die Spermatophoren völlig willkürlich im Substrat absetzen, und da auch keine weitreichenden „Wegweiser" zu den Spermatröpfchen führen, ist die Möglichkeit der Weibchen sehr gering, funktionsfähiges Sperma zu finden.

Nun haben jedoch verschiedene deutlich entwickelte Verhaltensweisen der Männchen dazu geführt, die Wahrscheinlichkeit einer erfolgreichen Fortpflanzung zu erhöhen. Spermatophoren werden von den Männchen nun nicht mehr willkürlich im Boden abgesetzt, sondern bevorzugt an Stellen mit gesättigter Bodenfeuchte. Spermien trocknen dann nicht mehr so schnell aus und bleiben möglichst lange lebensfähig. – Die Weitergabe der Spermien erhöht sich auch dann, wenn die Männchen ihre Spermatophoren dort absetzen, wo es zu einer größeren Ansammlung arteigener Individuen kommt. Wird die Anzahl der abgesetzten Spermatophoren schließlich erhöht, so ist die Wahrscheinlichkeit noch größer, daß irgendein Weibchen eine Spermatophore findet.

Einige Collembolen setzen in 2–3 Tagen weit über 100 Spermatophoren ab, bei Moosmilben wurden 12 abgesetzte Spermatophoren pro Tag gezählt. – Erfolgt die Spermatophorenabgabe nicht gleichmäßig während des gesamten Jahres, sondern gehäuft zu bestimmten Jahreszeiten, wenn möglichst viele Männchen und Weibchen geschlechtsreif sind, so erscheint die Fortpflanzung der Art noch besser gesichert zu sein. Besonders in den Herbst- und Frühjahrsmonaten lassen sich Bodenpartikel finden, die von vergleichsweise dichten „Spermatophorenrasen" bedeckt sind, so daß man diese bei erster Betrachtung mit den Hyphen und Sporangien von Schimmelpilzen verwechseln könnte.

Bei anderen Collembolen-Männchen sind weitere Verhaltensweisen evoluiert, die eine noch erfolgreichere und sichere Fortpflanzung gewährleisten. Diese Männchen lassen ihre einmal abgesetzten Spermatophoren nicht mehr unbeaufsichtigt, vielmehr wandern sie in ihren Spermatophorenrasen umher und überprüfen die Samentröpfchen. Einige von diesen fressen sie auf und setzen in unmittelbarer Nähe neue ab, andere bleiben unbeachtet und werden stehen gelassen. – Durch genaue Beobachtungen läßt sich nun nachweisen, daß die Collembolen-Männchen nur jene Spermatröpfchen fressen, die älter als 8 Stunden sind. Nach dieser Zeit ist das Sperma offenbar nicht mehr funktionsfähig und muß durch neues ersetzt werden, sollen die Weibchen nicht irregeführt werden.

Männchen des Kugelspringers *Dicyrtomina minuta* suchen aktiv nach den Weibchen. Haben sie ein Weibchen olfaktorisch erkannt, mit den Fühlern überprüft, und verhält sich das Weibchen ruhig, so beginnen sie, um dieses einen Palisadenzaun aus Spermatophoren zu errichten. Verläßt

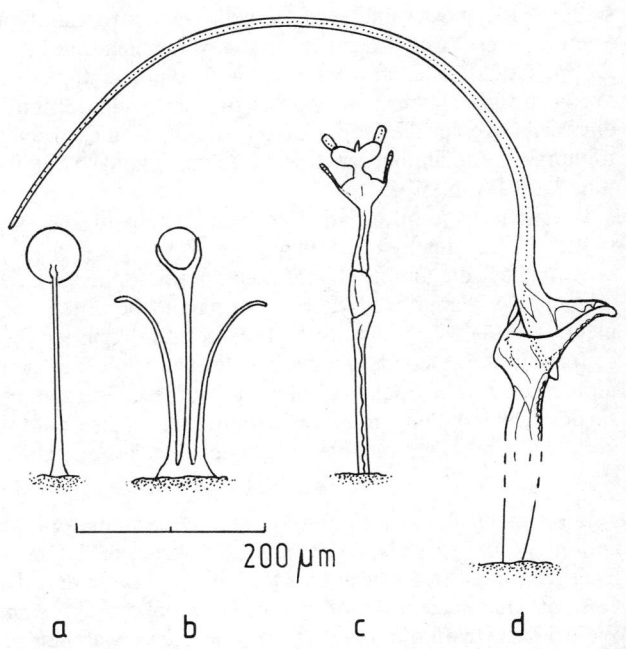

Abb. 56: Spermatophoren verschiedener Milbenarten. Tröpfchenspermatophore: a) *Ceratoppia bipilis* b) *Trombicula splendens*, c) Kammertyp: *Biscirus silvaticus*, d) Endfadentyp: *Bdellodes longirostris* a) nach TABERLY 1957, b) nach LIPOVSKY et al. 1957, c und d nach ALBERTI 1974).

das Weibchen daraufhin seinen Aufenthaltsort, so muß es notgedrungen den „Spermatophoren-Zaun" überqueren und wird dabei befruchtet.

Es gibt nicht nur einfach gebildete Tröpfchen-Spermatophoren, wie sie von den Moosmilben und Collembolen bekannt sind (Abb. 56a, b). Bei zahlreichen Milben sind die Spermatophoren sehr kompliziert gestaltet. Ihre Erscheinungsformen sind dabei so vielfältig, daß sie als ein sicheres Merkmal der Artbestimmung verwendet werden können. Die Vielfalt der Spermatophorenbildung geht auf die Schutzhülle zurück, die das Spermatröpfchen umgibt und aus dem Stielsekret gebildet wird. Zwei auffällige Spermatophoren-Typen lassen sich unterscheiden, der Kammertyp (Abb. 56c) und der Endfadentyp (Abb. 56d).

Indirekte Spermatophorenübertragung gibt es ebenfalls beim Pinselfüßer *Polyxenus lagurus* (Diplopoda). Dieser kleine, etwa 3–4 mm große Doppelfüßer, lebt in Mitteleuropa in trockenen Humusböden und unter abgestorbener Baumrinde. Bevor die Männchen Spermatröpfchen absetzen, suchen sie im Substrat kleine Vertiefungen auf. Über diese spannen sie ein Fadengewirr und setzen 2 helle Samentropfen darauf.

Im rechten Winkel dazu legen die Männchen eine etwa 15 mm lange Doppelfadenstraße an. Diese dient einem zufällig vorbeikommenden Weibchen als Haltesignal und Wegweiser zu den Spermatropfen. Trifft ein Weibchen auf die Doppelfäden, so folgt es diesen, bis es die Spermatophoren gefunden hat, auch wenn es dabei zunächst in die falsche Richtung läuft (Abb. 57).

Wie wichtig die Information der Fadenstraße für das Weibchen ist, läßt sich aus folgender Beobachtung ersehen:

Weibchen, die unmittelbar auf die Spermatophoren treffen, ohne Kontakt mit der Fadenstraße gehabt zu haben, beachten die Samentropfen nicht. Treffen Männchen über die Fadenstraße zu den Spermatophoren, so fressen sie diese auf, spinnen an gleicher Stelle eine neue Fadenanlage und setzen frische Spermatropfen ab. In dieser Verhaltensweise gleichen sie den Collembolen und erhöhen hierdurch wie diese die Wahrscheinlichkeit, daß vorbeikommenden Weibchen frisches Sperma zur Verfügung steht.

Bei einigen Tausendfüßern ist mit der Spermatophorenabgabe eine andere Verhaltensweise verbunden. So weben die Männchen des räuberisch lebenden Steinkriechers *Lithobius forficatus* erst dann ein kleines Gespinst und setzen darauf eine Spermatophora ab, wenn sie zuvor ein Weibchen getroffen haben, und es außerdem zwischen beiden Partnern während eines Paarungsspieles zu einer Verständigung gekommen ist. Hat das Männchen eine Spermatophore abgesetzt (Abb. 58), so erhält das Weibchen ein Signal, welches es zur Aufnahme der Spermatophore veranlaßt.

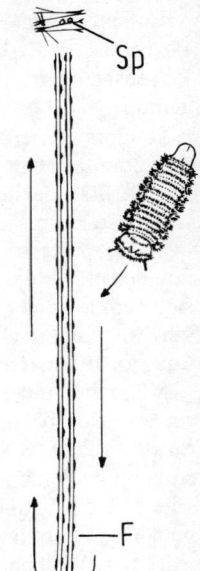

Abb. 57: Fadengewirr mit Spermatröpfchen (Sp) von *Polyxenus lagurus* und Fadenstraße (F). Die Pfeile zeigen, wie *Polyxenus*-Weibchen zu den Samentropfen geleitet werden können (aus SCHALLER 1962, ver. nach SCHÖMANN 1956).

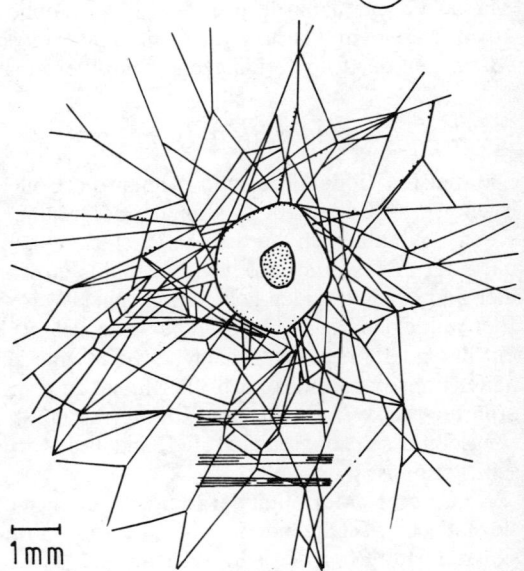

Abb. 58: Gespinst und Spermatophore des Steinkriechers *Lithobius forficatus*. Die Querbänder dienen als Haltesignal für die Weibchen (aus SCHALLER 1962, nach KLINGEL 1959).

Entsprechende Verhaltensweisen – Spermatophorenabgabe nach einer Paarbildung – lassen sich außerdem bei Pseudoskorpionen, Skorpionen, Felsenspringern (Machilidae) und Silberfischen (Lepismatidae) beobachten.

Doch nicht bei allen Arten innerhalb einer taxonomischen Gruppe sind dieselben Verhaltensmuster ausgeprägt. Sie können – wie auch die äußeren Formen der Spermatophoren, die ihrerseits mit bestimmten Verhaltensmustern in Verbindung gebracht werden können – sehr unterschiedlich sein. Dies zeigen vergleichende Untersuchungen an Pseudoskorpionen besonders deutlich. Zwischen den Familien dieser Spinnentiere lassen sich nämlich nicht nur verschiedene morphologische Charakteristika, sondern auch unterschiedlich hoch evoluierte Merkmale der Spermatophoren und Fortpflanzungsbiologie feststellen.

Männchen der Arten aus den Familien der Chtoniidae und Neobisiidae setzen ihre Spermatophoren ohne Gegenwart eines Weibchens auf dem Substrat ab. Die Samenmasse der Chtoniidae ist umhüllt, die der Neobisiidae jedoch nicht. Die Arten aus den genannten Familien bilden ebenso wie die Cheiridiidae keine festen Paare. Männchen aus der zuletzt genannten Familie setzen ihre Spermatophoren jedoch nur bei der Gegenwart von Weibchen ab. Bei den Chernitidae und Cheliferidae sind die Männchen nur dann dazu bereit, Spermatophoren abzusetzen, wenn es zuvor zu einem Paarungstanz mit den Weibchen gekommen ist. Die Männchen der Cheliferidae zeigen darüber hinaus Revierverhalten.

4.1.2. Eiablage und Brutpflege

Die meisten Bodentiere, unter ihnen die Collembolen, legen ihre Eier irgendwo im Boden ab. In schmale Hohlräume, in Erdspalten oder zwischen Laubschichten werden sie versteckt, ohne daß sich die Weibchen nach der Ablage um ihre wenig geschützten Eier kümmern. Regenwürmer und Enchytraeiden gehen in gleicher Weise vor. Auch sie legen ihre Eier wahllos in den Boden und befassen sich nach der Ablage nicht mehr mit ihnen. Bei den Oligochaeten scheint eine besondere präsoziale Verhaltensweise allerdings auch überflüssig zu sein, da die Eier durch eine erhärtete Schleimschicht, den Kokon (Abb. 38), vor Feinden und Witterungseinflüssen gut geschützt sind, und ihre Mortalität aus diesem Grunde sehr gering ist.

Eine geringe Mortalität der Eier ist aber auch dann gewährleistet, wenn sie statt einer schützenden Hülle eine gute Tarnung erhalten, oder wenn sie vom Muttertier bewacht werden.

Die räuberischen Käfermilben (*Parasitus*) scharren für jedes Ei eine Grube, legen es mit den Beinen hinein und decken es dann sorgfältig zu (Abb. 59).

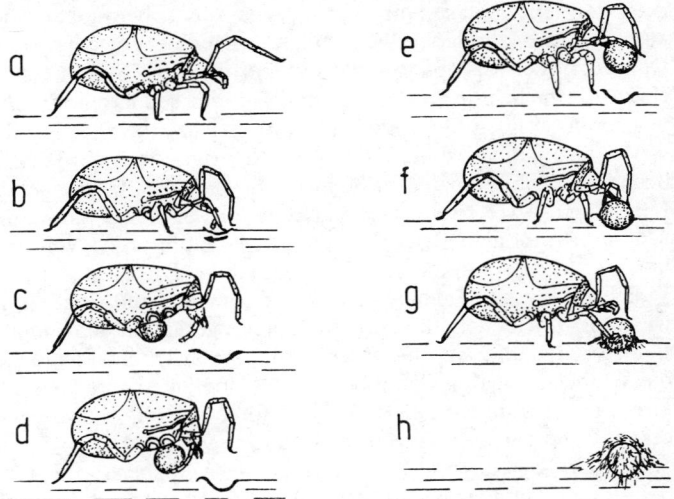

Abb. 59: Die Käfermilbe *Parasitus coleoptratorum* bei der Eiablage und dem Verstecken des Eies (aus SCHALLER 1962, nach RAPP 1959).

Die Weibchen der räuberisch lebenden Kurzflügler (Staphylinidae) verhalten sich ähnlich. Sie legen ihre Eier einzeln an feuchte Stellen ab. Kurze Zeit nach der Eiablage ergreifen sie das Ei mit ihren Mandibeln und vollführen mit dem Kopf nickende Bewegungen, während sie ein geeignetes Versteck suchen. Das noch feuchte Chorion wird auf diese Weise mit Substratpartikeln beschmiert. In dem Versteck werden die Eier zusätzlich mit weiteren Substratteilchen der näheren Umgebung abgedeckt. So erhält das Ei eine schützende Tarnung.

Auch saprophage Arten tarnen ihre Eier. Bei Nestkäfern der Gattung Choleva sind mehrere Eier mit einer Schleimschicht agglutiniert. Die Larven schlüpfen nahezu gleichzeitig und wachsen gemeinsam heran. Bei ihnen ist nämlich, wie bei vielen phytophagen Insekten, die Mortalität der Larven nur dann gering, wenn sich wenigstens in den ersten Larvenstadien viele Individuen gleichzeitig auf engstem Raum entwickeln. Isoliert aufwachsende Larven würden sterben.

Verhaltensweisen der **Brutvorsorge** lassen sich somit sowohl bei räuberischen Arten wiederfinden, von denen Kannibalismus bekannt ist als auch bei saprophagen, die ihre Eier in der Nähe von Faulstoffen ablegen. Dadurch, daß die Eier getarnt sind, werden sie weniger leicht von räuberisch lebenden Individuen anderer Arten oder sogar der eigenen Art gefunden. Die Ablage einzelner Eier vergrößert bei räuberischen Tieren zusätzlich die Überlebensmöglichkeit durch eine Verteilung des Risikos. Den Eiern der saprophagen Nesterkäfer dient die Schleimschicht möglicherweise nicht nur als Schutz vor Räubern, sondern verhütet inmitten der vermodernden Stoffe des Substrats gleichzeitig eine Verpilzung.

Mit der Eiablage ist bei vielen Arten die Betreuung der Brut noch nicht beendet. Sie betreiben **Brutfürsorge**. So bauen z. B. die Weibchen des Laufkäfers *Abax ovalis*, wie auch Arten der Gattungen *Broscus* und *Molops* Bruthöhlen. Diese haben einen Durchmesser von 2–3 cm und können durchschnittlich 15 Eier aufnehmen. Die Eier werden von den Weibchen bis zum Schlupf der Larven bewacht, und während ihrer Entwicklung von den Laufkäfern wohl noch gesäubert und umgelegt. Die Laufaktivität und Nahrungssuche der Larven veranlaßt möglicherweise die Weibchen, die bis dahin bewachten Höhlen zu verlassen. Treffen sie ihre eigenen Larven außerhalb der Höhle wieder, so werden sie nicht erkannt und auch vom eigenen Muttertier gefressen.

Bei *Lithobius forficatus* umschließen die Weibchen ihre Eier mit einem Sekret und umhüllen sie unter drehender Bewegung mit einer feinen Erdkruste. Bevor das Ei versteckt wird, tragen es die Weibchen mit den Endbeinen noch eine Zeitlang umher.

Weibchen von Moosmilben (*Belba*) heften ihren Artgenossen die Eier irgendwo an den Chitinpanzer, so daß sie diese bis zum Schlupf der Larven mit sich herumtragen.

Deutliche Übereinstimmungen in ihrem Brutpflegeverhalten lassen sich bei den größeren Skolopendern (Scolopendromorpha) und den schmalen, langgestreckten Erdläufern (Geophilomorpha) feststellen. Arten aus beiden Gruppen rollen sich spiralig über ihre Eipakete zusammen und verteidigen sie gegenüber möglichen Feinden. Um eine Infektion der Eier zu vermeiden, verhindern *Geophilus*-Weibchen den unmittelbaren Kontakt ihrer Eier mit dem Boden. Auch werden die Eier von ihnen wahrscheinlich durch ein Drüsensekret ständig feucht gehalten. Dies erscheint notwendig, da die Eier sich wie die vieler bodenlebender Insekten nur mit Kontaktwasser erfolgreich entwickeln können. Eine **Brutpflege** wird bei *Geophilus* außerdem nur solange aufrechterhalten, wie ein direkter Kontakt zwischen Muttertier und Ei besteht. Zu Boden gefallene Eier werden vom Weibchen nicht mehr beachtet. Bei *Scolopender* werden die Eier vom Weibchen, wahrscheinlich um eine Infektion mit Bodenbakterien oder Pilzen zu vermeiden, regelmäßig abgeleckt. Auch Ohrwürmer (*Forficula*) bewachen und belecken ihr Eigelege in einer im Boden gelegenen Brutkammer. Entsprechende Verhaltensweisen sind noch von den Gymnophionen, den Skorpionen und den Erdwanzen bekannt.

Überhaupt lassen sich bei bodenlebenden Käfern, Wanzen und Heuschrecken Verhaltensmuster und innerartliche Kommunikationen beobachten, wie sie sonst nur von den eusozialen Insekten (Ameisen, Termiten, Bienen) bekannt sind. Es werden ausgedehnte Nestanlagen gebaut, die Nester werden bewacht und gesäubert, Nahrung wird zu den Brutzellen transportiert, Jungtiere betteln um Nahrung, bei den Weibchen kommt es zur Regurgitation oder zur Ablage trophischer Eier, es erfolgt eine gegenseitige Pflege, Jungtiere werden transportiert, Alarmsignale ausgelöst.

Alle diese Merkmale sind in auffallender Weise besonders dann ausgeprägt und offenbar auf Situationen begrenzt, in denen die Umweltbedingungen entweder besonders günstig oder besonders ungünstig sind. Umweltbedingungen, die zwischen diesen beiden Extremen liegen, scheinen nicht dazu geeignet zu sein, die Evolution präsozialer Verhaltensweisen voranzutreiben.

Günstige Umweltbedingungen und einen Überfluß an Nahrung bieten Biochorien wie Dunghaufen und Kadaver. Arten, die an solche Lebensräume spezialisiert sind, nutzen das Überangebot. Käfer aus verschiedenen Familien, ob Scarabaeiden, Staphyliniden oder Silphiden (Totengräber), verfolgen die gleiche Verhaltensweise. Sie raffen zusammen, was sie nur bekommen können und sichern es ihrer Brut als Nahrung. Insekten, die nach einer solchen ,,Bonanza-Strategie" vorgehen, müssen sich vor anderen Individuen schützen, die ein gleiches Verfahren entwickelt haben. Dies ist nur durch ein Territorialverhalten möglich, indem sie zugleich ihre Brut und die gehortete Nahrung verteidigen. Kleptoparasitismus oder Brutschmarotzer stellen eine ständige Gefahr dar.

Auf der anderen Seite bietet ein präsoziales Verhalten solchen Arten einen Vorteil, die schwierigen abiotischen Umweltbedingungen ausgesetzt sind. So sind die Adulten des in der Gezeitenzone lebenden Kurzflüglers *Bledius spectabilis*, wie auch andere Arten aus dieser Gattung gezwungen, mit ihren Eiern und Larven zusammenzuleben. Die Weibchen von *B. spectabilis* legen ihrer Eier in den anaeroben Reduktionsschichten des Schlickwatts ab. Nur ihre regelmäßige Brutpflege während der Ebbezeiten gewährleistet, daß die angelegten Baue ständig durchlüftet werden und die Eier sowie Junglarven nicht ersticken.

Die grabenden Grillen *(Gryllotalpa)*, die ihre Nester in tieferen Bodenschichten anlegen und feuchte Pflanzensubstanz als Nahrung eintragen, sind ebenfalls gezwungen ihre Brut zu versorgen, um hierdurch einer Verpilzung der Nestanlage vorzubeugen. Gleiches gilt für die präsozialen Ohrwürmer.

Sie alle können wegen ihrer Verhaltensweise Böden bestimmter Lebensräume besiedeln, die verwandte Arten ohne ein solches Sozialverhalten nicht erschließen können.

Nicht nur an Arten aus unterschiedlichen taxonomischen Gruppen, sondern auch an verwandten Arten lassen sich mehrere Entwicklungsstufen präsozialer Verhaltensweisen beobachten. Als Beispiel hierfür seien die Blatthornkäfer (Unterfamilie Geotrupinae) erwähnt.

In den Wäldern Mitteleuropas leben die Roßkäfer der Gattung *Geotrupes* (Tab. 2). Sie zeigen ein relativ einfaches Verhalten. In der Nähe von Dunghaufen oder vermodernden Hutpilzen legen sie pärchenweise einen 10–60 cm tiefen Erdstollen an. Von diesem führt zunächst nur ein Seitenstollen mit schwacher Krümmung vom Hauptstollen fort. Ist ein solcher Bau fertiggestellt, so beginnen Männchen und Weibchen damit, Dung oder Pilze in den Bau zu schaffen. Die einzelnen Tiere packen etwas Dung mit den Vorderbeinen und schaffen das Material rückwärts gehend in den Boden. Ist der Seitenstollen zu einem großen Teil mit dem organischen Material angefüllt, so legt das Weibchen ein Ei ab. Nach der Eiablage verläßt das Weibchen den Seitengang und stopft gemeinsam mit dem Männchen den Brutstollen zunächst mit weiterem Dung, dann bis zum Eingang in den Hauptstollen mit Sand und Erde zu. Nun ist das Ei mit seinem Dungvorrat von der Außenwelt abgeschlossen. Ei und Larven sind mit ihrer Nahrung vor Feinden und Parasiten geschützt. Ist der erste Brutstollen fertiggestellt, so wird von dem *Geotrupes*-Pärchen der nächste angelegt. *G. stercorarius* und *G. silvaticus* legen an jeden Hauptstollen 4–5 Brutstollen an.

Bei dem Rebenschneider der Gattung *Lethrus* sind ebenfalls beide Partner an der Brutvorsorge beteiligt, jedoch ist bei ihnen eine Arbeitsteilung entwickelt.

Im pontisch-pannonischen Gebiet lebt *Lethrus apterus*. Die Käfer stopfen in die Seitenstollen nicht Kot, sondern frische Blätter die hier einem Gärungsprozeß unterliegen. Da *Lethrus apterus* in Weinbergen lebt und auch junge Rebentriebe abbeißt, kann er schädlich werden. Das Männchen hält sich oft am Eingang des Baues auf und säubert die nächste Umgebung des Eingangs von Steinchen, Ästen, Erdkrumen und ebnet den Vorplatz ein. Das Weibchen übernimmt die Ausschachtungsarbeiten. Hat es diese abgeschlossen, so scharrt es kleine Eikammern, legt in jede ein Ei und verschließt sie wieder. Das Ei liegt beim Rebenschneider also nicht im Nahrungspaket, sondern außerhalb des Nahrungsballen in einer besonderen Eikammer (Abb. 60).

Nach Anlage der Eikammer wird der Nahrungsballen hergestellt. Das Männchen schneidet mit den Kiefern frisches Pflanzenmaterial und transportiert es rückwärts schreitend in den Stollen. Das Weibchen übernimmt das Material und bringt es in den Seitenstollen, wo die Pflanzenteile Schicht auf Schicht festgedrückt werden. Wie bei *Geotrupes* werden die Seitenstollen nach außen mit Bodenpartikeln abgeschlossen.

In mediterranen Gebieten kommen Mondhornkäfer *(Copris)* und Pillendreher *(Scarabaeus)* in größerer Anzahl vor. Es sind koprophage Arten, die gelegentlich an der Bodenoberfläche umherlaufen und dabei

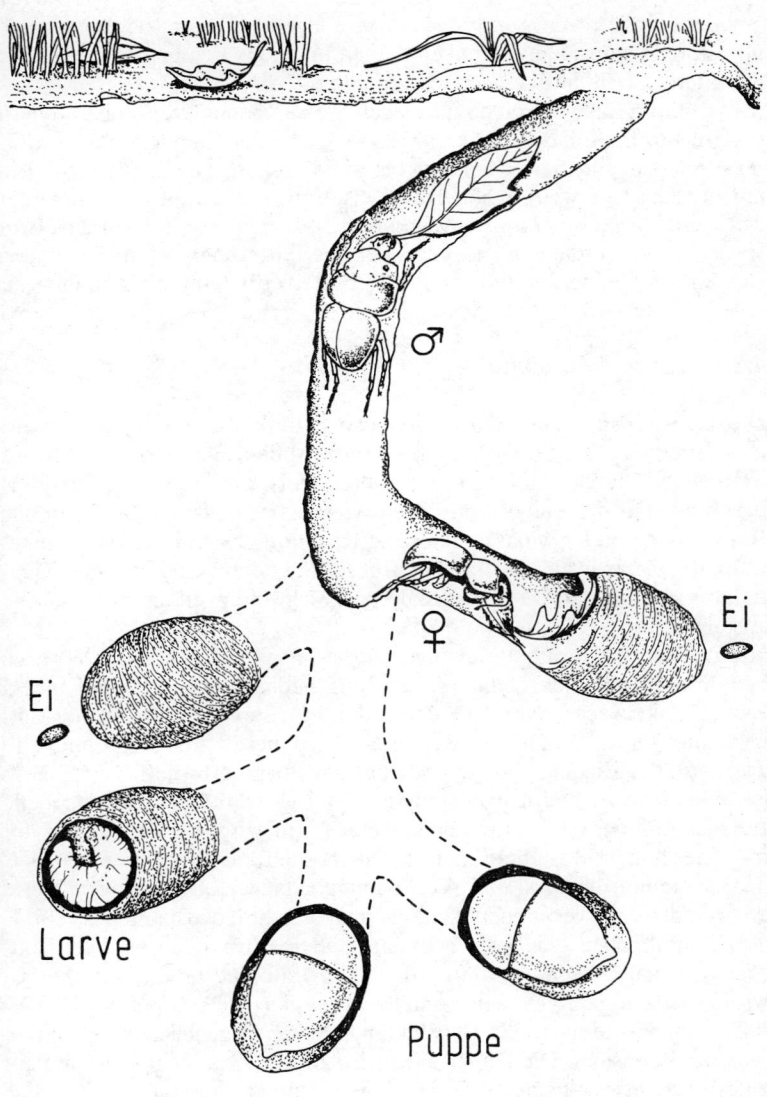

Ei

Ei

Larve

Puppe

Abb. 60: Ein Pärchen des Rebenschneiders *Lethrus apterus* bei der Versorgung ihres Nestes (aus WILSON 1972, nach LENGERKEN 1939).

einen Kotballen transportieren, der ihre eigene Körpergröße wesentlich übersteigen kann. Die Kotballen dienen ihnen als Brutbirnen, die sie an geeigneter Stelle in dem Boden vergraben.

Mondhornkäfer betreiben im Gegensatz zu den anderen Pillendrehern regelrechte Brutpflege. Sie kontrollieren nach der Eiablage die Brutbirnen, pflegen und bewachen sie, bis die Jungtiere geschlüpft sind. Ein entsprechendes, weit evoluiertes Präsozialverhalten besitzt auch der Totengräber *(Necrophorus)*. *Necrophorus*-Weibchen versorgen ihre Brut sogar mit vorverdauter Nahrung. Bei der Fütterung zeigen die jungen Larven des Totengräbers ein ähnliches Bettelverhalten wie die Jungvögel.

4.1.3. Jugendentwicklung

Die Entwicklungsdauer der zahlreichen ektothermen oder poikilothermen Bodenorganismen vom Ei bis zum fortpflanzungsfähigen Tier wird weitgehend durch Außenfaktoren, besonders durch die Temperatur, bestimmt. Für die Entwicklungsdauer vieler Arten gilt wie für chemische Reaktionen und Enzymaktivitäten die Reaktionsgeschwindigkeit-Temperatur-Regel nach van't Hoff (RGT-Regel). Sie besagt, daß bei einer Temperaturerhöhung um 10 °C die Reaktionsgeschwindigkeit um das 2–4fache ansteigt.

Eine solche temperaturabhängige Prae-Imaginalentwicklung läßt sich bei dem Kurzflügler *Othius punctulatus* beobachten, z. B. bei einem Licht-Dunkelwechsel von LD 8/16 (Abb. 61). Bei 10 °C dauert die Entwicklung vom Ei bis zur Imago etwa 245 Tage; bei 16 °C sind nur noch 113 Tage von der Eiablage bis zum Schlupf der Imago erforderlich; bei 23 °C ist die entsprechende Entwicklung auf 65 Tage verkürzt. Diese schnelle Entwicklung bei der relativ hohen Temperatur wird von den Tieren nur mit einer hohen Mortalität erkauft. Die meisten Larven sterben bei 23 °C im 3. Stadium, bevor sie zur Verpuppung gelangen. Die wenigen Tiere, die sich dennoch verpuppen, sind als Imago nicht lebensfähig (Abb. 61).

Bei zahlreichen epigäisch lebenden Bodenarthropoden wird die Entwicklungsdauer nicht nur durch die Temperatur bestimmt, sondern sie wird gleichzeitig durch die herrschende Tageslänge (Photoperiode) beeinflußt. Dabei sind nicht alle Entwicklungsstadien in gleicher Weise photoperiodisch sensibel. Die Dauer des Lichteinflusses kann entweder nur auf eines der Entwicklungsstadien Ei, Larve, Puppe oder Imago einwirken oder aber auf mehrere.

Eine photoperiodische Beeinflussung der Entwicklungsdauer liegt auch bei dem oben erwähnten Staphyliniden vor, so daß die Entwicklungsdauer von 245, 113 bzw. 65 Tagen der Zusatzinformation bedürfen; die Werte gelten nur bei Kurztagbedingungen (8 h hell, 16 h dunkel = LD 8/16).

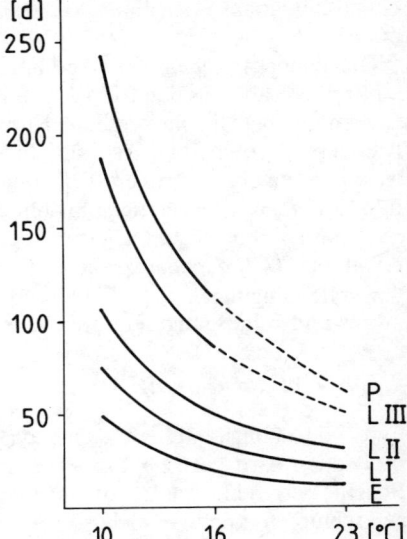

Abb. 61: Die Jugendentwicklung (Prae-Imaginalentwicklung) des Kurzflüglers *Othius punctulatus* bei einem Licht-Dunkelwechsel von LD 8/16 (= 8 h hell, 16 h dunkel) in Abhängigkeit von der Temperatur (nach TOPP 1979a).

Würde man nämlich die gleichen Tiere bei Langtagbedingungen (= LD 16/8) aufwachsen lassen, so könnten sie sich schneller entwickeln. Bei 10 °C und Langtag beträgt ihre Entwicklung vom Ei bis zur Imago nur noch 212 Tage und bei 16 °C benötigen die Tiere hierzu nur noch 100 Tage. Diese Unterschiede in der Entwicklungsdauer scheinen auf den ersten Blick gering zu sein, jedoch sind die Kurztag- und Langtagwerte signifikant verschieden. Sieht man weiterhin nach den Ursachen der unterschiedlichen Entwicklungsdauer, so findet man, daß allein die 3. Larvenstadien sensibel auf die Photoperiode reagieren. Ihre Entwicklungsdauer bei 10 °C und den unterschiedlichen Photophasen beträgt 81 (LD 8/16) bzw. 48 Tage (LD 16/8); bei 16 °C kann durch die Photoperiode eine Entwicklungsbeschleunigung um 13 Tage, von 38 (LD 8/16) auf 25 (LD 16/8) Tage hervorgerufen werden.

Die Loslösung von der Temperatur als einzigem bestimmenden Faktor für die Entwicklungsdauer und die gesteigerte Sensibilität auf die Photoperiode ermöglicht eine gleichzeitige Eireifung der fortpflanzungsfähigen Tiere, selbst wenn diese Tiere, aus Eiern geschlüpft sind, die zu unterschiedlichen Zeitpunkten abgelegt wurden. Hinzu kommt, daß die Photoperiode für eine jahreszeitlich kontrollierte Entwicklung ein sehr viel besserer Zeitgeber als die Temperatur ist. Dies macht sich u. a. auch bei den Staphyliniden aus der Gattung *Othius* bemerkbar.

Die Individualentwicklung von *O. punctulatus* verläuft etwa folgendermaßen:

Die Weibchen legen ihre Eier in den Herbst- und Wintermonaten oder im Frühjahr ab. Aus den Eiern, die im Herbst abgelegt werden, schlüpfen Larven, die beinahe ihre gesamte Entwicklung unter Kurztagbedingungen beenden. Werden Eier im Frühjahr abgelegt, so findet die Larvenentwicklung zu einem großen Teil unter Langtagbedingungen statt. Dies führt zu einem gleichzeitigen Schlüpfen der Imagines aus im Herbst und im Frühjahr abgelegten Eiern. Aber die Photosensibilität der Larven reicht bei *O. punctulatus* allein nicht aus, um unter allen möglichen Umweltbedingungen eine Übereinstimmung zwischen Entwicklungszyklus und Jahresgang herzustellen.

4.1.4. Gonadenreifung

Eine vollständige jahreszeitliche Synchronisation fortpflanzungsfähiger Individuen wird bei *O. punctulatus* erst durch die Photosensibilität der Imagines erreicht. Adulte, die im Hochsommer unter Langtagbedingungen schlüpfen, kommen nicht sogleich zur Gonadenreifung und Eiablage. Erst wenn die Tage kürzer werden, reifen die Gonaden heran. Dies führt dazu, daß die Eiablage dieses Kurzflüglers niemals vor Oktober oder November erfolgen kann.

Die Bedeutung der Einpassung in den Jahresgang wird für den erwähnten Käfer bei der Überprüfung der Temperaturempfindlichkeit der einzelnen Entwicklungsstadien deutlich. Die Individualentwicklung von *O. punctulatus* ist nämlich nur dann besonders erfolgreich und mit einer geringen Sterberate behaftet, wenn die Verpuppung im Hochsommer, der Schlupf zur Imago aber im Spätsommer erfolgt. Zur erfolgreichen Verpuppung der 3. Larvenstadien sind Temperaturen von 16 °C oder darüber erforderlich (Juli-Isotherme des Untersuchungsgebietes ist 16,6 °C). Liegen die Temperaturen tiefer, so ist die Verpuppung unvollständig und die meisten Larven sterben. Anders verhält es sich mit dem Schlupf der Imagines. Sie sind nur dann lebensfähig, wenn sie sich bei Temperaturen von 16 °C oder darunter zur Imago häuten (September – Isotherme im Untersuchungsgebiet ist 13,1 °C).

Nur in seltenen Fällen wirken die einzelnen Umweltfaktoren isoliert voneinander auf die Bodenorganismen ein. Dies macht es so schwierig, die im Labor erzielten Befunde auf Freilandverhältnisse zu übertragen. Wie zwei abiotische Faktoren miteinander gekoppelt sein können, machen die Untersuchungen mit einem anderen Kurzflügler *(Atheta fungi)* deutlich. Diese Art legt nicht in den Herbstmonaten Eier ab. Die Weibchen überwintern vielmehr in einer Diapause und legen ihre Eier überwiegend im April und Mai ab.

Befinden sich die im Herbst aus dem Winterlager eingesammelten Weibchen unter Laboratoriumsbedingungen bei 16°C und unterschiedlicher Photophase, so gelangen sie nur dann zur Eiablage, wenn die Photophase 14 h oder länger ist (LD 14/10, LD 16/8, LD 20/4), falls keine Kältevorbehandlung stattgefunden hat (= 0 Tage bei 0°C, LD 16/8 in Abb. 62).

Je länger die Tage sind, um so kürzere Zeit benötigen sie mit der Ovarienreifung und Eiablage. Beträgt die Praeovipositionszeit bei LD 14/10 noch 31 Tage, so ist sie bei LD 20/4 auf 12 Tage herabgesunken.

Bringt man die im Herbst eingesammelten Weibchen nicht sogleich in hohe Temperaturen, sondern werden sie 60 Tage lang niedrigen Temperaturen ausgesetzt, z. B. 0°C (Winterbedingungen), so kommen bei anschließend hohen Temperaturen (16°C) auch jene Weibchen zur Eiablage, die bei LD 12/12 aufbewahrt sind. Bei einem 60 Tage andauernden Einfluß von 0°C macht sich die Photoperiode auf die Länge der Praeovipositionszeit noch deutlich bemerkbar. Sie kann durch den Einfluß der Photoperiode etwa um das 4fache verlängert sein, wie die Zuchtbedingungen bei LD 12/12 und LD 20/4 beweisen (Abb. 62).

Werden die Weibchen nicht nur 60 Tage, sondern 120 Tage tiefen Temperaturen ausgesetzt (= 0°C) und dann bei 16°C gehalten, so wirkt sich die Tageslänge nicht mehr auf die Eireifung aus (Abb. 62).

Fragt man nach der Bedeutung dieser verwickelt erscheinenden Reaktionen für die Freilandtiere, so kommt man zu einem gleichen Ergebnis wie bei *O. punctulatus*. Die von der Temperatur und der Photoperiode gesteuerten Reaktionen führen zu einer Synchronisation der Individuen und gewährleisten, daß auch nach unterschiedlich harten Wintern das jahreszeitliche Auftreten der Art gleich bleibt. Ist der Winter kurz oder

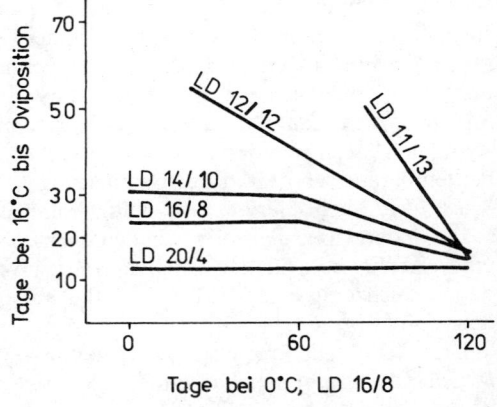

Abb. 62: Beendigung der Imaginaldiapause des Kurzflüglers *Atheta fungi* bei 16°C, unterschiedlichem Licht-Dunkelwechsel und unterschiedlich langer Vorbehandlung bei 0°C und einem Licht-Dunkelwechsel von LD 16/8 (nach TOPP 1979a).

tritt im zeitigen Frühjahr eine kurzfristige Schönwetterperiode auf, so wird die Ovarienreifung und Eiablage durch die Photoperiode gehemmt. Ist der Winter lang, so hat die Tageslänge keinen Einfluß auf die Ovarienreifung. Sie folgt nunmehr nur den ansteigenden Temperaturen.

Freilanduntersuchungen zeigen, daß die Weibchen von *Atheta fungi* nur sehr selten vor dem April zur Eiablage gelangen.

4.2. Populationen

4.2.1. Vorkommen und Verteilung

Organismen kommen in den meisten Fällen nicht nur einzeln vor. Über die Individuenzahlen von Arten lassen sich zwei bedeutende Beobachtungen machen, die für fast alle Pflanzen- und Tierarten gelten und jedem Freiland-Biologen vertraut sind.

1. Die Häufigkeit der Arten verändert sich von Lebensraum zu Lebensraum, von Biotop zu Biotop.
2. Die Anzahl der Individuen einer Art, die in einem Lebensraum angetroffen werden kann, bleibt in aufeinanderfolgenden Jahren nicht konstant, sondern verändert sich laufend.

Am Beispiel der Laufkäfer seien diese beiden Punkte näher erläutert. Zunächst betrachten wir das Vorkommen mehrerer Arten aus der Gattung *Pterostichus* (Abb. 63).

Eine Binnendüne ist von verschieden gestalteten Feuchtigkeitsgebieten umgeben. Westlich der Düne erstreckt sich eine Auwiese. In ihr sind die Arten 1. *Pt. strenuus,* 2. *Pt. melanarius,* und 4. *Pt. (Poecilus) cupreus* besonders zahlreich. Südlich der Düne befindet sich ein Niederungsmoor. In diesem dominieren die beiden Arten 5. *Pt. diligens* und 6. *Pt. nigrita.* In einem feuchten Birkenwald südöstlich der Düne ist hingegen 7. *Pt. oblongopunctatus* am zahlreichsten. Im Dünenbereich selbst kommen alle Arten der Umgebung vor. Außerdem ist hier aber auch noch eine weitere Art, 8. *Pt. (Poecilus) lepidus,* aktiv. Vorkommen und Dominanz dieser Laufkäfer lassen sich durch abiotische Faktoren, wie Bodenfeuchte, Bodentemperatur und Grad der Beschattung, erklären. Eine weitere Art, 3. *Pt. niger* bleibt hiervon offensichtlich unbeeinflußt.

Ein anderes Beispiel zeigt, wie deutlich sich die Anzahl der Individuen einer Art in aufeinanderfolgenden Jahren verändern kann, ohne daß dabei gleichzeitig eine Veränderung der abiotischen Faktoren einhergehen muß (Abb. 64).

Drei Teilpopulationen des Laufkäfers *Pterostichus (Poecilus) versicolor,* die alle in nur wenigen hundert Meter Entfernung zueinander eine

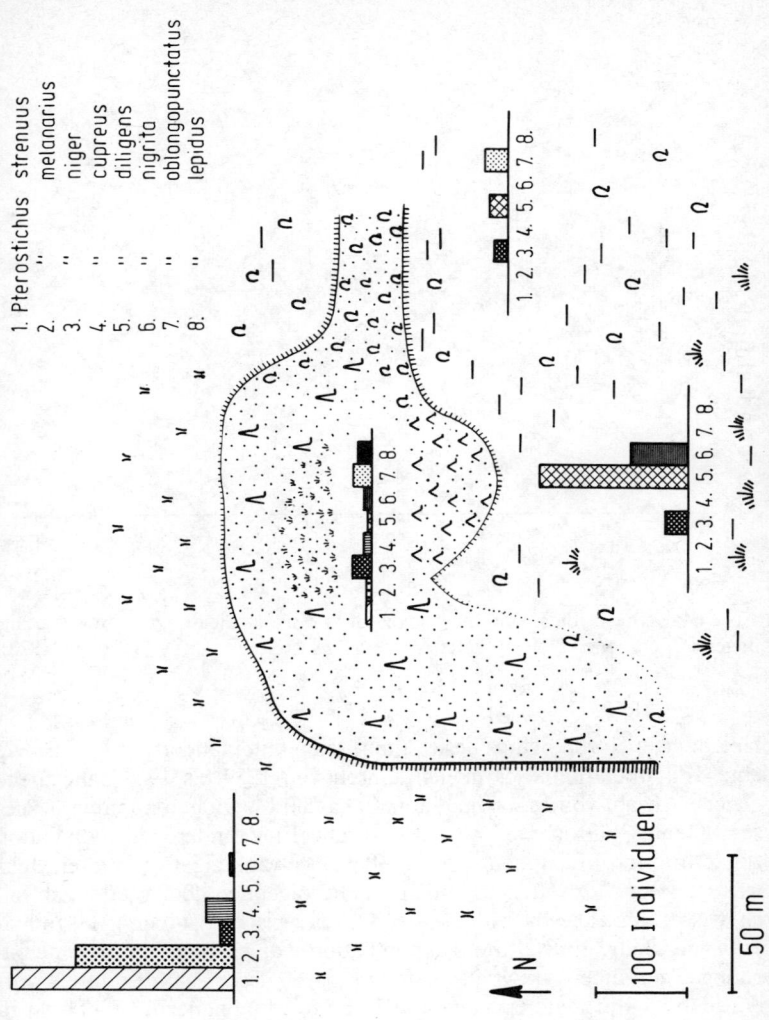

Abb. 63: Artenzusammensetzung und Häufigkeit der epigäischen Fauna am Beispiel der Laufkäfergattung *Pterostichus* in einem Binnendünenareal und seiner Umgebung (nach Topp 1979b).

153

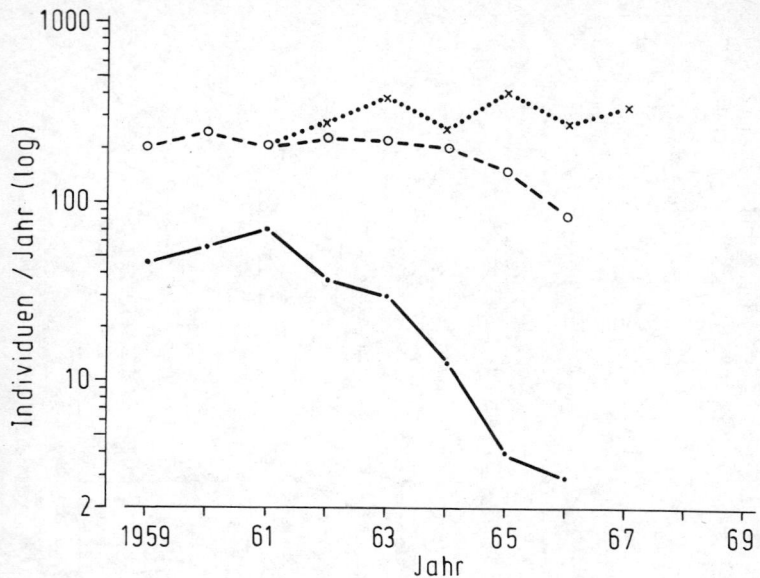

Abb. 64: Jahreszeitliche Veränderungen der Aktivitätsdichten von drei verschiedenen Populationen des Laufkäfers *Pterostichus versicolor* (nach DEN BOER 1970).

Heidefläche Nordhollands besiedelten, seien miteinander verglichen. Die eine Teilpopulation wies in den Jahren von 1959 bis 1968 nahezu die gleiche Anzahl von Individuen auf. Etwa 200 Individuen konnten in diesem Gebiet jährlich festgestellt werden. Eine andere Teilpopulation zeigte in ihren Individuenzahlen größere Schwankungen. In diesem Jahr war *Pt. versicolor* seltener, in dem darauffolgenden aber wieder zahlreicher vertreten. Die Individuenzahlen lagen zwischen 200 und 400 Individuen pro Jahr. Eine dritte Teilpopulation war zu Beginn der Untersuchungen mit einer Aktivitätsdichte von 50–80 Tieren/Jahr ermittelt worden. Fünf Jahre später schien diese Teilpopulation nahezu ausgelöscht zu sein, ohne daß hierfür irgendwelche Gründe erkennbar waren.

Ob eine Art in einem Areal selten ist, oder ob sie häufig auftritt, ihre **Verteilung** in dem besiedelten Lebensraum wird kaum gleichmäßig sein; d. h. die Abstände der Individuen zueinander werden kaum gleich sein.
Eine gleichmäßige Verteilung von Individuen ist nur denkbar, wenn eine mehr oder weniger große Fläche den Individuen überall gleiche Lebensbedingungen bietet, wenn sie selbst durch Territorialverhalten dar-

auf bedacht sind, gleiche Abstände voneinander einzuhalten, oder wenn in einem homogenen Gebiet ein Minimumfaktor sich derart auswirkt, daß gleiche Abstände durch intraspezifische Konkurrenz hervorgerufen werden. Letzteres könnte die Ursache für eine gleichmäßige Verteilung von Sträuchern und Büschen in Steppengebieten sein.

Ebensowenig wie eine gleichmäßige Verteilung von Organismen, so dürfte auch die zufällige Verteilung im Freiland nur selten zu beobachten sein. Die Voraussetzungen hierfür sind gegeben, wenn sich die Individuen einer Art in einem homogenen Lebensraum unabhängig voneinander und unabhängig von anderen Arten ansiedeln bzw. fortbewegen. So ließe sich eine zufällige Verteilung der erwähnten Laufkäfer erwarten, wenn diese in einem Gebiet leben, welches vollkommen gleichmäßig strukturiert ist. – Zufallsverteilungen sind experimentell bei epigäisch lebenden Räubern (Carabiden, Lycosiden) zu erreichen, wenn diese in eine homogene Laufarena gebracht werden.

Im Freiland wird man homogene Areale nur sehr selten finden. Selbst unbewachsene Dünengebiete sind kaum gleichmäßig strukturiert. Es werden kleine Tälchen auftreten, in denen abgestorbene Pflanzenteilchen zusammengeweht werden, die für die Besiedelung von Pilzen und pilzfressenden (mycetophagen) Arten die Voraussetzung bilden. Oder es werden kleine Sandhügel zusammengeweht, an denen sich bei Windbewegungen kleine Nebeltröpfchen bevorzugt niederschlagen und hier den Sand stärker anfeuchten, als in weniger exponierten Flächen.

Stellt man sich vor, daß Laufkäfer in einer homogenen Fläche der Zufallsverteilung folgen würden, die für sie geeigneten Strukturteile in ihrem Lebensraum ebenfalls zufällig verteilt sind, so überlagern sich beide Verteilungsmuster und bewirken eine gehäufte Verteilung der Laufkäfer in ihrem Lebensraum. Mathematisch gesehen entspricht die gehäufte oder geklumpte Verteilung zusammengesetzten, überlagerten Zufallsverteilungen.

Gehäufte Verteilungsmuster lassen sich durch eine größere Anzahl mathematischer Formeln wiedergeben. Hierzu gehören die negative Binomialverteilung und die Neyman-Serien. COLE untersuchte in Nordamerika das Verteilungsmuster der Assel *Tracheoniscus rathkei*. Hierzu zählte er die Anzahl der Tiere aus, die sich unter 122 verschiedenen Brettern eingefunden hatten, die er zuvor auf dem Waldboden ausgelegt hatte. Die Ergebnise zeigten, daß die Individuen dieser Art weder in gleicher Anzahl unter den Brettern angetroffen wurden, noch, daß sie unter diesen zufällig verteilt waren. Sie ergaben vielmehr eine gehäufte Verteilung, die der negativen Binomialverteilung weitgehend angeglichen ist.

Die negative Binomialverteilung muß nicht immer die beste Angleichung ergeben. Es kann ebenfalls sein, daß die Neymann-Verteilung eine

Tabelle 4: Verteilung des Kurzflüglers *Trogophloeus pusillus* auf einer Ruderalfläche (nach TOPP 1971)

Anzahl der Tiere	Beobachtet	Poisson	neg. Binomial	Neyman
0	51	38	60	50
1	23	37	23	24
2	11	18	10	14
3	8	6	4	5
4	6	1	1	2
5	1	–	–	1
	100	100	100	100

sehr viel bessere Beschreibung des gehäuften Vorkommens von Arten gibt, wie es sich z. B. aus den Daten für den Kurzflügler *Trogophloeus pusillus* ersehen läßt. In diesem Beispiel sind die Anzahl der Tiere von den 100 jeweils 1 dm² großen Flächen eines Quadratmeters ausgezählt (Tab. 4).

Die Verteilungsmuster der einzelnen Arten sind nicht konstant, sondern unterliegen kontinuierlichen Veränderungen. Je nach den Bedingungen des Kleinklimas, der Attraktivität von Habitaten u. a. kann sich auch die Tendenz zur Aggregation innerhalb derselben Art verändern.

Aggregationen von Individuen einer Art werden aber nicht nur durch Umweltfaktoren, wie Nahrungsangebot oder geeignete Feuchtigkeitsbedingungen beeinflußt, sondern können auch durch besondere Verhaltensweisen hervorgerufen werden. Collembolen scheiden Duftstoffe aus, durch die Artgenossen angelockt werden. Die Folge ist, daß auch in homogenen Arealen die Verteilung solcher Arten nicht zufällig – nach eine Poisson-Serie – erfolgt, sondern ebenfalls geklumpt ist. Eine geklumpte Verteilung von Individuen einer Art tritt dann auf, wenn die Wahrscheinlichkeit größer ist, daß ein zusätzlich freigelassenes Individuum sich in einem Bereich niederläßt, der bereits von einem anderen Individuum besetzt ist, als daß es in einem noch nicht besiedelten Habitat verbleibt.

Andererseits können Verteilungsmuster – abgesehen von der zwischenindividuellen Attraktion (Wirkung von Pheromonen) – durch das Verhalten der Weibchen bei ihrer Eiablage bestimmt werden. Räuberisch lebende Arten legen ihre Eier einzeln in die obersten Bodenschichten und verstecken sie dort (Kap. 4.1.2.), saprophage Arten, unter ihnen die Nestkäfer (Catopidae), legen ihre Eier gehäuft ab. In homogenen Arealen würde dieses unterschiedliche Verhalten entweder zu einer zufälligen Verteilung z. B. bei räuberischen Arten oder zu einer geklumpten Verteilung z. B. bei saprophagen Arten der ersten Larvenstadien führen. Da man im Freiland nur in den seltensten Fällen homogene Areale antreffen wird, sind aber auch die Verteilungsmuster der räuberischen Arten meistens geklumpt. Betrachtet man im Freiland die Verteilungsmuster nicht nur einer Art, sondern die zweier Arten innerhalb desselben Gebietes, so decken sich diese nicht unbedingt, auch wenn es sich in beiden Fällen um feuchtigkeitsliebende Arten mit den gleichen Nahrungsansprüchen handelt (Abb. 65).

Unterschiedliche Besiedlungsdichten treten nicht nur bei Horizontal- sondern auch bei Vertikalverteilungen auf. So bevölkern die bodenleben-

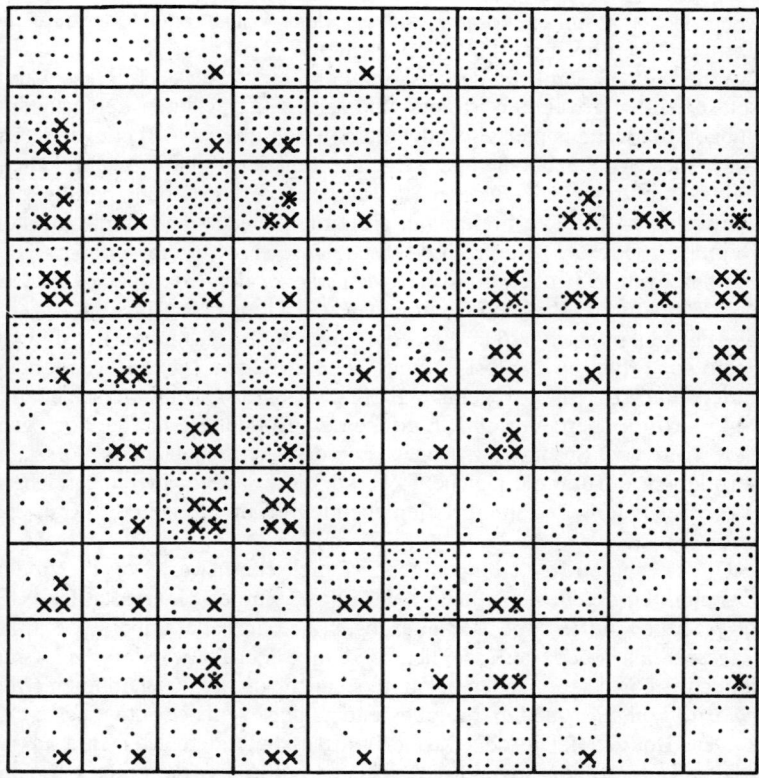

Abb. 65: Verteilungsmuster des Collembolen *Isotomurus palustris* (jedes Tier ist durch einen Punkt wiedergegeben) und des Kurzflüglers *Trogophloeus pusillus* (jedes Tier ist durch ein x wiedergegeben) auf 1 m². Die Verteilungen sind geklumpt und unabhängig voneinander (ver. nach TOPP 1971).

den Mikroarthropoden gewöhnlich die obersten Bodenschichten bis zu einer Tiefe von 10 cm, die durch ihre größere Anzahl von Hohlräumen, günstigeren Feuchtigkeits- und Temperaturbedingungen, einer ausreichenden Durchlüftung und einer Anhäufung organischer Substanz gekennzeichnet sind. Mit zunehmender Bodentiefe nimmt die Zahl der meisten bodenlebenden Arthropoden sehr rasch ab. Abweichungen von einer solchen Häufigkeitsverteilung können auftreten, wenn die obersten Bodenschichten austrocknen und die Tiere daraufhin in tiefere Regionen abwandern.

In Kalifornien untersuchten D. PRICE und G. BENHAM die Bodenarthropoden landwirtschaftlicher Flächen, deren Wassergehalt in den obersten Schichten zwischen den Bewässerungszeiten auf 10% des Bodentrockengewichts absinken konnte und bei denen in 10 cm Bodentiefe die Temperaturen noch etwa 30 °C erreichten.

Wurde die Gesamtzahl der ausgezählten Tiere berücksichtigt, so waren selbst bei den erwähnten warmen und zeitweise trockenen Lebensbedingungen die weitaus meisten Individuen in den obersten 20 cm vertreten. Bis in diese Tiefe lebte die überwiegende Zahl der Milben (Acari). Feuchtigkeitsempfindlichere Arten aus anderen Tiergruppen hatten den Schwerpunkt ihrer Verbreitung in größerer Tiefe. So kamen die meisten Beintaster (Protura) wie auch die Staubläuse (Psocoptera) in 60 cm, die Springschwänze (Collembola) in 67 cm, die zu den Myriopoden zählenden Wenigfüßer (Pauropoda) in 74 cm, die Doppelschwänze in 104 cm, die Fliegenlarven in 126 cm und die Zwergfüßer (Symphyla) in 145 cm Tiefe vor (Abb. 66). Selbst in einer Tiefe zwischen 2 m und 3 m fanden PRICE und BENHAM regelmäßig eine größere Anzahl verschiedener Mikroarthropoden. Vermutlich dringen die Bodentiere in eine noch größere Tiefe vor. Besonders Arten, die an den sich zersetzenden Wurzelfasern leben, dürften die gleiche Tiefe wie die Pflanzenwurzeln erreichen. – Die besondere Gestalt der tiefenlebenden Formen zeigen die Abb. 25d und Abb. 26.

Die erwähnten Verteilungen geben Durchschnittswerte an, die zu den Zeitpunkten der Probeentnahme gewonnen wurden. Jahreszeitlich oder tageszeitlich auftretende Veränderungen bleiben dabei unberücksichtigt. Tageszeitlich oder jahreszeitlich bedingte Vertikalwanderungen sind jedoch von mehreren Arten bekannt, so auch von dem Collembolen *Onychiurus armatus*. In den Morgenstunden liegt seine größte Dichte bei 1–3 cm Bodentiefe; in den warmen Mittagsstunden zeigt er eine ausgeprägte Tiefenwanderung, so daß sich sein größtes Vorkommen dann auf eine Bodentiefe von etwa 9–12 cm verlagert.

Untersuchungen über Aggregationserscheinungen von Collembolen lassen deutlich werden, daß ein Zusammenhang zwischen den Feuchtigkeitsbedingungen des Lebensraumes, der Verteilung der Individuen und

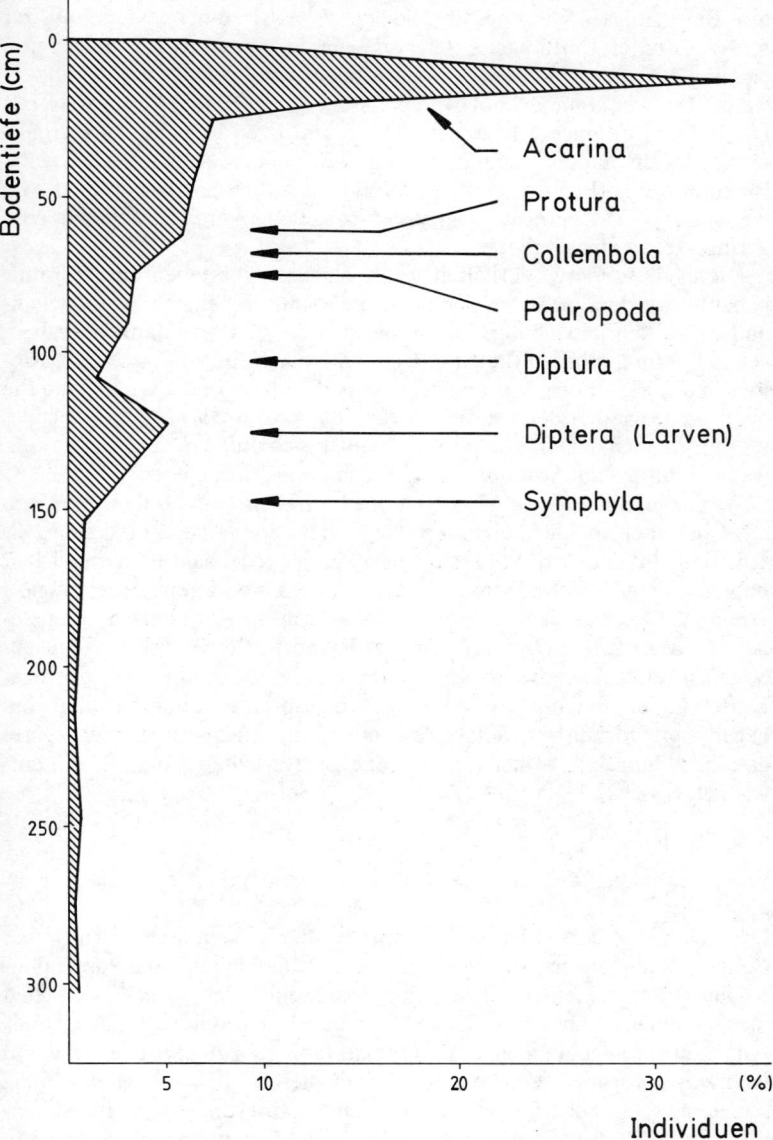

Abb. 66: Vertikalverteilung der Arthropoden in landwirtschaftlich genutzten Böden, und durchschnittliche Besiedlungstiefe der Tiergruppen (Daten nach PRICE und BENHAM 1977).

ihre Bewegungsaktivität besteht. So sind viele Arten bei nassem Substrat und gesättigter Luftfeuchte gleichmäßiger in einem Areal verteilt und lassen eine größere Aktivität erkennen als bei trockeneren Bedingungen, wenn ihre Vorkommen auf wenige, isoliert gelegene Strukturteile mit gesättigter Luftfeuchte begrenzt ist. Bei günstigen Feuchtigkeitsverhältnissen lassen andere, einmal aggregierte Collembolen sehr oft keine Bestrebungen erkennen, den dichten Individuenverband zu verlassen. Sie werden in den Aggregationen zusammengehalten und zeigen nur eine geringe Bewegungsaktivität.

Dieses besondere Verhalten kann als ein Überlebensmechanismus gedeutet werden. Befinden sich die Collembolen auf engem Raum beieinander, so steigt die Chance, daß Weibchen die von den Männchen abgesetzte Spermatophoren finden und aufnehmen (Kap. 4.1.1.). Aggregationen sind für die Fortpflanzung besonders dann von Bedeutung, wenn die Weibchen, wie bei dem Springschwanz *Orchesella cincta*, keine Suchbewegungen nach dem Spermatophoren ausführen und diese erst bemerken, wenn sie in einem Abstand von nur 2 mm vor ihnen stehen.

Wäre die Bildung von Aggregationen wirklich ein Mechanismus, um die Überlebensmöglichkeit zu erhöhen, so müßten Arten, die keine zwischenindividuelle Attraktion aufweisen, andere Mechanismen entwickelt haben, um die Wahrscheinlichkeit der Spermatophorenbefruchtung zu erhöhen. Dies läßt sich tatsächlich beobachten. Phylogenetisch tiefer stehende Arten (u. a. *Orchesella cincta*) haben nur eine geringe Trockenheitsresistenz und eine starke Neigung zur Aggregationsbildung; phylogenetisch höher stehende Arten wie die Kugelspringer (Sminthuridae) sind gegenüber Trockenheit vielfach resistenter und neigen weniger zur Aggregationsbildung. Sie haben verschiedene Balzverhalten (Kap. 4.1.1.) entwickelt.

4.2.2. Polymorphismus und kontinuierliche Variabilität

Die Individuen derselben Art, die miteinander im genetischen Austausch stehen, bilden eine natürliche, biologische Grundeinheit – die **Population**.

Die Mitglieder einer solchen Population sind nicht gleich. Zwischen ihnen können Altersunterschiede auftreten oder Modifikationen, die als Anpassungserscheinungen an Biotop und Jahreszeit zu verstehen sind und jederzeit reversibel sein können. Neben diesen nicht erblichen Unterschieden treten auch erblich bedingte Differenzierungen auf. In Populationen mit Zufallspaarung ist kein einziges Individuum mit einem anderen genetisch vollkommen gleich.

Genetische Unterschiede zwischen Individuen einer Population sind besonders leicht erkennbar, wenn sie sich als morphologische Polymorphismen zeigen. Ein Beispiel hierfür geben die Garten-Schnirkelschnecke *(Cepaea hortensis)* und die Hain-Schnirkelschnecke *(Cepaea nemoralis)*. Sie fressen vorwiegend an den grünen Blättern höherer Pflanzen und kommen daher in der Strauchschicht vor. Zur Überwinterung wandern sie in den Boden, so daß man die Schnirkelschnecken überwiegend in den Herbst- und Frühjahrsmonaten auf der Bodenoberfläche umherkriechen sieht. Beide Arten sind lebhaft gefärbt. Sie können gleichmäßig weißgelb bis gelb, blaß rosa, braunrot oder dunkelbraun gefärbt sein. Zu den unterschiedlichen Farben können 1–5 dunkelfarbige, spiralige Bänder treten. Einzelne Farbbänder können fehlen oder zu mehreren verschmolzen sein. Weiterhin können auf den Schalen durchsichtige oder undurchsichtige milchige Stellen auftreten (Abb. 67). Nur die Färbung des Mundsaumes ist bei beiden Arten konstant. Sie ist bei *C. hortensis* hell und bei *C. nemoralis* dunkel gefärbt.

Die Individuen lokaler Populationen beider Schnirkelschnecken sind nicht einheitlich gefärbt. Sie treten in gemischten Populationen auf, deren Individuen sich sowohl in der Schalenfärbung als auch in der Schalenbänderung unterscheiden. Dabei ist der Anteil der jeweiligen Farbvarianten nicht gleich, sondern kann von Population zu Population deutlich schwanken, auch wenn diese nicht weiter als 100 m voneinander entfernt sind. Wie läßt sich dies erklären?

Bei Untersuchungen in England stellte sich eine Abhängigkeit der Schalenfärbung vom Untergrund heraus. Tiere, die auf Waldböden umherkriechen, besitzen überwiegend eine braune und ungebänderte Schale, im offenen Gelände treten hingegen überwiegend gelbe und gebänderte Schnecken auf.

CHAIN und SHEPPARD, die diese Beobachtungen durchführten, erklärten das Überwiegen bestimmter Farbzusammensetzungen mit der besseren Tarnung an den jeweiligen Untergrund. In England hat die Singdrossel *(Turdus philomelos)* als schneckenfressender Räuber einen selektiven Einfluß auf die Populationszusammensetzung der Schnirkelschnecken.

Abb. 67: Bänderungs- und Farbpolymorphismus bei den Schnirkelschnecken *(Cepaea nemoralis* und *C. hortensis)*; gez. nach Photographien aus SPERLICH 1973).

Sie findet ihre Beute visuell und somit überwiegend nur solche Schnek-ken, die sich in ihrer Fährbung deutlich vom Untergrund abheben. Da die Singdrosseln die Angewohnheit haben, ihre Beute auf bestimmten Steinen – den Drosselschmieden – zu zerbrechen, um dann besser an die Weichteile heranzukommen, ergibt sich die Gelegenheit, die Farbzusammensetzung der zerbrochenen Schnecken mit der Färbung der noch lebenden Schnecken zu vergleichen. Beutetiere und lebende Individuen sind in ihrer Farbzusammensetzung tatsächlich deutlich voneinander unterschieden.

Auch in Südfrankreich zeigen die Schnirkelschnecken Farbpolymorphismus. Ebenso ist dort auf engem Raum eine unterschiedliche Farbzusammensetzung der Individuen benachbarter Populationen zu beobachten. Da die Singdrosseln dort nur als Durchzügler auftreten, die wichtigsten Schneckenfresser aber die Igel sind, die nachts jagen und ihre Beute nicht nach der Farbe auswählen, kann für diese Region die Erklärung einer selektiven Auswahl durch den Räuber nicht gelten. LAMOTTE, der die Schnecken in Südfrankreich untersuchte, ist der Auffassung, daß Mutationen für die Farbzusammensetzung von großer Bedeutung sind. Die Unterschiede in der Variantenzusammensetzung benachbarter Populationen würden nach seiner Auffassung überwiegend durch die genetische Zufallsdrift verursacht. Die zufällige Zusammensetzung einer kleinen Ursprungspopulation bestimmt die Richtung der folgenden Selektion und somit die zu beobachtenden Farbzusammensetzungen bei den untersuchten Tiergemeinschaften.

Doch auch andere Faktoren können auf den Farbpolymorphismus von *Cepaea* einwirken. So könnte man an den unmittelbaren selektiven Einfluß abiotischer Faktoren denken. Dunkel gefärbte Schnecken, die dem Sonnenlicht ausgesetzt sind, absorbieren mehr Sonnenenergie als die helleren Formen und werden daher stärker aufgeheizt. Die Temperaturunterschiede, auch wenn sie nur 1–2 °C betragen, könnten bei starker Insolation und einem Temperaturanstieg bis in die Nähe der oberen Letalgrenze der Schnecken von entscheidender Bedeutung sein. Nach dieser Erklärung wären die hell gefärbten Individuen besonders in wenig beschatteten Gebieten im Vorteil.

In den verschiedenen Lebensräumen, die von den Schnirkelschnecken besiedelt werden, kann entweder die eine oder die andere Erklärung für das Überwiegen einer bestimmten Farbvariante von Bedeutung sein. Doch auf die genetische Zusammensetzung einer Population können auch alle drei Erklärungsmöglichkeiten – der selektive Einfluß eines Räubers, die genetische Zufallsdrift, die Wirkung abiotischer Faktoren – mitwirken. Vielleicht sind es die Pflanzen eines Lebensraumes, die einen Einfluß ausüben, oder es sind weitere Räuber oder Parasiten, die die Individuen einer *Cepaea*-Population nicht nach dem Zufallsprinzip auswählen, sondern bestimmte Farbvarianten bevorzugen und somit eine gerichtete Selektion betreiben.

Wie sehr sich die Individuen einer Population unterscheiden können, läßt sich ebenfalls nachweisen, wenn man ihre photoperiodische Reaktion überprüft. – Viele der epigäischen Insekten verbringen die Wintermonate in einer Ruhephase. Die zunehmende Tageslänge (Photoperiode) im Frühjahr zeigt ihnen an, daß sie die Winterruhe beenden und mit der Fortpflanzung (Eiablage) beginnen können (Kap. 4.1.4.). Die charakteristische Photoperiode, bei der die Tiere mit ihrer Aktivität beginnen ist artspezifisch und verändert sich innerhalb einer Art mit ihrem Vorkommen je nach geographischer Breite oder Höhenlage. Für Populationen vieler Arten aus Norddeutschland liegt die charakteristische Photoperiode bei 13–14 h. Dies bedeutet, Ende März – Anfang April verlassen die Tiere ihre Winterlager, erweitern ihr Aktivitätsareal, und die Weibchen beginnen mit der Eiablage.

Nun reagieren aber nicht alle Individuen lokaler Populationen gleich. Bei einigen Weibchen wird die Bereitschaft zur Eiablage bereits bei 12 h Photophase bei anderen aber erst bei einer Photophase von 16 h ausgelöst, oder es treten Weibchen auf, die gar nicht auf die Photoperiode reagieren und jederzeit mit der Eiablage beginnen könnten, wenn die Umgebungstemperaturen nur genügend hoch sind. Außerdem gibt es Tiere, bei denen selbst die längsten Photophasen von etwa 20 h während des Hochsommers nicht ausreichen, um eine Eireifung zu bewirken. Sie kommen in dem einen Jahr überhaupt nicht zur Eiablage, sondern überliegen und gelangen erst in dem darauffolgenden Jahr zur Fortpflanzung.

Die hier beschriebenen unterschiedlichen Reaktionen sind z. B. für den Kurzflügler *Atheta fungi* kennzeichnend. Für die Population werden nur solche Weibchen von übergeordneter Bedeutung sein, die bei einer Photophase von 13–14 h mit der Eiablage beginnen. Von diesen Durchschnittsindividuum deutlich abweichende Tiere tragen bei den zu erwartenden Klimaschwankungen in Bereich der lokalen Population nicht oder nur unwesentlich zur Erhaltung oder Vergrößerung einer Population bei. Ihre Bedeutung für die Population erhalten solche Individuen erst dann, wenn lokale Klimaveränderungen eintreten, oder wenn Tiere sich von ihrem ursprünglichen Besiedlungsareal entfernen und in einen anderen Lebensraum mit anderen Klimabedingungen einwandern.

Die Unterschiede innerhalb einer lokalen Population äußern sich jedoch nicht nur in der Reaktion der einzelnen Mitglieder zur Photophase, auch die Länge einer Ruheperiode (Diapause) kann bei gleichen Bedingungen sehr unterschiedlich sein. So können Weibchen des Kurzflüglers *Atheta fungi*, die aus dem Winterlager eingesammelt und bei einer Tageslänge von 14 h und 16 °C gehalten werden, bereits nach 20 Tagen zur Eiablage gelangen oder erst nach 52 Tagen. Zur Eiablage kommen

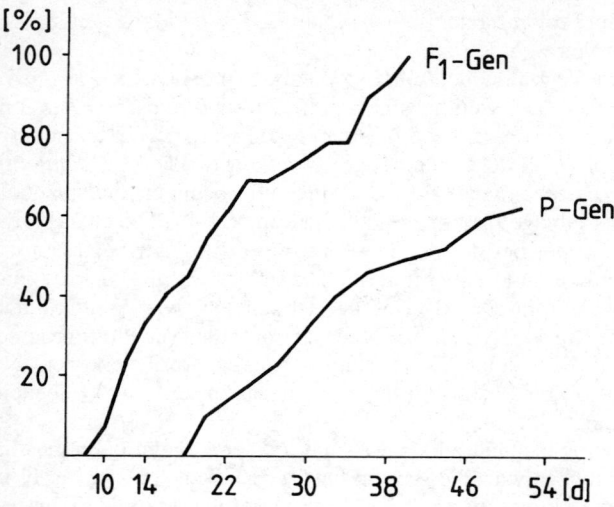

Abb. 68: Veränderlichkeit des Anteils fortpflanzungsbereiter Weibchen und der Dauer der Eireifung bei aufeinanderfolgenden Generationen von *Atheta fungi* (nach TOPP 1979a).

unter diesen Bedingungen aber höchstens 65% der Weibchen (Abb. 68). Für viele andere wäre hierzu eine Verlängerung der Photophase erforderlich.

Untersucht man bei gleichen Bedingungen, ohne daß zwischenzeitlich die Photoperiode verkürzt oder die Temperaturen abgesenkt werden, die Reaktion der Nachkommen (F-Generation), so zeigen sie sowohl eine kürzere Phase der Eireifung als auch einen höheren Anteil an fortpflanzungsfähigen Weibchen. Hatten doch bei der F_1-Generation alle Weibchen Eier abgelegt und zwar bereits nach 40 Tagen, als die Elterntiere noch nicht einmal zur Hälfte eiablagebereit waren. Vergleicht man die p_{50}-Werte beider Generationen, so ergibt sich, daß die Hälfte aller Elterntiere nach 42 Tagen, die Hälfte aller Nachkommen aber schon 19 Tage nach ihrem Schlupf aus der Puppe zur Eiablage bereit ist. Diese Anpassung an die vorgegebene Temperatur und Photoperiode führt bei gleicher Eizahl pro Weibchen sowohl zu einer größeren Nachkommenzahl als auch zu einer schnelleren Generationsfolge.

4.3. Lebensgemeinschaften

4.3.1. Zwischenartliche Wechselwirkungen

Bei einem Zusammentreffen der Individuen zweier Arten besteht die Möglichkeit, daß sie beide keine Notiz voneinander nehmen und sich nicht beeinflussen. Eine solche neutrale Reaktion scheint zwischen den Collembolen *Isotomurus palustris* und dem Kurzflügler *Trogophloeus corticinus* vorzuliegen (Abb. 65). Andererseits besteht die Möglichkeit, daß bei einem Zusammentreffen die eine Art hierdurch einen Vorteil erhält, die andere aber gleichzeitig benachteiligt ist. Diese Situation tritt ein, wenn Räuber und Beute, Parasit und Wirt aufeinandertreffen. Doch auch andere Möglichkeiten der Beeinflussung können eintreten (Tab. 5).

4.3.1.1. Symbiose

Wird ein Organismus von einem Parasiten befallen, so entwickelt er in den meisten Fällen Abwehrreaktionen. Hat sich zwischen Angriff und Abwehr ein Kampfgleichgewicht herausgebildet, so kann es dazu führen, daß beide Partner einander Stoffe entziehen, die sie gegenseitig zur Verfügung stellen und dabei wenigstens zeitweise aus der Stoffwechselgemeinschaft Nutzen ziehen. Bringt diese Wechselwirkung beiden beteiligten Arten einen Vorteil, ist sie aber für die Existenz dieser Arten nicht unbedingt erforderlich, so bezeichnet man diese Beziehung als **Protokooperation**. Wird die Verbindung zwischen beiden jedoch so eng, daß sie für einen der Partner oder aber für beide lebensnotwendig ist, so liegt **Mutualismus** vor. Beide Formen werden im weitesten Sinne unter dem Begriff der Symbiose zusammengefaßt.

Tabelle 5: Wechselwirkungen zweier Arten aufeinander (0 = kein Einfluß, + = positiver Einfluß, − = negativer Einfluß) (ver. nach Odum 1971)

Wechselwirkung durch:	Arten		
	a	b	
neutrale Reaktion	0	0	keine Art beeinflußt die andere
Räuber, Parasit	+	−	Art a entwickelt sich auf Kosten von Art b
Symbiose	+	+	die Interaktion ist für beide Arten vorteilhaft
Phoresie	+	0	Art a wird begünstigt, ohne daß die Art b benachteiligt wird
Antibiose	−	0	Art a wird behindert, ohne daß dies einen Einfluß auf Art b hat
Konkurrenz	−	−	Art a und Art b behindern sich gegenseitig

Ein weit verbreitetes Beispiel des Mutualismus ist bei den Flechten verwirklicht. Die Verbindung von Pilz und Algenzellen führt zu sehr unterschiedlichen morphologischen Anpassungsformen. Der physiologische Aufgabenbereich beider Partner bleibt dabei weitgehend gleich. Die Algen versorgen den Pilz mit photosynthetisch erzeugten Kohlenhydraten und mit Vitaminen. Der Pilz liefert den Algen Nährsalze und Wasser. Bei den an der Symbiose beteiligten Pilzen handelt es sich überwiegend um Ascomyceten. Sie sind freilebend nur sehr selten anzutreffen. Die an der Symbiose beteiligten Grün- und Blaualgen können hingegen auch ohne Symbionten vorkommen. Sie besiedeln dann aber nicht derart extreme Standorte wie in Verbindung mit den Pilzen.

Im Boden können wirkstoffproduzierende Bakterien mit zellulosezersetzenden Pilzen oder stickstoffbindende mit zellulosezersetzenden Bakterien enge Lebensgemeinschaften bilden. Die aerob lebenden Zellulosezersetzer liefern den anaeroben Denitrifikanten die organischen Abbauprodukte der Zellulose, diese erhalten dafür von den Denitrifikanten den zur aeroben Lebensweise notwendigen Sauerstoff.

Ein weiteres Beispiel der Symbiose geben die Knöllchenbakterien *(Rhizobium spp.)* und Leguminosen. *Rhizobium* ist ein fakultativer saprophytisch im Boden lebender Symbiont, welcher auch ohne Symbiosepartner mehrere Jahre in Kolonien überleben und bei Abwesenheit seiner Wirtspflanzen als gewöhnlicher Vertreter der Mikroflora den Boden besiedeln und infektionstüchtig bleiben kann. Auf Wurzeln von Nicht-Leguminosen reagieren die Rhizobien kaum. Hingegen tritt eine deutliche Stimulation bei ihren Wirtspflanzen auf. Im Wurzelbereich von Leguminosen kann die Populationsdichte auf 10^6 Zellen/g Boden anwachsen, bevor es zu einer Infektion des Symbiosepartners kommt. Die Infektion der Leguminosen erfolgt meistens an den Haarwurzeln. Die kleinsten, begeißelten Bakterienformen bilden an der Spitze der Wurzelhaare ein Lager aus und legen sich eng an die dünnen Zellwände.

Vor der eigentlichen Infektion tritt zwischen den Wurzeln und den Bakterien eine Wechselwirkung auf. Unter den verschiedenen Ausscheidungsstoffen der Wurzeln befindet sich die Aminosäure Tryptophan. Diese wird durch die Bakterien in den Wuchsstoff β-Indolylessigsäure umgewandelt. Die Indolylessigsäure verursacht dann die charakteristische Aufrollung der Wurzelhaare, die einer Infektion vorausgeht. Als nächstes scheidet die Pflanze, wahrscheinlich durch eine extrazelluläre polysaccharide Schleimschicht des Bakteriums veranlaßt, das Enzym Polygalacturonase aus. Seine genaue Funktion ist nicht gesichert, doch scheint es zusammen mit der β-Indolylessigsäure die Plastizität der Zellwände an den Wurzelhaaren zu erhöhen und so eine Infektion zu erleichtern.

Schließlich dringen Bakterienzellen, die durch Schleim zu einem Infektionsfaden miteinander verschmolzen sind, in die Wurzelhaare vor. Der

Infektionsfaden ist seinerseits von den Wirtszellen in einer Zellulose-scheide eingeschlossen. Er wächst an seiner Spitze weiter und dringt in das primäre Rindengewebe der Wurzel.

Die Knöllchenbildung beginnt, wenn der Infektionsschlauch eine schon existierende tetraploide Zelle des Rindengewerbes erreicht. Diese und die benachbarten diploiden Zellen werden dann zu einer wiederholten Teilung angeregt, so daß schon bald makroskopisch sichtbare Wurzelknöll-chen entstehen. Innerhalb der tetraploiden Zellen werden am Infektions-faden Vesikel gebildet. In diesen vermehren sich die Bakterien und wer-den zu unregelmäßig gestalteten Bakterioiden umgebildet. Sie werden nicht in die Zellen entlassen, sondern durch Faltenbildung in der äußeren Cytoplasmamembran der Wurzelzellen eingeschlossen.

Nach ihrer Ansiedlung in den Knöllchen entnehmen die Bakterien der Luft den Stickstoff. Dieser steht dann zum Teil den Leguminosen zur Verfügung. So liegt der Vorteil der Symbiose einerseits bei der höheren Pflanze, die durch die Bakterien mit Stickstoffverbindung versorgt wird, andererseits aber auch bei den Bakterien, die sich im Bereich der Pflanzen besonders zahlreich vermehren können. Geht zur Blütezeit der Legumi-nosen das ganze Knöllchen zugrunde, so gelangen mehr Bakterien in den Erdboden zurück als bei der Infektion der Pflanze in diese eindrangen.

Beide Arten, *Rhizobium* und Leguminose, vereinen sich mit parasiti-schem Selbstzweck, um auf Kosten des anderen möglichst große Vorteile zu erhalten. Bei der zu beobachtenden Symbiose kommt es zu einer Gleichgewichtsstellung, die über eine längere Zeit aufrechterhalten blei-ben kann. Die unmittelbare Interaktion beginnt mit der parasitischen Infektion der Pflanze durch die Bakterien. Diese schützt sich vor den Eindringlingen, wie die vom Zyptoplasma ausgeschiedenen Zellulose-scheiden anzeigen und kämpft gegen eine übergroße Vermehrung der Bakterien an. Ist die Vitalität der Leguminosen gering, so kann sich der parasitäre Charakter der Bakterien durchsetzen. In der Regel endet die Infektion der Leguminosen aber mit der Auflösung der Knöllchen und der damit verbundenen teilweisen Vernichtung der Bakterien. Bei Abwesen-heit einer geeigneten Wirtspflanze sterben die Rhizobien allmählich aus. Doch dürften sie auch ohne Wirt bis zu 10 Jahre überleben.

Welcher bodenbiologischen und somit auch landwirtschaftlichen Bedeutung der Symbiose zwischen Knöllchenbakterien und Leguminose zukommen kann, sollen folgende Zahlen verdeutlichen. Werden auf einer landwirtschaftlich genutzten Fläche Leguminosen *(Trifolium, Phaseolus, Lupinus)* angebaut, so können durch die Bakterien pro ha 100–175 kg Stickstoff gebunden werden. Die Tätigkeit der Knöllchenbakterien und damit die Menge des gebundenen Stickstoffs wird durch Standortfaktoren beeinflußt. Die untere Grenze, bei der *Rhizobium*-Arten die Stickstoff-bindung einstellen, liegt bei einem Sauerstoffgehalt des Bodens von 5%.

Auch der pH-Wert beeinflußt die Stickstoffbindung. Sie ist in Böden mit neutraler Reaktion optimal, in stark versauerten Böden – etwa bei pH 4 – wird die Knöllchenbildung eingestellt.

Auch die Mykorrhiza-Pilze an den Wurzeln von Moosen, Farnen, Orchideen und höheren Holz- und Krautpflanzen geben ein auffallendes Beispiel der Symbiose. Beide Partner, Pilz und Pflanzenwurzel bilden keine lockere Gemeinschaft, sondern sind miteinander eng verbunden. Das Zusammenleben läßt vielfach einen wechselseitigen Parasitismus erkennen. Dieser wird bei Störungen des Gleichgewichts erkennbar, wenn es zur Unterdrückung des einen oder anderen Partners kommt.

Mykorrhizen lassen sich nach der Art und Stärke des Verbundes zwischen beiden Partnern unterscheiden. Bei vielen Bäumen tritt eine ektotrophe Mykorrhiza auf. Die Oberfläche der Pflanzenwurzeln ist dann mit einem auffälligem Pilzmantel umgeben. Die Pilzhyphen lösen die Ektodermis ihrer Wirtspflanze auf und breiten sich als Interzellulargeflecht in den Zwischenzellräumen aus (Abb. 69).

Bei der endotrophen Mykorrhiza lebt der Pilz fast vollständig innerhalb der Zellen der Wirtspflanze. Beide Erscheinungsformen der Mykorrhiza sind aber nicht streng voneinander zu trennen. Übergangsformen lassen sich innerhalb derselben Lebensgemeinschaft beobachten. So führt der Pilz an jungen Birken und Pappeln zunächst eine ektotrophe Lebensweise. Bei geschwächten älteren Bäumen dringt er immer weiter in die tiefer gelegenen Gewebe vor. Bei Lärchen ist es umgekehrt. Je größer sie werden und um so kräftiger sie sich entwickeln, um so mehr wird der Pilz aus den tieferen Gewebeschichten verdrängt und geht so von einer endotrophen zu einer ektotrophen Lebensweise über.

Bei der Mykorrhiza wird der Pilz von den Pflanzen mit Assimilationsprodukten versorgt, die Pflanze erhält Salze und Wasser. Wie ausgeprägt

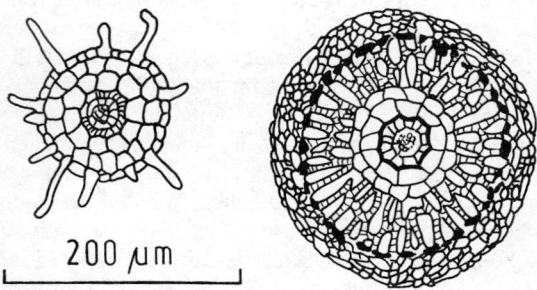

200 µm

Abb. 69: Wurzelquerschnitt von *Eucalyptus* ohne Pilzbefall (links) und mit ektotrophem Mykorrhizapilz vergesellschaftet (aus RICHARDS 1974, nach CHILVERS und PRYOR 1965).

diese Stoffwechselgemeinschaft ist, hängt ebenfalls vom Standort der Pflanze ab. Besonders starke Mykorrhizaausbildungen findet man in sandigen und sauren Böden. Dies läßt vermuten, daß die Entwicklung eines Pilzhyphengeflechts dann gefördert wird, wenn die Wachstumsbedingen für die Pflanze schlechter werden. Trotz schlechter werdender Standortbedingungen erhält die Pflanze genügend Nährstoffe und kann so ihr Verbreitungsareal weiter ausdehnen als es ohne Symbionten möglich wäre.

Die infizierenden Pilze gehören sehr häufig zu den höheren Basidiomyceten (Tuberales). Manche wie der Fliegenpilz *(Amanita muscaria)* bilden mit verschiedenen Baumarten eine Symbiose, andere Pilzarten, wie der Gold-Röhrling *(Boletus elegans)* an der Lärche, kommen überwiegend nur an einer Pflanze vor. Welche Bedeutung den Mykorrhiza-Pilzen für das Wachstum von Pflanzen zukommen kann, sei an einem Beispiel mit jungen Kiefern verdeutlicht: In Symbiose nehmen sie 86% mehr an Stickstoff, 75% mehr an Kalium und 234% mehr an Phosphor auf als jene Pflanzen, die auf einem sterilen Boden heranwachsen.

4.3.1.2. Phoresie

Viele Tiere nutzen andere Tiere vorübergehend als Transportmittel, lassen sich durch sie verfrachten, ohne daß dem Lastenträger hierdurch Vor- oder Nachteile erwachsen. Diese Strategie der zoochoren Verbreitung haben viele Pflanzen entwickelt. Beeren und fleischige Früchte werden von den Vögeln verspeist. Die Samen passieren den Verdauungstrakt, ohne Schaden zu nehmen und können in größerer Entfernung von der Mutterpflanze keimen. Oder es sind Samen mit Stacheln und Widerhaken versehen, so daß sie am Fell vorbeistreifender Tiere haften bleiben und auf diese Weise eine Arealerweiterung erreichen.

Bodenbewohner – Regenwürmer, Nematoden, Insektenlarven oder Schnecken – verbreiten die Sporen von Pilzen oder sogar Viren. Doch auch kleinere bodenlebende Tiere nutzen die vorübergehende Transportmöglichkeit durch größere flugfähige Arten. Entsprechende Verhaltensmuster haben besonders solche Bodentiere entwickelt, die ausschließlich in kleinen, weit voneinander entfernt gelegenen Biochorien günstige Entwicklungsmöglichkeiten vorfinden. Hierzu gehören einige Milben (Gamasides, Uropodina) und Nematoden.

Als Ausbreitungsstadium der Milben eignen sich die Deutonymphen oder Wandernymphen, die gegenüber Trockenheit und Nahrungsmangel besonders resistent sind. Bei den Nematoden betreibt das 3. Larvenstadium, die Dauerlarve, Phoresie.

Die Austrocknung eines Kothaufens fördert das Phoresieverhalten der Käfermilben *(Parasitus coleoptratorum)*. Die Deutonymphen laufen witternd mit fühlerartig erhobenem 1. Beinpaar auf dem austrocknenden Substrat umher und suchen nach einem geeigneten Transporteur. Haben sie diesen mit ihren Geruchsorganen erkannt, die sich an den Tarsen des 1. Beinpaares befinden, so laufen sie beschleunigt auf ihn zu, besteigen ihn und heften sich mit den Haftlappen der Tarsen fest. Zur stärkeren Verankerung ergreifen sie mit den Cheliceren auch die eine oder andere Borste. Als Transporttiere bevorzugen sie die Mistkäfer aus der Gattung *Geotrupes*.

Nicht nur die räuberisch von Nematoden lebenden Käfermilben lassen sich durch ihre „Flugzeuge" verfrachten, auch die überwiegend saprophag von Tierleichen lebenden Schildkrötenmilben (Uropodina) sind an eine phoretische Lebensweise angepaßt. Zu den Uropodina gehören die in Pferdemist lebenden *Urobovella marginata* und *Uropoda orbicularis*. Ist bei ihnen ein Wanderverhalten ausgelöst, so begeben sie sich an den Rand der Kothaufen, wo sich die frisch geschlüpften koprophagen Käfer aus dem Mist bohren und zu ihrem Dispersionsflug starten. Haben sie ihre Transporttiere olfaktorisch erkannt – überwiegend handelt es sich um Dungkäfer der Gattung *Aphodius* – so besteigen sie diese und suchen nach einem geeigneten Sitzplatz. Ist er gefunden, so müssen die Schildkrötenmilben für ihre Sicherheit sorgen, um mit ihren „Flugzeugen" auch ans Ziel zu kommen und nicht vorzeitig über ungeeignetem Nahrungssubstrat abzustürzen. Um dies zu gewährleisten, seilen sie sich an. – Beide Arten verfügen über eine Drüse, die dorsal über dem Enddarm der Deutonymphen liegt und ein Stielsekret sezerniert.

Auf ihrem Sitzplatz angelangt – *Urobovella* bevorzugt die dorsale, *Uropoda* die ventrale Käferregion – pressen sie ihren After an die Chitinplatten des Transporttieres, scheiden einen Sekrettropfen ab und ziehen diesen zu einem Stiel in die Länge. Anschließend verfallen die Wandernymphen in einen starreähnlichen Zustand.

Die Sekretfäden erstarren an der Luft zu einer festen, elastischen Masse. Landen die Käfer mit ihren Passagieren in einem frischen und feuchten Kothaufen, so werden die festen Sekretstiele aufgeweicht und kippen um. Die Schildkrötenmilben ziehen an den Stielen und lösen sich von ihren Transporttieren. Sie können daraufhin wieder festen Boden fassen. Im neuen Substrat entwickeln sie sich dann zu erwachsenen Milben.

Auch bakterienfressende Nematoden aus der Gattung *Rhabditis* lassen sich von Insekten verschleppen. Bei der Häutung zum dritten Larvenstadium streifen sie ihre alte Kutikula nicht ab, sondern verwenden sie als Zyste. Diese Drittlarven, die in der alten Haut der Larve 2 stecken, sind gegen Austrocknung und vor räuberischen Feinden gut geschützt und werden als Dauerlarven bezeichnet. Die Dauerlarven bleiben entweder auf ihrem Platz und führen als ,,Platzwinker", suchende Winkbewegungen nach einem Transporttier aus, oder sie kriechen ständig umher und erheben als ,,Kriechwinker" von Zeit zu Zeit ihren Körper. Die im Aas oder Kot lebenden Dauerlarven der Nematoden sind nicht auf bestimmte Transporttiere spezialisiert. Doch bevorzugen die Dauerlarven gewisse Körperteile der Träger. Einige Arten *(Rh. inermis, Rh. longispina)* kriechen unter die Flügeldecken, andere heften sich überwiegend an den Extremitäten fest *(Rh. coarctata)*.

Unter den Milben sind einige Arten vom Phoresieverhalten zum Ektoparasitismus übergegangen. Bei den Nematoden hat hingegen eine Entwicklung zum Endoparasitismus stattgefunden.

Als einen solchen Schritt zum Endoparasitismus läßt sich die Lebensweise des Nematoden *Rhabditis pellio* ansehen. Die Larven dringen in Regenwürmer ein und setzen sich in den Dissepimenten als Dauerlarven fest, ohne dabei den Regenwurm zu schädigen. Erst nach dem Tode des Regenwurms entwickeln sich die Aasnematoden zu geschlechtsreifen Tieren und beschleunigen die Zersetzung der Regenwurmleichen.

Nicht nur flugfähige Insekten gehören zu den Transporttieren kleinerer Lebewesen, auch Isopoden lassen sich hierzu zählen. Asseln tragen nicht nur einzelne Tiere, sondern eine ganze Lebensgemeinschaft mit sich herum. Diese setzt sich aus kleinen Einzellern zusammen, die gehäuft im Kiemenbereich der Asseln auftreten und die sich als ,,Isopodobionte" in keinem anderen Wasserreservoir entwickeln können.

Die Landasseln (Oniscoidea) haben sich aus marinen Vorfahren entwickelt, sind aber noch weitgehend auf Kiemenatmung angewiesen (Kap. 2.2.4.). Um ihre Atemorgane funktionsfähig zu halten, müssen diese vom Wasser umspült sein. Ein feines Kapillarsystem auf den Tergiten der Asseln oder die Fähigkeit, mit dem Hinterleib Wasser aufzunehmen, gewährleisten, daß die durch Verdunstung verloren gegangene Wassermenge rechtzeitig immer wieder ersetzt wird. An diesem winzigen Lebensraum, der niemals der Gefahr einer Austrocknung ausgesetzt ist – es sei denn, die Asseln sterben – haben sich mehrere bakteriophage Einzeller angepaßt.

Zur Asselfauna gehören Glockentiere (Peritricha) der Gattung *Ballodora*. Sie setzen sich mit ihren Stielchen auf den Asselkiemen fest und bilden dort Kolonien, die sich aus kleinen (Mikronten) und großen Individuen (Makronten) zusammensetzen. Die Mikronten können einen hinteren Wimpernkranz bilden und sich als Schwärmer von ihrem Stiel loslösen. So wechseln sie von einer zur anderen Kieme der Assel über, können aber auch ihrer Vernichtung entgehen, die sonst bei der Häutung der

Asseln eintreten würde. Die nicht schwimmfähigen Makronten haben eine andere Überlebensmöglichkeit enwickelt. Möglicherweise von den Häutungshormonen der Asseln stimuliert, lösen sie das Innere ihres Sokkels und die darunter liegende alte Kiemenlamelle auf, schlüpfen durch das entstandene Loch und heften sich an die neue Kiemenhaut. Auf den abgestreiften Kiemenhäuten bleibt die Pellicula, die äußere, zu einer elastischen Haut verfestigte Schicht des Ektoderms, der Glockentierchen zurück.

Außer *Ballodora* leben in den ,,Assel-Aquarien'' noch mehrere holotriche Wimpertierchen. *Dysterioides sessilia* sitzt auf Kiemen und Kiemendeckeln, während sich *Chilodonella porcellionis* frei zwischen den Kiemen bewegt.

In einem so winzigen Lebensraum, wie den ,,Aquarien'' der Landasseln, treten auch morphologische Anpassungserscheinungen ihrer Bewohner auf. So sind die Schwärmer mehrerer Glockentierchen dorsoventral abgeflacht, außerdem hat sich ihr hinterer Wimpernkranz auf die Ventralseite verlagert.

4.3.1.3. Antibiose

Einige Pflanzen und Mikroorganismen scheiden verschiedene organische Verbindungen aus, die auf die Wachstumsvorgänge anderer, in demselben Biotop lebender Arten in sehr geringen Konzentrationen hemmend wirken. Derartige Stoffe, von denen eine hemmende oder zerstörende Wirkung ausgeht, werden zusammenfassend als Antibiotika bezeichnet.

In den letzten 30 Jahren konnten Hunderte dieser Antibiotika aus Bakterien, Pilzen und Actinomyceten isoliert werden. Allein aus den Strahlenpilzen der Gattung *Streptomyces* lassen sich zahlreiche Antibiotika gewinnen (Tab. 6). Ihre Wirkungen sind besonders aus den im Labor

Tabelle 6: Antibiotika produzierende Mikroorganismen

Art	Antibioticum
Steptomyces antibioticus	Actinomycin
Streptomyces erythraeus	Erythromycin
Streptomyces griseus	Streptomycin
Streptomyces fradiae	Neomycin
Streptomyces niveus	Novobiocin
Streptomyces aureofaciens	Aureomycin
Streptomyces rimosus	Terramycin
Bacillus polymyxa	Polymixin
Penicillium chrysogenum	Penicillin

erstellten Reinkulturen gut bekannt. Ihre Bedeutung in der medizinischen Therapie ist beträchtlich. Die ökologische Bedeutung der im Boden wirkenden Hemmstoffe ist allerdings noch weitgehend ungeklärt.

Einige Antibiotika dürften im Boden sehr instabil sein und auf physikalisch-chemischem Wege oder biologisch abgebaut werden. So wird Benzyl-Penicillin durch Mikroorganismen mit der spezifischen Fähigkeit zum Abbau dieses einen Hemmstoffes weitgehend inaktiviert. Neben anderen Arten reagiert *Bacillus lichenifornis* sensibel auf Penicillin. Dies Bakterium bildet bei Einwirkung von Penicillin das Enzym Penicillinase.

Tonminerale können Antibiotika adsorbieren und bewirken dadurch ebenfalls eine Aktivitätsminderung. Dies gilt besonders für die wasserlöslichen und amphoteren Antibiotika wie Streptomycin und Terramycin.

Darüber hinaus liegen für die Unterdrückung und Bekämpfung der Erreger von Pflanzenkrankheiten durch eine spezifische Rhizospärenflora mehrere Hinweise vor. So läßt sich der Kartoffelschorf, hervorgerufen durch *Streptomyces scabies* (Scaber-Krankheit) durch Gründüngung unterdrücken. Durch diese Maßnahme wird wahrscheinlich das Wachstum mehrerer Antibiotikabildner besonders gefördert.

Die Anzahl der Antibiotika bildenden Arten dürfte sehr hoch sein. Schätzungsweise sind 30–50% der aus Böden isolierten Actinomyceten aber nur ein sehr geringer Teil der restlichen Bodenbakterien gegenüber anderen Organismengruppen antibiotisch aktiv. Über die Hälfte der aus verschiedenen Böden isolierten Kulturen höherer Pilze, darunter vorwiegend Basidiomyceten, zeigen gegenüber Bakterien und anderen Pilzarten antibiotische Aktivitäten. Trotz dieser hohen Anteile könnte man erwarten, daß Arten, die Antibiotika produzieren und jene, die gegen diese Antibiotika durch entsprechende Enzymbildung resistent geworden sind, in Böden noch zahlreicher auftreten. Dies ist aber offensichtlich nicht so. Der verhältnismäßig geringe Anteil bodenlebender Antibiotikabildner erklärt sich möglicherweise dadurch, daß die Produktion von Antibiotika und die Toleranz ihnen gegenüber nur ein Faktor im Wettstreit um den Lebensraum sind, zahlreiche Arten aber andere Überlebensmechanismen entwickelten.

In welchem Ausmaße die Aktivität der Amoeben durch Mikroorganismen beeinflußt wird, zeigen die sehr ausführlichen Untersuchungen von HEAL und FELTON (Abb. 70). Es lassen sich folgende, graduelle Unterschiede feststellen. Der Strahlenpilz *Streptomyces rimosus* beeinträchtigt die Aktivität der Amoeben am stärksten, er ist für sie offensichtlich ungenießbar. Auch die Exsudate des Bacteriums *Nocardia coelica* hemmen die Aktivität der Amoeben, auch wenn *Nocardia* als Nahrung angenommen wird, und es zu einer Vermehrung der Amoeben kommt.

Andere Arten haben sicherlich keinen Einfluß. Auch wenn ihre Genießbarkeit unterschiedlich ist und die Vermehrungsrate der Amoeben

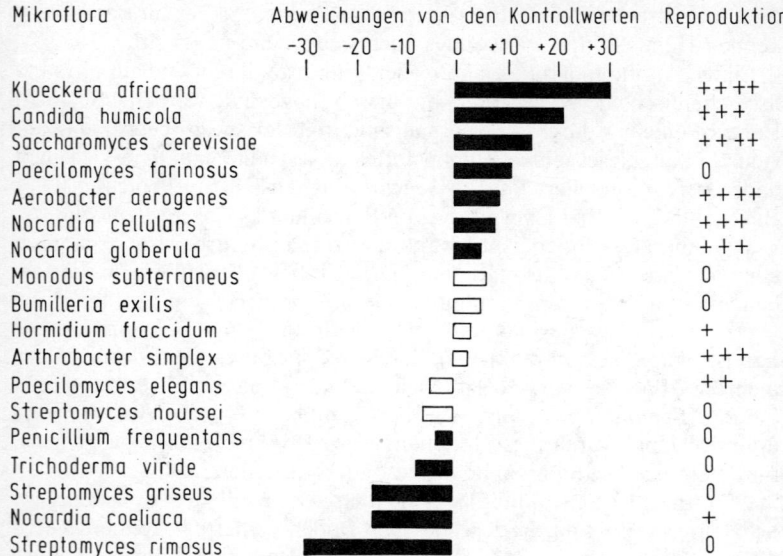

AKTIVITÄT DER ACANTHAMOEBA

Mikroflora	Abweichungen von den Kontrollwerten	Reproduktion

Kloeckera africana — ++++
Candida humicola — +++
Saccharomyces cerevisiae — ++++
Paecilomyces farinosus — 0
Aerobacter aerogenes — ++++
Nocardia cellulans — +++
Nocardia globerula — +++
Monodus subterraneus — 0
Bumilleria exilis — 0
Hormidium flaccidum — +
Arthrobacter simplex — +++
Paecilomyces elegans — ++
Streptomyces noursei — 0
Penicillium frequentans — 0
Trichoderma viride — 0
Streptomyces griseus — 0
Nocardia coeliaca — +
Streptomyces rimosus — 0

Abb. 70: Wirkung der Exsudate verschiedener Mikroflora-Arten auf die Aktivität von Amoeben (helle Flächen = nicht signifikante, dunkle Flächen = signifikante Unterschiede der Testserien zu den Kontrollwerten) und ihre Genießbarkeit. (Ausgedrückt als Reproduktionsrate der Amoeben; 0 = ohne Reproduktion, + = geringe Repr., ++ = gemäßigte Repr., +++ = häufige Repr., aber Encystierung bevor alle Nahrung verbraucht ist, ++++ = häufige Repr. und vollständige Ausnutzung der Nahrung; aus STOUT 1974, nach HEAL und FELTON 1970).

möglicherweise von ihnen abhängt, so sind doch keine Unterschiede im Vergleich zu der Aktivität in den Kontrollversuchen erkennbar.

Hefen *(Kloeckera africana, Saccharomyces cerevisiae)* scheinen hingegen Exsudate auszuscheiden, die ihre Genießbarkeit und folglich die Reproduktionsrate für die Amoeben deutlich erhöhen. Unter ihrem Einfluß steigt die Aktivität der Amoeben an. Ein ähnliches Beispiel geben die anfänglichen Wechselwirkungen zwischen Leguminosen und den Stickstoff bindenden Rhizobien (Kap. 4.3.1.1.).

Werden die von einigen Arten ausgeschiedenen Substanzen von anderen, in demselben Biotop lebenden Arten weiterverwertet und dienten ihnen als Nährsubstrat, Nährstoffe oder Wuchsstoffe, so ließe sich eine solche Wirkung im Gegensatz zur Antibiose als **Probiose** kennzeichnen.

4.3.1.4. Konkurrenz

Haben zwei oder mehr Arten in einem Lebensraum gleiche oder doch sehr ähnliche Anforderunen an ihre Umwelt, so behindern sie sich gegenseitig, besonders wenn Nahrung sowie Wohn- und Brutplätze in nur verhältnismäßig geringer Anzahl vorhanden sind. Bei einem zwischenartlichen Wettbewerb, der interspezifischen Konkurrenz, wird die an ihre Umwelt besser angepaßte Art weniger beeinträchtigt werden als die weniger gut angepaßte Art. Der Existenzkampf kann sogar soweit führen, daß die eine Art aus ihrem Lebensraum vollkommen verdrängt wird. Ein solcher Vorgang wird als **Konkurrenzausschlußprinzip** bezeichnet.

Beispiele für eine Arealbegrenzung durch Konkurrenz sind nicht zuletzt wegen der schwierigen Beweisführung bisher sehr selten. Ein Nachweis, daß sich verwandte Arten auch in räumlich eng begrenzten Gebieten gegenseitig ausschließen können, ist hingegen bei Untersuchungen mit Taschenratten (Geomyidae) gelungen.

Taschenratten sind hörnchenverwandte Wühler, die im westlichen Amerika leben, und durch ihre großen Backentaschen gekennzeichnet sind. Ihre geräumigen Backentaschen benutzen sie, um größere Mengen an Futter in ihre Baue einzutragen. Diese legen sie sowohl mit den krallenbesetzten Vorderfüßen an als auch mit ihren langen Schneidezähnen, mit denen sie harte, steinige Böden aufbrechen und Wurzeln durchschneiden können. Taschenratten können in landwirtschaftlich genutzten Gebieten bisweilen großen Schaden anrichten, da sie durch ihre Grabtätigkeit nicht nur kleinere Getreidepflanzen, sondern auch Zuckerrohr, Bananen- und Kaffeestauden vernichten.

Die Lebensweise und Verbreitung von vier verschiedenen Arten der Geomyidae wurden ausführlich untersucht. Die Arten sind *Geomys bursarius, Cratogeomys castanops, Thomomys bottae* und *Thomomys talpoides.*

Sofern nur eine dieser Arten in einem größeren Areal auftritt, wird ihr Vorkommen und ihre Ausbreitung nur durch die Bodentiefe und die Korngrößenzusammensetzung bestimmt. Andere Eigenschaften der Umwelt, wie z. B. das Nahrungsangebot, sind von untergeordneter Bedeutung und beeinflussen Vorkommen und Ausbreitung der Geomyiden nicht.

Geomys bursarius ist weitgehend auf tiefe Sandböden oder lehmig-sandige Böden begrenzt. Tonböden, die während der Trockenperioden besonders hart werden können oder kiesige Sande, sagen der Art nicht zu. Sie stellen für *G. bursarius* bei der Besiedlung eines Lebensraumes und der geographischen Verbreitung ein Hindernis dar.

Andere Eigenschaften zeigt *Thomomys talpoides.* Diese Art bevorzugt ebenfalls tiefe und sandige Böden, kann aber auch in sehr unterschiedlichen Bodentypen leben und meidet auch nicht grobkörnige und kiesige Böden.

Die beiden anderen Arten – *Cratogeomys castanops* und *Thomomys bottae* – liegen in der Fähigkeit, unterschiedliche Böden zu besiedeln, zwischen den beiden zuvor genannten Taschenratten (Abb. 71).

Diese Taschenratten lassen sich nach ihrer Körpergöße und dem Ausmaß der morphologischen Anpassung an das Bodenleben unterscheiden. Von den vier Arten ist *G. bursarius*, am besten an eine unterirdische Lebensweise angepaßt.

Diese Taschenratte besitzt einen kräftigen dorso-ventral abgeflachten Schädel, reduzierte Augen und Ohren, lange Vorderfüße und Grabklauen. Wegen der Umbildung der Beine bewegt sich *G. bursarius* auf der Bodenoberfläche mit den nach außen gebogenen Füßen nur mit großer Schwierigkeit fort. Hierin gleicht diese Taschenratte dem europäischen Maulwurf *(Talpa europaea).* – *Thomomys talpoides* zeigt die geringsten morphologischen Anpassungen an ein Bodenleben. Diese Art sieht wie ein gewöhnliches, mausähnliches Nagetier aus.

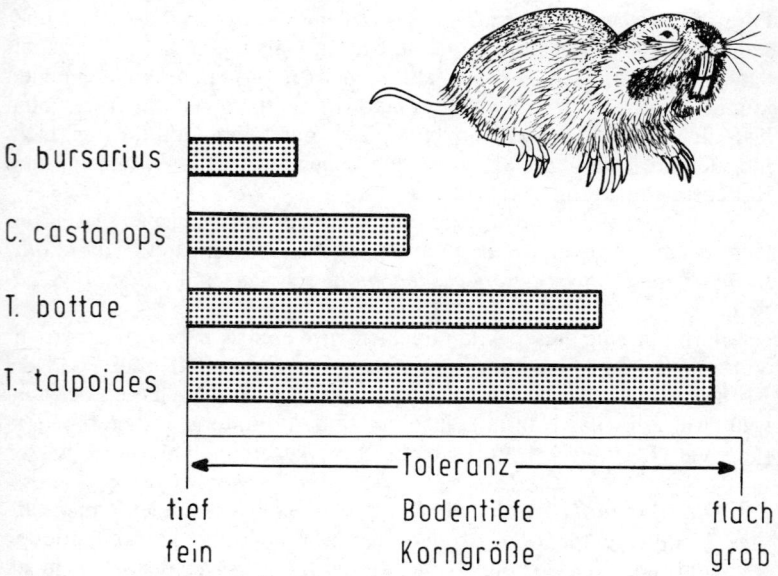

Abb. 71: Relative Toleranz der Taschenratten gegenüber Tiefe und Textur des Bodens; (nach MILLER 1967) oben: Habitusbild von GEOMYS. Das Vorkommen von *Thomomys talpoides* wird z. B. auch durch Konkurrenz mit *Geomys bursarius* begrenzt.

Freilanduntersuchungen zeigen nun, daß Bodentiefe und Korngrößenzusammensetzung nicht die einzigen Faktoren sein können, die das Vorkommen der Taschenratten beeinflussen. Kommen mehrere Arten in einem Areal gemeinsam vor, so besiedelt immer nur eine dieser Arten die tiefen, sandigen Böden, während die anderen ausschließlich in den flacheren, steinigen Böden anzutreffen sind. Ihren artspezifischen Eigenschaften nach, müßten jedoch alle Taschenratten in tiefen, sandigen Böden vorkommen können (Abb. 71).

Da die Verbreitungsgebiete der Taschenratten zwar aneinandergrenzen, sich aber nicht überlagern, gibt es hierfür nur eine Erklärung: Die Taschenratten konkurrieren miteinander um den geeigneteren Lebensraum. Ihr Vorkommen wird also durch drei Faktoren bestimmt – Bodentiefe, Korngrößenzusammensetzung und Konkurrenz.

Dabei zeigt sich, daß jene Art mit der größeren Toleranz gegenüber den Bodeneigenschaften, die gleichzeitig weniger gut an ein Bodenleben angepaßt ist, in einen Lebensraum mit den weniger günstigen Faktorenkombinationen abgedrängt wird. Die spezialisiertere Art kann sich hingegen in dem günstigeren Lebensraum behaupten. Treffen z. B. *Thomomys talpoides* und *T. bottae* an Gebirgshängen aufeinander, so ergibt sich für beide Arten in der Höhenzonierung eine scharfe Grenze. *T. bottae* besiedelt als die spezialisiertere Art die tieferen Böden in den unteren Höhenstufen mit üppigem Pflanzenbewuchs. *T. talpoides* weicht als die Art mit der größeren ökologischen Toleranz in die höheren Zonen mit steinigem Untergrund und spärlicher Vegetation aus.

Ordnet man alle vier Taschenratten nach ihrer Fähigkeit, sich gegenüber den anderen erfolgreich durchsetzen zu können, so ergibt sich folgende Reihenfolge (s. Abb. 71):

G. bursarius > *C. castanops* > *T. bottae* > *T. talpoides*.

4.3.2. *Artenreichtum und ökologische Sonderung*

Die morphologischen und physiologischen Anpassungen der einzelnen Arten an ihren Lebensraum, ihre Reaktionen auf die sich ändernden abiotischen Umweltfaktoren und die Wechselwirkungen zwischen den Arten, wie sie oben beispielhaft beschrieben wurden, stellen einzelne Mosaiksteinchen dar, die es den Arten ermöglichen, in eine komplex gestaltete Umwelt eingepaßt zu sein. Wie aber ist die einzelne Spezies innerhalb einer Artengemeinschaft eingegliedert? Um hierauf eine Antwort zu finden, sei das Vorkommen sympatrisch lebender Arten aus einigen ausgewählten taxonomischen Gruppen angeführt.

Betrachtet man die Regenwurmfauna eines Ökosystems (Abb. 72), so lassen sich oft nicht nur eine große Individuenzahl, sondern gleichzeitig

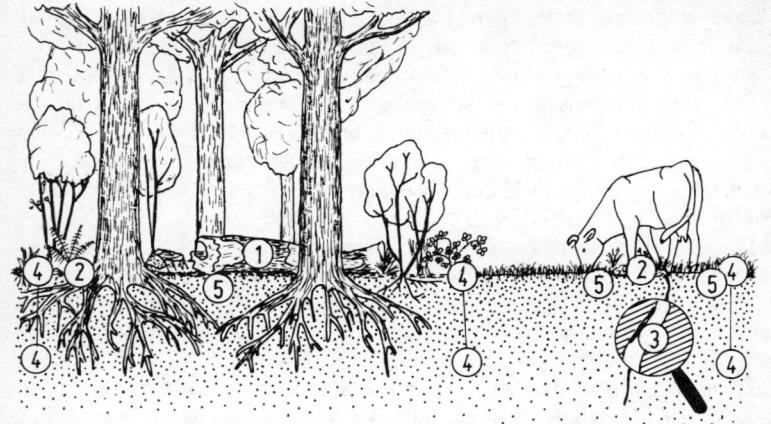

Abb. 72: Räumliche Verteilung der Regenwürmer in einem Wald und einem Weideland: 1) *Dendrobaena tenuis*, 2) *Lumbricus rubellus*, 3) *Dendrobaena mammalis* 4) *Lumbricus terrestris* und *Allolobophora longa* 5) *Octolasium cyaneum* (nach BOUCHÉ 1971).

große Artenzahlen feststellen. In dem dargestellten Beispiel besiedelt *Dendrobaena tenuis* die Baumsstubben in den Wäldern, ist aber gleichzeitig unter Baumrinden anzutreffen. *Lumbricus rubellus* lebt auf der Bodenoberfläche und ist auch in Grashorsten oder in den obersten Rohhumusschichten nicht selten. Wird der Boden jedoch häufig überschwemmt und bildet sich Staunässe, so werden die Individuen von *Lumbricus rubellus* seltener. An ihre Stelle tritt dann *Eiseniella tetraedra*.

Eine kleine Regenwurmart im gleichen Biotop ist *Dendrobaena mammalis*. Sie selbst gräbt keine Gänge, sondern benutzt die Gänge der größeren Regenwürmer oder Gangsysteme, die von bodenlebenden Insektenlarven gegraben werden. In dem hier erwähnten Beispiel besiedelt *D. mammalis* die Gänge der Pestwurzeule *(Hydraecia* petasites).

Die tieferen Bodenschichten werden von *Octolasium cyaneum* bevorzugt. Diese Art tritt nur dann in größerer Anzahl auf, wenn der Boden nicht zu feucht ist. In dem ausgewählten Ökosystem gehören noch zwei andere Arten zur Tiefenfauna. Es sind *Lumbricus terrestris* und *Allolobophora longa*. Beide unternehmen im Boden ausgedehnte Vertikalwanderungen. Während der Nacht halten sie sich auf der Bodenoberfläche auf und verzehren geignete Abfallstoffe, am Tage aber dringen sie in die unteren Bodenschichten, so daß man sie dann in 2–3 m Tiefe vorfinden kann. Diese genanne Artenzusammensetzung ist nur für einige mitteleuropäische Böden charakteristisch.

Tabelle 7: Vorkommen von Regenwurm-Arten in verschiedenen Landschaften des europäischen Teiles der U.d.S.S.R. (Zahlen = % der Ind./m², + = <7% der Fauna) D.r. = *Dendrodrilus rubidus,* D.o. = *Dendrobaena octaedra,* L.c. = *Lumbricus castaneus,* L.r. = *Lumbricus rubellus,* L.t. = *Lumbricus terrestris,* O.l. = *Octolasium lacteum,* N.c. = *Nicodrilus caliginosus,* N.r. = *Nicodrilus roseus.* (nach PEREL 1977)

| | Nahrungssuche an der Bodenoberfläche | | | | Ständige Bodenbewohner | | |
| | Oberflächenbewohner | | | in Streu u. oberster Bodenschicht | Ober-Bodenschicht | | Mineralboden |
	D.r.	D.o.	L.c.	L.r.	L.t.	O.l.	N.c.	N.r.
Tundra	–	**100**	–	–	–	–	–	–
Taiga	+	**96**	–	–	–	+	–	–
Mischwald (Moskau)	–	15	–	11	–	+	15	53
Laubwald (Tula)	–	+	+	12	+	12	64	+
Steppe (Voroshilovgrad)	–	–	–	–	–	–	–	**100**

Tab. 7 veranschaulicht die regionalen Besonderheiten der Regenwurm-Fauna. In einem Laubwald der Tula-Region, in dem gemäßigte Klimabedingungen vorherrschen, wo Organismen kaum extremen abiotischen Umweltfaktoren ausgesetzt und Witterungsschwankungen relativ gering sind, kommen die meisten Arten vor. In einem reich strukturiert erscheinenden Bodenprofil lassen sich Aktivitäten von Oberflächen bewohnenden Arten, von Arten der oberen humusreichen Bodenhorizonte, aber auch von Arten nachweisen, die für die tiefer gelegenen humusarmen Mineralböden kennzeichnend sind.

Anders ist dies in Lebensräumen mit extremen klimatischen Bedingungen und relativ großen Witterungsschwankungen. So kommen sowohl in der Tundra als auch in der Steppe nur noch eine Regenwurm-Art vor. Es handelt sich jeweils um die Regenwurmart, die in ihrem Enwicklungszyklus an Bodenhorizonte mit den am wenigsten lebensfeindlichen Bedingungen angepaßt ist.

In den Wäldern der Waldsteppenzone, in denen die Böden während der Sommermonate auffallend stark austrocknen, beeinträchtigt der Feuchtigkeitsmangel die Individuen- und Artenzahl jener Regenwürmer, die entweder obligatorisch die obersten Streu- und Bodenschichten bewohnen oder zeitweise ihre Nahrung an der Bodenoberfläche suchen. – In den nassen Böden der Tundra oder den Podsolen der Taiga kommen hingegen nur solche Arten vor, die an eine Entwicklung in der Bodenstreu oder den obersten Bodenschichten angepaßt sind.

Derartige Beobachtungen über das Vorkommen von Arten gelten nicht nur für Regenwürmer; sie treffen ebenfalls für andere Organismengruppen zu. THIENEMAN hat dies in seinen Grundprinzipien etwa so formuliert: ,,Vielseitige Lebensbedingungen ermöglichen eine große Artenzahl; einseitige Bedingungen führen zur Artenarmut". Die während einer gewissen Beobachtungsserie festgestellten Umweltfaktoren lassen jedoch nicht immer eine einleuchtende Erklärung über die Artenzahl eines Lebensraumes erkennen. Es gibt zu viele Ausnahmen. So fügte der österreichische Bodenzoologe H. FRANZ noch das historische Grundprinzip hinzu ,,Je kontinuierlicher sich die Milieubedingungen an einem Standort entwickelt haben, je länger dort gleichartige Umweltverhältnisse herrschten, um so artenreicher und ausgeglichener kann die Lebensgemeinschaft sein". Diesen Gedankengang haben auch die beiden amerikanischen Ökologen SANDERS und SLOBODKIN verfolgt, als sie nach Ergebnissen, die ihnen die Meeresbodenfauna lieferte, die **Stabilität - Zeit - Hypothese** aufstellten. Auch sie konnten feststellen, daß die Artenzahl immer dann besonders niedrig ist, wenn 1. es sich um neu entstandene Lebensräume handelt, die höchstens von einigen **r-Strategen** besiedelt worden sind, 2. der Lebensraum durch lebensfeindliche abiotische Faktoren charakterisiert ist, auch wenn sich diese nur geringfügig verändern, 3. unvorhersagbare Ereignisse auftreten und diese von den durchschnittlichen Biotopeigenschaften sehr stark abweichen.

Treffen mehrere Arten eines gegebenen Taxons in einem Lebensraum zusammen, so ist es auffallend, daß viele von ihnen räumlich voneinander getrennt sind.

Wie die Beispiele der in Tab. 7 aufgeführten Regenwürmer und der in Abb. 63 erwähnten Laufkäfer zeigen, gilt dies sowohl für die vertikale als auch für die horizontale Ausbreitung der Organismen.

Die fünf Regenwurm-Arten des Mischwaldes verteilen sich fast gleichmäßig auf vier verschiedene vertikal angeordnete Schichten. Eine Art ist Oberflächenbewohner, eine weitere lebt in der Streu und obersten Bodenschicht; als ständige Bodenbewohner kommen noch eine Art der Oberbodenschicht und zwei Arten des Mineralbodens hinzu. Eine ähnliche **vertikale Sonderung** ist bei den Regenwürmern der Tula-Region zu beobachten. Auch hier sind alle Bodenschichten durch verschiedene Regenwurm-Arten besiedelt.

Bei den Laufkäfern aus der Gattung *Pterostichus* tritt, wie es die Abb. 63 veranschaulicht, eine **horizontale Sonderung** auf. So kommen einige Arten ausschließlich westlich der Binnendüne vor, andere aber leben nur südlich der Düne und auch die zentrale Dünenfläche ist durch die nur dort aktive Art *Pterostichus (Poecilus) lepidus* gekennzeichnet.

Beide Beispiele zeigen, daß die Artenzahl eines Taxons in einem reich strukturierten Lebensraum besonders hoch ist. Sie zeigen aber auch, daß der Artenreichtum eines Biotops nicht nur durch seine Struktur bzw. der Vielfalt seiner abiotischen Eigenschaften bestimmt wird. Sowohl in den für Regenwürmer recht einheitlichen Böden der Taiga als auch in den reich strukturierten Mineralböden der Laub- und Mischwälder (Tab. 7) kommen im Bereich einer einzigen vertikalen Schicht nicht nur jeweils eine Art, sondern stellenweise zwei verschiedene Arten vor. Für die Artenvielfalt der Laufkäfer aus der Gattung *Pterostichus* scheinen die relativ einseitigen Bedingungen des Niederungsmoores im Vergleich zu Auwiese und Birkenwald ebenfalls keinen Einfluß auszuüben. In allen drei Habitattypen leben in größerer Anzahl 3–4 Arten aus dieser Laufkäfer-Gattung.

Um eine Antwort auf die Frage nach dem Artenreichtum eines Ökosystems zu erhalten, genügt es daher nicht, strukturelle Unterschiede eines Lebensraumes sowie seine abiotischen Besonderheiten zu erfassen und Arten zu ermitteln, die dort räumlich voneinander getrennt oder **allotop** vorkommen. Es müssen vielmehr auch Antworten auf Fragen gesucht werden, die zeigen, ob mehrere Arten einer taxonomischen Gruppe innerhalb derselben Strukturteile miteinander oder **syntop** leben können. Sind es vielleicht Zufallsbefunde, wenn z. B. die beiden **Nicodrilus**-Arten in dem Mineralboden des Mischwaldes oder die 3–4 Pterostichus-Arten innerhalb der einzelnen Habitattypen (Abb. 63) festgestellt werden?

Bei der Frage nach der **Koexistenz** von Arten läßt sich gleichzeitig klären, ob Arten in einem Ökosystem eine bestimmte ökologische Nische ausfüllen und am Energie- und Umlagerungsprozess beteiligt sind oder ob es sich womöglich nur um Arten handelt, die sporadisch und kurzfristig einen Lebensraum besiedeln und wie manche *Pterostichus*-Arten der Dünenflächen am Stoffkreislauf eines Ökosystems nicht oder nur geringfügig beteiligt sind.

Nach dem Prinzip von GAUSE oder dem Konkurrenz-Ausschlußprinzip können Populationen von zwei oder mehr Arten in einem Ökosystem nur dann kontinuierlich bestehen, wenn sie sich voneinander unterscheiden und nicht dieselbe ökologische Nische beanspruchen. Wie weit müssen also die Regenwürmer innerhalb derselben Bodenschichten oder die *Pterostichus*-Arten innerhalb desselben Habitattyps verschieden sein, damit sie syntop koexistieren können?

Arten sind voneinander ökologisch verschieden, wenn sie nicht dieselben Nahrungsquellen beanspruchen. Unterschiedliche **Nahrungsaufnahme** kann ein Schlüsselfaktor für die Koexistenz stabiler Populationen sein. Beispiele hierfür geben Collembolen, die in den schwach ausgebildeten Podsolen der erwähnten Heidegebiete (Kap. 3.2.) syntop vorkommen. Sie sind durch den unterschiedlichen Bau ihrer Mundwerkzeuge so weit voneinander verschieden, daß sie die verschiedensten Nahrungsquellen untereinander aufteilen und bei dem Wettstreit um Ressourcen kaum miteinander konkurrieren und daher koexistieren können. Eine unterschiedliche Ernährung von verwandten Arten läßt sich ebenso bei Milben innerhalb der verschiedensten Unterordnungen feststellen. Auch Carabiden zeigen unterschiedliche Nahrungsansprüche.

Unter den epigäisch lebenden Laufkäfern gibt es einige, die ausgesprochen räuberisch sind und solche, die sich überwiegend von Knospen, Pflanzensamen oder Pflanzenstengeln ernähren. Die räuberisch lebenden Arten besitzen schlanke und spitz zulaufende Mandibeln (*Pterostichus*) während die der Pflanzenfresser (*Harpalus*) kurz und gedrungen sind. Laufkäfer-Arten aus diesen beiden Gruppen dürften kaum im Nahrungswettstreit miteinander stehen.

Nahrungsspezialisation ist aber nicht die einzige Möglichkeit der Sonderung (Segregation). Arten können syntop koexistieren, wenn sie die gleiche Nahrungsquelle zu unterschiedlichen Zeiten nutzen (**zeitliche Sonderung**). Ein entsprechendes Beispiel zeigen die 6 häufigsten Kurzflügler-Arten eines Kiefernbestandes (Abb. 73). Neben diesen 6 Arten sind in dem erwähnten Bestand noch 35 weitere aktiv; die 6 Arten aber machen 86% der gesamten Kurzflügler-Fauna aus. In Abb. 73 sind somit alle häufigeren Staphyliniden des untersuchten Standorts aufgeführt.

Im oberen Teil der Abbildung sind in vereinfachter Form die phänologischen Kurven wiedergegeben. In den Monaten Januar- März erreichen *Olophrum piceum* (1) und *Lathrimaeum unicolor* (2) ihre größte Häufigkeit. Beide Arten sind überwiegend saprophag. In den Sommermonaten sind hingegen die beiden myrmecophagen Arten *Zyras humeralis* (3) und *Drusilla canaliculata* (4) sehr zahlreich. Im Herbst dominieren die beiden überwiegend räuberisch von Collembolen und Fliegenlarven lebenden Arten *Othius punctulatus* (5) und *Othius myrmecophilus* (6). Zu einer graduellen Nahrungsspezialisierung der Staphyliniden-Arten tritt eine durch spezifische Diapause-Strategien bedingte jahreszeitliche Sonderung. Diese vermindert zusätzlich die Konkurrenz und ermöglicht die Koexistenz der Artenpaare 1,2 sowie 3,4 und 5,6.

Es bleibt die Frage, ob auch jene Arten mit den ähnlichsten Nahrungsansprüchen und den am weitesten überschneidenden Häufigkeitskurven über längere Zeit miteinander syntop leben können. Um dies festzustellen, ist es notwendig, das Ausmaß der Sonderung in der Ausnutzung der Ressourcen zwischen den potentiell konkurrierenden Arten zu ermitteln.

Geht man davon aus, daß zwei Arten in allen ihren ökologischen Ansprüchen einander entsprechen aber ihr jahreszeitliches Vorkommen verschieden ist, so läßt sich das Ausmaß der Sonderung durch den Abstand zwischen den Modalwerten (d) der Häufigkeitskurven und ihrer Standardabweichungen (w) bestimmen. Nach der Hypothese des amerikanischen Ökologen MAY (d/w ≥ 1 für Koexistenz der Arten) läßt sich vorhersagen, daß die Arten 1,2 bei d/w = 2,75, und 3,4 bei d/w = 1,39 koexistieren können, die Arten 5,6 bei d/w = 0,44 jedoch einen anderen Sonderungsmechanismus aufweisen müssen, wollen sie miteinander syntop überdauern.

Ein weiteres Maß für die Sonderung von Tieren ist ihre **Größe**. Arten, die in allen ihren Nischenparametern gleich sind, sich jedoch in der Größe unterscheiden, können syntop überleben. Für die Arten der Streuschicht und des Bodens würde dies bedeuten, daß nebeneinander verschieden große Arten vorkommen. Die kleineren würden in demselben Lebens-

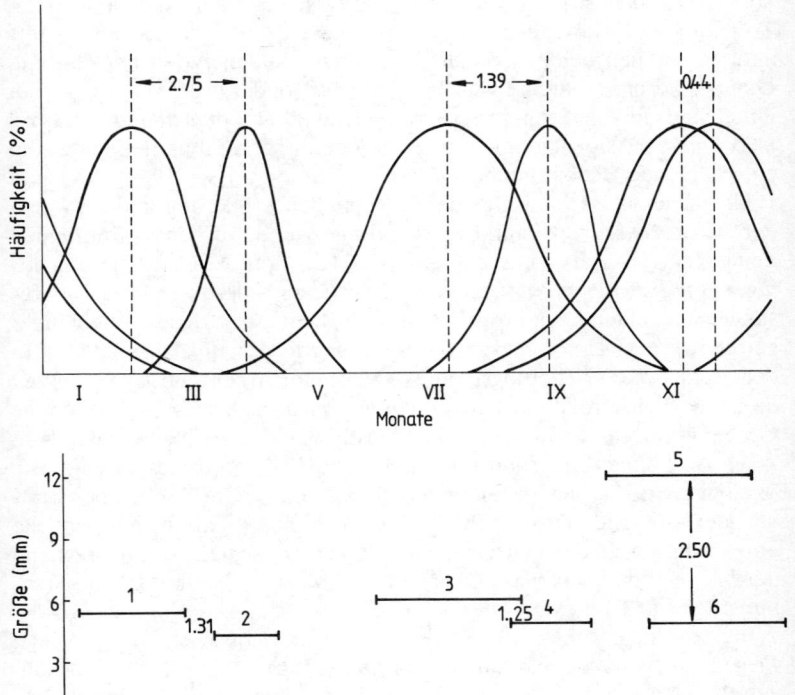

Abb. 73: Jahreszeitliche Sonderung (oben) und Sonderung durch die Größe bei den 6 dominanten Kurzflügler-Arten eines Kiefernbestandes: 1) *Olophrum piceum*, 2) *Lathrimaeum unicolor*, 3) *Zyras humeralis*, 4) *Drusilla canaliculata*, 5) *Othius punctulatus*, 6) *Othius myrmecophilus*. Die Zahlen in dieser Abb. geben den „**May-Index**" an (oben) bzw. den „**Hutchinson-Index**" (unten).

183

raum die kleineren Bodenporen, die größeren aber die größeren Bodenporen besiedeln. Freilanduntersuchungen haben ergeben, daß ein minimaler Größenunterschied von etwa 1,28 (**Hutchinson-Index**) auftreten muß, damit zwei Arten gerade noch koexistieren können. Im unteren Teil der Abb. 73 sind die Größen der 6 Staphyliniden aufgetragen. Die Größenunterschiede zwischen den Arten 1,2 sind bei einem Hutchinson-Index von 1,31 für eine räumliche Trennung beider Arten gerade ausreichend. *Olophrum piceum* und *Lathrimaeum unicolor* lassen sich somit sowohl durch ihre Größe als auch durch ihre jahreszeitliche Desynchronisation voneinander trennen. – Die Arten 3,4 würden sich in ihrer Größe nicht genügend unterscheiden (Index = 1,25), um eine Koexistenz zu ermöglichen. Sie unterscheiden sich in dem erwähnten Habitat in ihrem jahreszeitlichen Auftreten. Die beobachtete jahreszeitlich bedingte Sonderung (d/w ist nur etwas größer als 1).Sie dürfte für die ökologische Trennung und Koexistenz beider Arten ausreichen, wenn auch die Interaktion zwischen beiden erheblich ist. – Die beiden Arten der Gattung *Othius* sind nicht durch eine jahreszeitliche Sonderung verschieden. Bei ihnen sind die Größenunterschiede bedeutend *(O. punctulatus: O. myrmecophilus* = 2,50), die allein für eine ökologische Trennung beider die entscheidende Bedeutung haben dürften.

Die gleichen Mechanismen der ökologischen Sonderung sind bei vielen der zuvor erwähnten Laufkäfer der Binnendüne mit den angrenzenden Feuchtgebieten verwirklicht (Abb. 63). Die drei Arten – *Pterostichus niger, Pterostichus nigrita, Pterostichus diligens* – des Niederungsmoores südlich der Düne sind durch ihre Größenunterschiede voneinander getrennt *(Pt. niger : Pt. nigrita* = 1,75; *Pt. nigrita : Pt. diligens* = 2,00). – In dem östlich des Niederungsmoores gelegenen Birkenwald ist *Pt. nigrita* durch die gleichgroße Art *Pt. oblongopunctatus* ersetzt. Somit ergeben die Größenunterschiede dieser drei Arten die gleichen Zahlenverhältnisse. Auch sie können aufgrund ihrer unterschiedlichen Größe verschiedene ökologische Nischen ausfüllen und koexistieren. – Im Bereich der westlich der Binnendüne gelegenen Auwiese ermöglichen sowohl zeitliche Sonderungserscheinungen als auch Größenunterschiede – entsprechend der Segregation bei den Staphyliniden in Abb. 73 – die ökologische Trennung der vier häufigsten *Pterostichus*-Arten.

Im zentralen Binnendünenbereich kommen acht Arten der Gattung *Pterostichus* vor. Sie alle dürften auf den sandigen und schwach podsoligen Böden weder geeignete abiotische Voraussetzungen für ihre Entwicklung vorfinden (Kap. 4.2.1.), noch dürften sie alle zeitlich bzw. durch ihre Größe oder Nahrung voneinander gesondert sein. Die hohe Artenzahl dieses Standortes ist allein mit der hohen Einwanderungsrate der *Pterostichus*-Arten zu erklären. Geeignete Entwicklungsmöglichkeiten dürfte im zentralen Dünenbereich nur *Pterostichus lepidus* vorfinden.

Die Zahl der migrierenden oder passiv verdrifteten Arten kann einen großen Anteil der Organismen eines Standortes ausmachen. In dem Kiefernbestand mit seinen 6 häufigen Kurzflügler-Arten (Abb. 73) kommen regelmäßig drei weitere Staphyliniden in nicht geringer Individuenzahl hinzu, die dort lediglich die Wintermonate in einer inaktiven Diapause-Phase verbringen. Andererseits läßt sich beobachten, daß nicht alle Individuen mit geeigneten Entwicklungsbedingungen im Kiefernbestand verharren, sondern daß sie ihren Lebensraum entweder vor einer Dormanz oder unmittelbar vor ihrer Reproduktion verlassen.

Die verschiedenen Strategien, welche Arten eines Standortes im Laufe ihrer Evolution entwickelt haben, die ihnen eine möglichst erfolgreiche Reproduktion gewährleisten und Konkurrenz mit anderen Arten möglichst weitgehend herabsetzen, sind in Abb. 74 zusammengefaßt.

Überträgt man die ,,Überlebens-Strategien" auf die Kurzflügler-Arten des erwähnten Kiefernbestandes, so würde sich bei einer im Frühjahr durchgeführten Beobachtung folgende Einteilung ergeben. In die Rubrik ,,Fortpflanzung" kämen die beiden myrmecophagen Arten *Zyras humeralis* und *Drusilla canaliculata*. Die *Othius*-Arten, *Olophrum piceum* und *Lathrimaeum unicolor,* wären der Rubrik ,,Dormanz u. Fortpflanzung" zuzuordnen. In die Rubrik ,,Dispersion u. Fortpflanzung" kämen jene drei Arten, die in dem Kiefernbestand überwintern und als r-Strategen während der Sommermonate in den umliegenden Agrarflächen zur Fortpflanzung gelangen. In dem angeführten Beispiel sind es *Philonthus car-*

Abb. 74: Ökophysiologische Anpassungsmechanismen nach der ,,reproductive succuss matrix" – der größtmöglichen Nachkommenzahl für jede einzelne der adaptiven Strategien (nach SOUTHWOOD 1977).

bonarius, Tachyporus hypnorum und *Atheta fungi*. In die Rubrik „Dispersion, Dormanz u. Fortpflanzung" gehört schließlich *Lathrimaeum unicolor*. Nicht alle Individuen der dort lebenden Population von *L. unicolor* suchen sich nach erfolgreicher Entwicklung in dem Kiefernbestand ein geeignetes Aestivations-Quartier. Einige Individuen dieser Art wandern aus und unternehmen während der Prae-Diapausephase längere Dispersionsflüge.

Wenn es ein Maß dafür gibt, festzustellen, in welchem Ausmaß Arten voneinander verschieden sein müssen, damit sie koexistieren können, so muß es auch möglich sein, die größtmögliche Anzahl von Arten einer taxonomischen Gruppe für einen bestimmten Lebensraum vorherzusagen. Am Beispiel der Gattungen *Catops* und *Nargus* aus der Familie der Nestkäfer (Catopidae) soll eine derartige Vorhersage versucht werden. Die Ergebnisse hierzu wurden aus einem Buchenwald Norddeutschlands gewonnen.

Die Nestkäfer haben – wenn sie auch verschieden groß sind – alle die gleiche etwas gewölbte, langgestreckt-ovale Gestalt. Die näher miteinander verwandten Arten ähneln sich derart, daß sie nur durch die Genitalien der Männchen voneinander zu trennen sind. Die hier erwähnten Arten leben in der Streuschicht der Wälder, in den Poren der oberen Bodenhorizonte und kommen hin und wieder ebenfalls in den Gängen und Nestern der Kleinsäuger vor. Als Saprophagen ernähren sie sich alle von verwesender organischer Substanz. Steht ihnen diese nicht zur Verfügung, so fressen sie auch am Kleinsäuger-Kot. Ist der Kot ihre einzige Nahrungsquelle, so erhöht sich die Mortalität der Nestkäfer. Weibchen, denen ausschließlich Kot als Nahrung geboten wird, kommen nicht zur Eiablage.

Von den Catopiden aus den Gattungen *Nargus* und *Catops* leben in Mitteleuropa 28 Arten. Auf Grund der Verbreitung und der ökologischen Ansprüche konnten in dem Buchenwald 18 Arten erwartet werden. Die Frage, die sich in diesem Zusammenhang stellt: Können alle 18 Arten in der Streu und im Boden des Buchenwaldes koexistieren?

Um eine Antwort hierauf zu finden, wurden bei den sonst als ökologisch homolog anzusehenden Arten die Entwicklungszyklen untersucht und ihre Größenunterschiede gemessen. Als erstes Ergebnis stellte sich heraus, daß zwar nicht 18, immerhin aber 8 Arten durch diese beiden Nischenparameter soweit voneinander getrennt sein könnten, um miteinander in demselben Lebensraum geeignete Entwicklungsbedingungen zu finden.

Freilanduntersuchungen, die nach diesen Überlegungen durchgeführt wurden, ergaben jedoch eine Koexistenz von nur 5 Arten (Abb. 75). Woran konnte dies liegen?

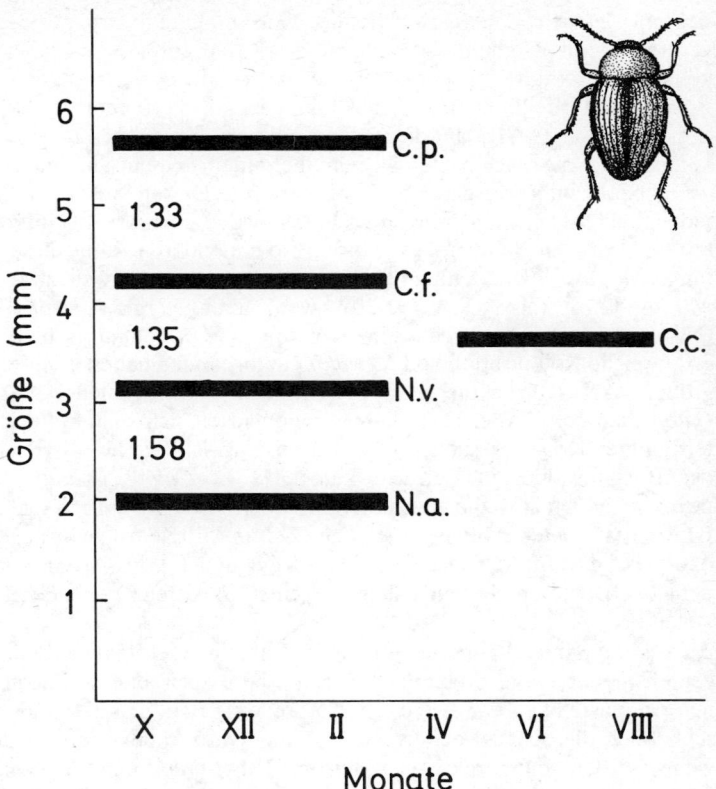

Abb. 75: ,,Artenpackung" der Nestkäfer (Catopidae) in einem Buchenwald: C. p. = *Catops picipes,* C. f. = *Catops fuliginosus,* C. c. = *Catops coracinus,* N. v. = *Nargus velox,* N. a. = *Nargus anisotomoides.* Die Länge der Balken gibt die Hauptaktivitätszeit der Käfer, ihre Breite die ungefähre Biomasse an. Die Zahlen verweisen auf den **,,Hutchinson-Index"**, d. h.: C. p.: c. f. = 1,33 (ver. nach TOPP und ENGLER 1980).

Zunächst seien jene vier Nestkäfer genannt, die sich während der Wintermonate entwickeln und den Sommer in einer Ruhepause verbringen (Abb. 75). *Catops picipes* (= C.p.) ist die größte Art, die auf der Untersuchungfläche lebt. Es folgen *Catops fuliginosus* (= C.f.), *Nargus velox* (= N.v.) und *Nargus anisotomoides* (= N.a.). Alle sind nach dem Hutchinson-Index derart verschieden, daß ihre Koexistenz ermöglicht wird. – In den Sommermonaten aber ist nur eine Catopiden-Art aktiv. Es handelt sich um *Catops coracinus*, welche die Wintermonate in einer Ruhephase verbringt und zwischen 3–4 mm groß ist. Keine größere Art, aber auch keine kleinere füllt eine jener drei Nischen aus, die den Catopiden in dem Buchenwald offenbar während des Sommers zur Verfügung stehen.

Eine kleinere Art, an die man in diesem Zusammenhang denken könnte und die nach vielen Freilandbefunden gemeinsam mit *Nargus velox* beobachtet wurde, ist *Nargus wilkini*. Dieser Nestkäfer besitzt jedoch nicht den geeigneten Entwicklungszyklus. Die Art ist winteraktiv, mit einer anschließenden Aestivation, wie die anderen Käfer dieser Gattung. *Nargus wilkini* fehlt in dem erwähnten Beispiel, weil zwar nicht *Nargus velox* (N.v. : N.w. = 1,30), wohl aber *Nargus anisotomoides* (N.w. : N.a. = 1,20) durch seinen geringen Größenunterschied eine erfolgreiche Kolonisation von *N. wilkini* unterbunden haben könnte. Eine größere Art, welche die nicht beanspruchte Nische füllen könnte, ist *Catops nigricans*. Aber auch diese Art entwickelt sich während der Wintermonate. Jene Nestkäfer, die von ihrer Entwicklung her als Besiedler des Buchenwaldes in Betracht kämen (z. B. *Catops (Sciodrepoides) watsoni)*, haben etwa die gleiche Größe wie *Catops coracinus*. – Die durch Umweltparameter evoluierten und zur Zeit in Mitteleuropa vorliegenden ökologischen Differenzierungen der *Nargus* und *Catops*-Arten lassen in dem beobachteten System daher nur eine Koexistenz von höchstens 5 Arten zu.

Es ist denkbar, daß bei langfristig gleichbleibenden Umweltbedingungen ensprechend der Stabilität-Zeit-Hypothese auch jene drei noch offenen „Planstellen" von weiteren Catopiden-Arten genutzt und somit schließlich die acht zu erwartenden Arten syntop koexistieren werden, wenn bei den sommeraktiven Arten mit Hibernation eine Größendifferenzierung evoluiert, oder wenn es der einen oder anderen unterschiedlich großen winteraktiven Art gelingt, ihren Entwicklungszyklus auf Sommeraktivität und Hibernation umzustellen (Kap. 4.1.4.).

Ist die größtmögliche Artenzahl eines Systems bekannt, so stellt sich als nächster Schritt die Frage nach seiner **Stabilität**. In dem erwähnten Beispiel konnte sich *Catops coracinus* offensichtlich gegenüber gleichgroßen Arten mit entsprechenden Entwicklungszyklen durchsetzen. Folgendes Beispiel soll aber zeigen, daß eine einmal aufgetretene Artenzusammenstellung nicht über einen längeren Zeitraum fortbestehen muß.

Die Ausgangssituation geben die 4 bereits vorgestellten winteraktiven Nestkäfer-Arten der Abb. 75. In dem folgenden Jahr der Untersuchungen traten in dem beobachteten System nicht nur diese 4 Arten auf; ihre Zahl hatte sich deutlich erhöht, u. a. waren *Catops nigricans*, *Catops tristis* und *Catops neglectus* in den Buchenwald eingewandert. Wie zuvor festgestellt wurde, liegen die 4 Catopiden durch ihre Größenunterschiede bereits so dicht beieinander, daß man eine Koexistenz von mehr als 4

Arten nicht erwarten konnte. Folglich ist zwischen den bereits etablierten Arten und den Neuankömmlingen Konkurrenz zu vermuten.

In dem folgenden Jahr der Untersuchung ergab sich folgende Situation (Abb. 76): *Catops nigricans* trat während der gesamten Wintermonate auf, erreichte aber niemals jene Abundanz von *Catops picipes*. Die Invasion von *Catops tristis* und *Catops neglectus* erfolgte in derart großer Individuenzahl, daß der etwa gleich große *Catops fuliginosus* schon bald, möglicherweise durch diese beiden Arten, verdrängt wurde. Auch wenn *Catops fuliginosus* bereits fehlte, so dürfte nach obigen Überlegungen die im 2. Jahr der Untersuchungen festgestellte Artenkombination nicht stabil sein. Wie wird die Artenzusammensetzung im 3. Jahr der Untersuchungen aussehen?

Nun zeigt sich wieder ein Bild, welches als stabil angesehen werden dürfte. *Catops nigricans* ist verschwunden. Er hat sich gegenüber der

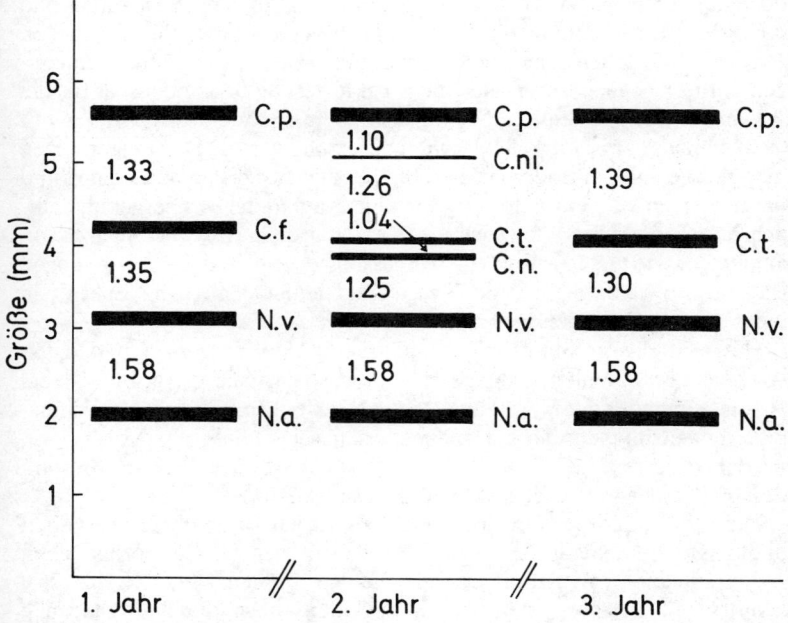

Abb. 76: Veränderung der ,,Artenpackung" von Nestkäfern (Catopidae) in aufeinanderfolgenden Jahren. Die Länge der Balken gibt die Hauptaktivitätszeit der Käfer, ihre Breite die ungefähre Biomasse an. C. ni. = *Catops nigricans*, C. t. = *Catops tristis*, C. n. = *Catops neglectus*. Weitere Abkürzungen und Erklärungen der Zahlen s. Abb. 75 (ver. nach Topp und Engler 1980).

etwas größeren Art *Catops picipes* nicht durchsetzen können. Von den Arten der nächst kleineren Größenklasse hat sich *Catops tristis* durchgesetzt. Diese Art ist etwas größer als *C. neglectus* und paßt daher besser zwischen die beiden Arten *C. picipes* und *Nargus velox* als die unterlegene Art *C. neglectus,* deren Abstand zu *Nargus velox* nur (C. neglectus : N. velox) 1,25 beträgt (Abb. 76).

Doch auch die im 3. Jahr der Untersuchungen beobachteten Artenzusammensetzungen dürfte nicht endültig sein. Mal wird es jene Art versuchen, mal eine andere mit mehr oder weniger Erfolg in eine bereits ausgefüllte ökologische Nische vorzudringen.

Die aufgeführten Beispiele zeigen, daß die Zahl der im Boden vorkommenden Arten durch die verschiedensten Parameter bestimmt werden kann.

Zunächst ist der Wirkungsbereich der **abiotischen Faktoren** entscheidend. Böden, die großen abiotischen Schwankungen unterworfen sind oder austrocknen bzw. gefrieren können, sind für eine Besiedlung und ungestörte Entwicklung von Arten weniger geeignet als solche, in denen z. B. weniger lebensfeindliche Temperatur- und Feuchtigkeitsbedingungen vorherrschen. – Aber auch die **Strukturierung** des Bodens ist für die Artenzahl von Bedeutung. Ein gleichmäßig ausgebildeter Boden mit gleichbleibender Korngrößenzusammensetzung wird z. B. weniger Arten beherbergen als ein Boden, in dem die Korngrößenzusammensetzung und daraus folgend die Größe der Porenvolumina und der Wassergehalt deutlich variieren. – Der Artenreichtum in einem Boden wird aber auch davon abhängen, wie vielen Arten eine **Anpassung** an ein Bodenleben gelungen ist, und wie viele der zur Verfügung stehenden **ökologischen Nischen** von ihnen besiedelt werden konnten.

Hat sich die größtmögliche Zahl der an Stoffprozessen beteiligten Arten an ein Bodenleben anpassen können, so darf man erwarten, daß bei Ausnutzung aller zur Verfügung stehenden Möglichkeiten eine gleichmäßige Zersetzung der abgestorbenen organischen Substanz erfolgt, ein idealer Stoffkreislauf vorliegt, und es nicht zur Anreicherung des Bestandesabfalls oder tierischer Exkremente kommt.

Die Artenzahl in einem Boden wird zusätzlich durch die Anwesenheit ökologisch homologer Arten erhöht, die mit den bereits vorhandenen Arten in einem Wettstreit um gleiche Ressourcen stehen (Abb. 76). Schließlich wird die Artenzahl eines Bodens noch durch Organismen beeinflußt, die diesen Lebensraum aufsuchen, um hier in einer Ruhephase zu überdauern oder durch solche, die zufällig einwandern. Diese sind an den Abbau- und Umlagerungsprozessen des Bodens nicht oder nur geringfügig beteiligt.

5. Eine Fallstudie – das australische Dungkäfer-Projekt

Als vor etwa 200 Jahren die ersten englischen Einwanderer nach Australien kamen, führten sie 7 Rinder, 7 Pferde und 44 Schafe mit sich. Solange das Vieh in geringer Zahl vorhanden war, und die Tiere sich über ein großes Areal verteilten, richteten sie in ihrer Umwelt keinen erkennbaren Schaden an. Nach 200 Jahren aber sind aus den 7 Rindern zahlreiche Herden mit etwa 30 Mill. Tieren geworden. Diese große Zahl von Rindern führte allmählich zu einer tiefgreifenden Zerstörung des Weidelandes. Ein auffälliges Merkmal hierfür sind die zahlreichen, bis zu mehrere Jahre alten Kuhfladen, welche die Weiden in immer größerer Dichte übersähen.

Die große Menge der nicht zersetzten Kotmassen brachte mehrere Folgeerscheinungen mit sich. Da die Zahl der Kuhfladen immer größer wurde und mit ihnen auch die Fläche der in unmittelbarer Nähe der abgesetzten Dunghaufen aufschießenden Gräser und Unkräuter, die von den Rindern gemieden werden, verringerte sich die nutzbare Weidefläche immer mehr. Der jährliche von einem Rind verursachte Weideverlust ließ sich mit etwa 400 m^2 vorhersagen.

Darüberhinaus verschlechterte sich die Qualität des Weidelandes. Bevor die Haustiere nach Australien eingeführt wurden, lebten dort auf den Weiden als einzige große phytophage Tiere die Känguruhs und andere Marsupialier. Sie erzeugen relativ trockene, grobfaserige Kotkrümel. Diese treten kaum in größerer Menge auf und werden zu einem Teil durch die einheimischen Dungkäfer in den Boden eingegraben. Die Käfer beschleunigen die Zersetzung der Kotkrümel und die Rückführung notwendiger Nährstoffe an den Boden.

Mit der Einführung der Rinder wird der Stoffkreislauf (Kap. 3.4.2.2.) im Ökosystem Weideland erheblich gestört. Verbleiben nämlich die Ausscheidungsprodukte lange Zeit unzersetzt auf der Bodenoberfläche, so wird ein großer Teil der im Kot enthaltenen Nährstoffe nicht dem Boden zugeführt, sondern geht verloren, weil diese entweder flüchtig sind, oder weil sie an unlösliche komplexe Verbindungen angelagert werden. – Ein Rind scheidet während eines Sommers mit seinen Exkrementen etwa 13,6 kg an Stickstoff aus. Bleiben die Exkremente oberflächig liegen, so werden von den 13,6 kg nur 2,7 kg wieder an den Boden zurückgegeben.

Die Rinder verschlechtern nicht nur ihre eigene Umwelt und gefährden hierdurch auf lange Sicht ihren eigenen Bestand, sie bieten anderen Arten mit der Weideverschmutzung gleichzeitig gute Entwicklungsmöglichkeiten. Da sich in den unzersetzten Kuhfladen auch Rinderparasiten in optimaler Weise entwickeln können, tragen die Rinder auch auf indirektem Wege über die Parasiten zu ihrer Bestandsgefährdung bei.

In Australien erlangten mehrere Parasitenarten besondere Bedeutung. Dazu gehören obligatorisch blutsaugende Stechfliegen aus der Familie der Stomoxyidae wie die Büffelfliege *(Haematobia irritans exigua)*, die durch ihren Geruchsinn zur Eiablage an Rinderdung geleitet wird. Im Dung entwickeln sich die Larven. An den Wunden, die durch die Imagines der Stechfliegen verursacht werden, sitzen als Wundsekret- und Schweißlekker gern Fliegen aus der Familie der Muscidae. In Australien überträgt die Buschfliege *Musca vetustissima* Viren, Bakterien, Protozoen und Nematodeneier und infiziert so die Rinder. Im feuchten Rinderdung können sich aber auch Mücken, wie die Gnitzen (Ceratopogonidae), entwikkeln. Den Rindern wird eine kleine Gnitze – *Culicoides brevitarsis* – besonders gefährlich. Sie überträgt den Virus des ,,Eintagsfiebers'' und kann auch als Vektor der ,,Blauzungen-Krankheit'' auftreten.

Zu den Parasiten der Wiederkäuer gehören ebenfalls zahlreiche Fadenwürmer aus den Familien Metastrongylidae und Trichostrongylidae. Ihre Larven entwickeln sich zunächst im Rinderdung. Das 3. Larvenstadium verläßt den Dunghaufen, einige wandern auf die Sporangienträger der *Pilobolus*-Pilze, die den nicht zersetzten Kot zeitweise überziehen. Werden die reifen Sporangien des Pilzes fortgeschleudert, so erfolgt hiermit gleichzeitig die Verbreitung der Nematodenlarven. Auf diese Weise überbrücken sie jenen Pflanzenbereich, der von den Rindern gemieden wird und gelangen zu den Gräsern, die abgeweidet werden. Mit der Nahrung werden Nematoden vom Vieh aufgenommen und verursachen bei ihnen u. a. eine Weidekrankheit, die sich als Bronchitis äußert. Der in Australien häufig anzutreffende Große Magenfadenwurm *(Maemonchus contortus)* hält sich in der Schleimhaut des Labmagens auf. Die Eier dieses Fadenwurms werden mit dem Kot der Wiederkäuer ausgeschieden.

Um die Eutrophierung der Weiden sowie Vermehrung und Ausbreitung der Rinderparasiten auszuschalten, die sich mit der Haustierhaltung ergaben, wird daran gedacht, die Kothaufen zu beseitigen und die Krankheitserreger durch Pestizideinsatz zu vernichten. Ob solchen Maßnahmen ein langfristiger Erfolg beschieden ist, bleibt zweifelhaft. Für eine Parasitenbekämpfung entwickelte Pestizide dürften keine chemischen Rückstände im Fleisch erkennen lassen. Außerdem wäre es möglich, daß einige Stämme gegenüber Pestiziden resistent werden, wie dies schon in den USA bei der Bekämpfung der Hornfliege *Haematobia irritans irritans* zu beobachten war.

Als das Problem der Umweltverschmutzung durch die Rinder schließlich keinen weiteren Aufschub mehr duldete und Gegenmaßnahmen unbedingt erforderlich wurden, konnte der ungarische Entomologe BORNEMISSZA einen interessanten Vorschlag unterbreiten. G. BORNEMISSZA hatte viele Jahre über Dungkäfer gearbeitet und beobachtet, daß die australischen Dungkäfer im Gegensatz zu denen aus seiner Heimat nur wenig zum Dungabbau beitrugen und schlug nun vor, man solle doch einige Dungkäfer aus Übersee nach Australien einführen. Möglicherweise könnte durch diese Käfer das Problem gelöst werden (Kap. 4.1.2.).

Die australischen Dungkäfer konnten zwar die trockenen Kotkügelchen der Marsupialier abbauen, waren aber nicht dazu geeignet, die feuchten Kuhfladen zu zersetzen. Dies scheint nicht verwunderlich, läßt sich doch leicht vorstellen, daß Dungkäfer an die Größe, Struktur, den Wassergehalt und die mikrobielle Zusammensetzung der Kothaufen jener Tiere gut angepaßt sind, mit denen sie sich gemeinsam über tausende von Jahren entwickelt hatten. Untersucht man die afrikanische Dungkäferfauna, so lassen sich mehr als 2000 verschiedene Arten aufzählen, die mehr oder weniger an den Dung bestimmter phytophager Tiere spezialisiert sind. So gibt es Dungkäfer, die bevorzugt oder ausschließlich den Kot der Elefanten, Büffel, Zebras, Pferde, Rinder oder Schafe fressen und mit dem Erdreich vermischen. Es lag also nahe, jene Käfer nach Australien einzuführen, die in den anderen Kontinenten bei der Zersetzung des Rinderdungs besonders erfolgreich sind.

Eine solche Art ist der im tropischen Afrika beheimatete *Onthophagus gazella*. Vor etwa 10 Jahren wurden tausende von Individuen dieser Art in der Nähe der Stadt Townsville freigelassen. Der Dungkäfer fand in den zahlreichen Kuhfladen geeignete Entwicklungsmöglichkeiten, vermehrte sich rasch und dehnte sein Besiedlungsareal ständig aus. Nach drei Jahren hatte das Ausbreitungsgebiet von *Onthophagus gazella* eine Nord-Südausdehnung von 400 km erreicht, etwa 120 km weit war der Käfer in das Binnenland vorgedrungen. Nach weiteren 5 Jahren hatte *Onthophagus* fast das gesamte Gebiet der Tropen im Norden Australiens besiedelt (Abb. 77).

Dort, wo die Entwicklungsbedingungen für diesen Dungkäfer besonders gut sind, stellte sich bald ein überwältigender Erfolg ein. So waren die Dungkäfer im Gebiet um Townsville bald derart zahlreich, daß die Kuhfladen schon 24 Stunden nach dem Ausscheiden vollkommen verschwunden waren. Doch auch Arten wie *Onthophagus gazella* werden in ihrer Aktivität durch die abiotischen Umwelteinflüße beeinflußt. So ist die Grabtätigkeit nicht in ihrem gesamten Verbreitungsgebiet so wirkungsvoll wie in der Umgebung von Townsville. Um das „Kuhfladen-Problem" vollkommen zu lösen, mußten daher weitere Arten nach Australien eingeführt werden. Eine weitere Art, die sich in Australien erfolgreich ausbreitet, ist *Euoniticellus intermedius*. Sie stammt aus Südafrika und besiedelt dort die warm – gemäßigten Regionen. Ihren Eigenschaften entsprechend ist *E. intermedius* in Australien mittlerweise in einem etwas weiter südlich gelegenen, kühleren und trockeneren Gebiet als *O. gazella* beheimatet (Abb. 77).

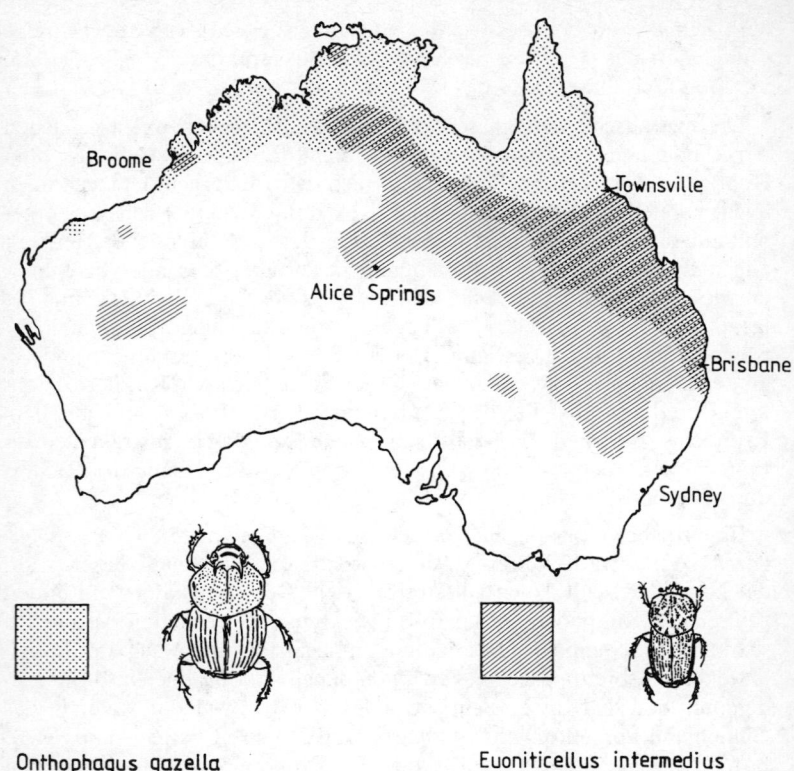

Onthophagus gazella   Euoniticellus intermedius

Abb. 77: Besiedlungsareal der nach Australien eingeführten Dungkäfer *Ontho-phagus gazella* und *Euoniticellus intermedius* (ver. nach BORNEMISSZA 1976).

Sobald schließlich mehrere Arten erfolgreich in Australien eingeführt sein werden, können wir von ihnen gleiche Leistungen erwarten, wie sie von südafrikanischen Dungkäfern bekannt sind. In Südafrika bringen die Dungkäfer etwa 13 kg, bzw. über 90% der jährlich von einem Rind ausge-schiedenen Kotmasse in den Boden. In dem Dung enthaltene Nährstoffe können durch die schnellere Zersetzung und Humifizierung (Kap. 3.3.) den Pflanzen leichter zugeführt werden. Die Wirkung der Dungkäfer ist in dieser Hinsicht mit der der Regenwürmer Mitteleuropas vergleichbar (Kap. 3.2.3.).

An einem Beispiel sei der Einfluß der Dungkäfer auf die Pflanzen näher erläutert. In mehreren Kulturen wurde der Ertrag an Japanischer Hirse

Tabelle 8: Der Ertrag an Japanischer Hirse und Aufnahme von Stickstoff, Phosphor und Schwefel durch die Pflanze bei verschiedenen Kulturbedingungen (nach Bornemissza und Williams 1970)

Behandlung	Ertrag (g)		Aufnahme (mg)		
	Blattmasse	Wurzeln	N	P	S
kein Dung, keine Käfer (Kontrolle)	13,6	10,1	105	11,5	14,9
nur Dung	17,3	12,7	127	14,8	15,7
nur Käfer	13,1	10,6	106	10,8	11,8
Kontrolle + NPS	37,5	14,2	207	57,3	46,8
Dung manuell vermengt	37,0	18,4	253	52,3	28,6
Dung + Käfer	31,3	14,7	206	40,7	24,9

gemessen und der Gehalt an N, P und S der Pflanzen ermittelt. Befanden sich auf der Kontrollfläche keine Käfer und wurde kein Dung ausgebracht, wurde ohne Käferbesiedelung oberflächig Dung ausgebreitet, oder gab es dort nur Käfer, so war der Ertrag relativ gering (Tab. 8). Wurde hingegen der Boden mit Mineraldüngern behandelt, der organische Dung manuell mit dem Boden vermengt oder wurden bei einer Dungauflage mehrere Käfer hinzugesetzt, so stieg der Ertrag an Hirse um über 80% an. Dies zeigt, welche Bedeutung den Käfern auch im Bereich größerer Agrarflächen zukommen kann.

Die Selbstdüngung durch die Käfer wird nur durch arbeits- und kostenintensive Bodenpflegemaßnahmen übertroffen.

Noch in einem weiteren Punkt sind die Dungkäfer mit den Regenwürmern zu vergleichen. Durch ihre Grabtätigkeit – sie sind hieran durch verbreiterte Vorderbeine und eine Verstärkung der Kopf- Halsschildregion angepaßt (Kap. 2.1.1.1.) – verbessern sie die physikalischen Eigenschaften des Bodens, denn sie verfrachten nicht nur die Kotmassen in den Boden. Ebenso bringen sie Bodenpartikel tieferer Bodenschichten an die Bodenoberfläche. Durch ihre Grabtätigkeit und Ausscheidung von Kotaggregaten verbessern sie die Stabilität der von ihnen besiedelten Böden, ermöglichen eine bessere Durchlüftung, Wasserleitfähigkeit und Wasserkapazität und wirken so einer Verschlämmung und Verdichtung der oberen Bodenhorizonte entgegen (Kap. 3.2.3.).

Die Bedeutung der Dungkäfer erschöpft sich nicht in ihrer Wirkung auf Verbesserung und Ertragssteigerung von Böden. Ihr Einfluß auf die Entwicklungshemmung der Rinderparasiten ist gleichermaßen entscheidend. Veranschaulicht wird dies durch Ergebnisse, die mit Dungkäfern in Hawaii und Südafrika gewonnen wurden.

Auf Hawaii sind die Kuhfladen zersetzenden Dungkäfer nicht heimisch und mußten wie nach Australien eingeführt werden. Hinderte man dort die eingeführten Dungkäfer *Onthophagus gazella* und *Liatongus militaris* an der Besiedelung der Dunghaufen, so schlüpfen aus diesen 500–600 Fliegen (Abb. 78). Ließ man den beiden Dungkäfer-Arten allerdings die Möglichkeit, die Kuhfladen anzufliegen, so konnten sich im offenen Weideland nur noch 4% der Fliegen entwickeln. Ein entsprechender Erfolg trat jedoch nicht in schattigen, mit Bäumen bestandenen Weideflächen auf. Dort konnten sich immerhin noch über 400 Fliegen/Kuhfladen entwickeln. Der Unterschied läßt sich durch die Biologie der Käfer erklären. Die aus Afrika stammenden *O. gazella* und *L. militaris* besiedeln nur die offenen Weideflächen und können dort sämtliche Kuhfladen innerhalb von 30–36 Stunden eingraben. Unter den Bäumen besiedelten aber die beiden afrikanischen Dungkäfer nicht die Kuhfladen. Dort sind zwei aus Mexiko eingeführte Arten aktiv. Diese konnten aber nur weit weniger als die Hälfte der unter den Bäumen abgesetzten Kuhfladen zersetzen.

Ein ähnliches Ergebnis gaben Freilanduntersuchungen in Südafrika. Dort können bis zu 25 verschiedene Dungkäfer-Arten gleichzeitig in weniger als 24 Stunden den anfallenden Rinderdung zersetzen. Dabei werden durchschnittlich 98% der Fliegenlarven vernichtet. Jene Fliegen, die trotz der Aktivität der Käfer schlüpfen, sind meistens klein, verkrüppelt und in vielen Fällen infertil.

Schließt man einige Käfer-Arten von der Besiedlung des Rinderdungs aus, so haben die wenigen Arten, denen eine Besiedlung ermöglicht wird, nicht den gleichen Einfluß wie alle 25 Arten gemeinsam. Unter diesen Bedingungen können sich noch relativ viele Fliegenlarven bis zur Imago entwickeln (Abb. 78).

Entsprechende Versuche in Australien brachten nicht den gleichen Erfolg. Durch die Tätigkeit der Dungkäfer ging zwar die Anzahl der Fliegen zurück, jedoch nicht in dem Ausmaße, wie es nach den dargestellten Beispielen zu erwarten gewesen wäre.

Da sich in den unterirdisch eingebrachten Brutballen der Dungkäfer keine Fliegeneier oder Larven befinden, kann man annehmen, daß sie durch die Käfer bei der Herstellung der Brutballen verletzt werden und danach absterben, oder daß sie in den zurückbleibenden Kotresten keine geeigneten Entwicklungsbedingungen mehr vorfinden und an Feuchtigkeits- oder Nahrungsmangel zugrunde gehen. Da die Überlebenswahrscheinlichkeit der in Australien sich entwickelnden Fliegenlarven größer ist als die der in Hawaii sich entwickelnden Larven, muß zwischen beiden ein Unterschied bestehen.

Der Unterschied kann durch winzige Milben (Mesostigmata) bedingt sein. Sie lassen sich phoretisch mit den Dungkäfern verfrachten (Kap. 4.3.1.2.), leben räuberisch in den Dunghaufen, fressen Fliegeneier

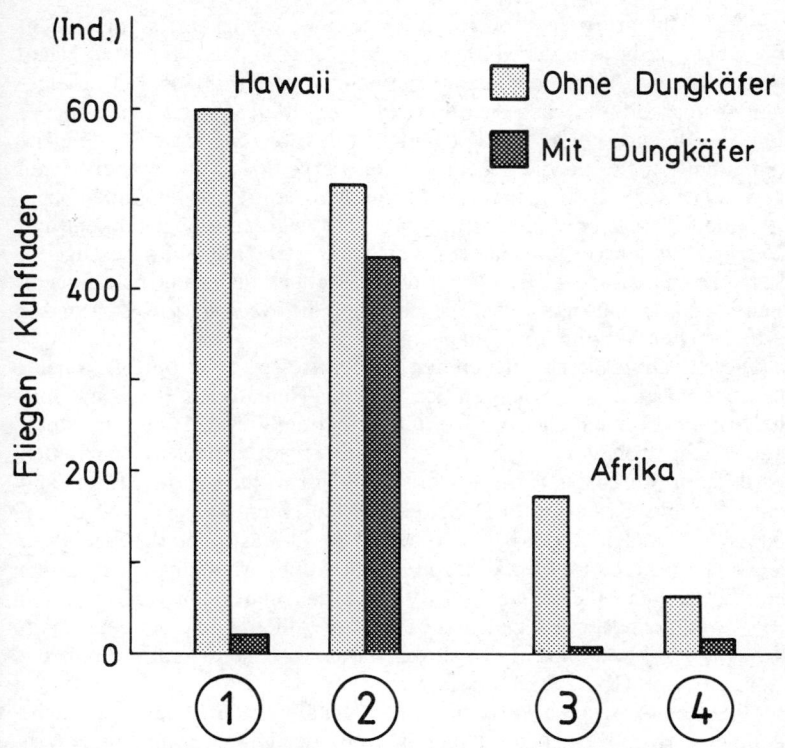

Abb. 78: Vermehrung der Rinderkrankheiten übertragenden Fliegen (Muscidae)/ Kuhfladen bei unterschiedlichen Bedingungen: 1) Kuhfladen auf Weideland, 2) Kuhfladen in Wäldern. In Hawaii unterdrücken die aus Afrika eingeführten Dungkäfer *Onthophagus gazella* und *Liatongus militaris* die Fliegenentwicklung. 3) Einfluß aller im Versuchsgebiet vorkommender Dungkäfer-Arten auf die Fliegenentwicklung bei natürlichen Populationen in Afrika. 4) Einfluß einiger ausgewählter Dungkäfer-Populationen auf die Fliegenentwicklung (nach BORNEMISSZA 1976).

und stellen den kleinen Larven nach. In Australien fehlen diese Milben, weil man durch intensive Quarantänemaßnahmen darauf bedacht ist, keine Arten unbeabsichtigt einzuschleppen. Gleiche Sorgfalt wurde bei der Einführung der Dungkäfer nach Hawaii nicht angewandt.

Ein gleichmäßiger und andauernder Erfolg durch die koprophagen Käfer kann aber durchaus von der Anwesenheit einer unscheinbar erscheinenden Milbe abhängen. Dies zeigen jene Arten, die mit den in Mitteleuropa lebenden Totengräbern *(Necrophorus-*Arten) verfrachtet werden. Haben Totengräber die Leiche eines Kleinsäugers angeflogen, beginnen sie diese in den Boden einzugraben. Sobald sie für ihren Nachwuchs eine Brutbirne herstellen, beginnen auch die Milben mit ihrer eigenen Aufgabe. Sie suchen sich ihre Nahrung, die Eier und Larven jener Fliegen, die sich bereits vor der Landung des *Necrophorus* in der Leiche befunden haben und die gegenüber den Larven des Totengräbers einen gewissen Entwicklungsvorsprung haben. Würden die Totengräber keine ,,blinde Passagiere" mit sich führen, so würden Fliegenlarven und *Necrophorus*-Larven um das zur Verfügung stehende Nahrungsangebot konkurrieren (Kap. 4.3.1.4.), mit dem Ergebnis, daß zwar viele Fliegen sich bis zur Imago entwickeln, nicht aber die *Necrophorus*-Larven zur erfolgreichen Verpuppung gelangen.

Die mit Dungkäfern verbreiteten Milben fressen nicht nur Fliegeneier und deren Larven, sie ernähren sich auch von Nematoden. Ihre Anwesenheit kann also auch zu einer Verminderung der Besatzdichte der Meta- und Trichostrongyliden führen. – Ein großer Anteil dieser Nematoden wird bereits durch die Tätigkeit der Dungkäfer vernichtet. In Afrika kann eine Gemeinschaft von 20 Dungkäfer-Arten einen Rückgang an diesen parasitischen Nematoden um 85% bewirken. In Australien durchgeführte Versuche mit *Onthophagus gazella* brachten immerhin eine Vernichtung von 50%, wenn die Felder bewässert wurden und einen Rückgang um 93%, wenn eine Bewässerung der Felder unterblieb. Die Überlebensmöglichkeit der Meta- und Trichostrongyliden wird somit auch durch die Bodenfeuchte (Kap. 2.2.1.) bestimmt.

Die nach Australien eingeführten Dungkäfer haben kaum natürliche Feinde. Dort gibt es keine Hymenopteren oder Dipteren, die als Parasitoide die Käfer angreifen. Auch der räuberische Einfluß der Spinnen und Solifugen auf die Dungkäfer dürfte nur von untergeordneter Bedeutung sein. Vögel und Echsen fressen ebenfalls nur einen kleinen Teil der Käfer. Somit dürften sich die Dungkäfer, besonders der bereits erfolgreiche *Onthophagus gazella*, in Australien ungehindert entwickeln, so daß es zu regelmäßigen Massenvermehrungen kommen kann – wenn es nicht die Kröte *Bufo marinus* gäbe.

Diese Kröte wurde vor etwa 50 Jahren aus Südamerika über Hawaii nach Australien eingeführt. Sie sollte die Käfer vertilgen, welche sich in den Zuckerrohr-Plantagen ausgebreitet hatten und an den Wurzeln des Zuckerrohrs großen Schaden anrichteten. Die Kröten erwiesen sich jedoch schon bald als sehr anpassungsfähig, wenn es darum ging, auf möglichst bequeme Weise reichlich Nahrung zu erbeuten. Viele der nachtaktiven Tiere blieben nicht in den Zuckerrohrfeldern, sondern wanderten zu den Straßenlaternen und warteten auf alle jene Insekten, die durch das Licht angelockt wurden. Hier war es für die Kröten einfach, die zu Boden gestürzten Käfer und Schmetterlinge zu ergreifen.

Mit der Massenvermehrung von *Onthophagus gazella* lernten die Kröten eine andere reiche Nahrungsquelle kennen. Sie setzten sich auf oder neben frischen Kuhfladen und warteten dort auf die Dungkäfer, die mit größter Wahrscheinlichkeit bei Anbruch der Dämmerung eintreffen mußten. Nach ihrer Landung wurden sie dann umgehend von den Kröten verschluckt. Magenpräparationen zeigten, daß der Magen einer Kröte gleichzeitig bis zu 80 Käfer enthalten konnte.

Bis jetzt konnten die Kröten noch keinen erkennbaren Rückgang der Dungkäfer-Populationen bewirken. Sollten sie jedoch einmal das australische Dungkäfer-Projekt in Frage stellen, so ist bereits an eine entsprechende Gegenmaßnahme gedacht. Kröten haben die Angewohnheit ihre Beute ganz unzerkeinert zu verschlucken. Füttert man sie mit den bis zu 6 cm großen Dungkäfern der Gattung *Heliocopris*, so würden diese mit ihren stark sklerotisierten Fortsätzen die Körperwand durchbrechen oder doch wenigstens die inneren Organe der Kröten zerreißen.

Die Einführung der Dungkäfer *Onthophagus gazella* und *Euoniticellus intermedius* nach Australien brachte einen überwältigenden Erfolg mit sich. Doch ist mit diesen beiden Arten das Problem der Dungbeseitigung und der natürlichen Bekämpfung der Rinderparasiten nicht gelöst. In den Gebieten, in denen *O. gazella* mittlerweise heimisch geworden ist, kann während einiger Monate, nicht aber über das ganze Jahr der Rinderdung zersetzt werden. So ist *O. gazella* im Gebiet um Townsville nur während der feuchten Sommerperiode von Januar bis April aktiv und zersetzt dann die Dungfladen innerhalb von 2 Tagen. Andere Dungzersetzer, die in der restlichen Jahreszeit ihr Aktivitätsmaximum haben, ließen sich bisher noch nicht mit Erfolg nach Australien einführen (Kap. 2.6.).

Diese jahreszeitliche Einnischung von *O. gazella* wirkt sich auf das Vorkommen der Büffelfliege aus. Ihre Aktivität wurde in den ersten 2 Jahren, nachdem *O. gazella* eingeführt worden war, eingeengt. In den folgenden Jahren war ein Rückgang in der Populationsdichte der Büffelfliegen nicht mehr erkennbar. Die Büffelfliegen werden zeitig im Frühjahr aktiv, wenn die Temperatur und die Bodenfeuchte für die Entwicklung von *O. gazella* noch nicht ausreichen. Entsprechendes gilt für die Herbstmonate. Dann legen die Büffelfliegen noch zu einem Zeitpunkt Eier ab, wenn die Dungkäfer bereits wegen der zu niedrigen Temperaturen mit ihrer Grabtätigkeit aufgehört haben.

Für die lückenlose Beseitigung des Dungs sind somit mehrere Frühjahrs-, Hochsommer- und Herbstarten erforderlich, die in ihrem zeitlichen Auftreten dicht aneinander gereiht sind (Kap. 4.3.2.).

Eine günstigere Dungbeseitigung ist auch dann zu erwarten, wenn sich mehrere Arten gleichzeitig das zur Verfügung stehende Nahrungsangebot teilen und auf verschiedene Weise ausnutzen. Die beiden mit Erfolg nach

Australien eingeführten Käfer sind tunnelgrabende Arten, die ihre Brutballen vergraben. Andere Arten legen ihre Brutballen innerhalb der Dunghaufen ab oder rollen sie in einige Entfernung vom Kuhfladen und vergraben sie dann. Arten mit diesen unterschiedlichen Verhaltensmustern nutzen bevorzugt verschiedene Substratteile und können koexistieren.

Ein noch weitreichender Erfolg des australischen Dungkäfer-Projektes wird sich dann einstellen, wenn mehrere Arten mit unterschiedlichen Präferenzbereichen, die an verschiedene Klimate angepaßt sind und sich in zoogeographischer Hinsicht ergänzen, eingebürgert werden können. Eine solche Artenfolge müßte von Tieren reichen, die an Wüstenklimate mit unregelmäßigen Niederschlägen und einer durchschnittlichen Jahreshöhe von 250 mm angepaßt sind (wie *Onthophagus alquirta*) und bis zu Arten führen (wie die im Hochland Zentralafrikas lebenden *Heliocopris hamadryas*), welche Niederschläge bis zu 5000 mm ertragen können. Mehrere Arten mit derart unterschiedlichen Eigenschaften könnten erfolgreich die Wüsten- und Halbwüstenregionen Zentralaustraliens besiedeln aber auch in den regenreichen Gebieten im Norden des Kontinents aktiv sein; sie könnten die Kuhfladen auf den kühlen Hochlandflächen Tasmaniens abbauen aber ebenso den Rinderdung im tropischen Flachland mit dem Boden vermischen.

Nach den bisherigen Erkenntnissen über die Biologie der Dungkäfer, müssen in Australien mindestens 160 verschiedene Arten aus dieser Käferfamilie erfolgreich angesiedelt werden, um in allen Monaten des Jahres und in allen geographischen Regionen eine gleichmäßige, natürliche Dungzersetzung zu erreichen.

6. Literatur

6.1. Bücher und zusammenfassende Darstellungen

AQUILAR, J. d', HENRIOT,C. ATHIAS, BESSARD, A., BOUCHÉ, M.-B., and ALEXANDER, M.: Introduction in soil microbiology, Wiley, New York 1961

ANDERSON, J. M., and MACFADYEN, A.: The role of terrestrial and aquatic organisms in decomposition processes, Brit. Ecol. Soc. Symp. Nr. 17, Blackwell, Oxford 1976

BACHELIER, G.: La vie animale dans les sols. O.R.S.T.M., Paris 1963

BECK, T.: Mikrobiologie des Bodens, Bayerischer Landwirtschaftsverlag, München 1968

BLIGH, J., CLOUDSLEY-THOMPSON, J. L., and MACDONALD, A. G.: Environmental physiology of animals, Blackwell, Oxford 1976

BRAUNS, A.: Praktische Bodenbiologie, Fischer, Stuttgart 1968

BROWN, A. L.: Ecology of soil organisms, Heineman, London 1978

BRUCKER, G. und KALUSCHE, D.: Bodenbiologisches Praktikum, Quelle & Meyer, Heidelberg 1976

BURGES, A., and RAW, F.: Soil biology, Academic Press, London 1967

BUTCHER, J. W.,SNIDER, R., and SNIDER, R. J.: Bioecology of edaphic collembola and acarina, Ann. Rev. Entomol. *16*, 249–288, 1971

CLOUDSLEY-THOMPSON, J. L.: Microecology, Arnold, London 1967

CLOUDSLEY-THOMPSON, J. L.: Adaptations of arthropoda to arid environments, Ann. Rev. Entomol. *20*, 261–283, 1975

COIFFAIT, H.: Les coléptères du sol. ,,Vie et Milieu", Suppl. *7,* Hermann, Paris 1963

CROWE, J. H.: Anhydrobiosis: An unsolved problem, Amer. Naturalist *105* 563–573, 1971

DELAMARE-DEBOUTTEVILLE, C.: Microfauna du sol. ,,Vie et Milieu", Suppl. *1,* Hermann, Paris 1951

DICKINSON, C. H., and PUGH, G. J. F.: Biology of plant litter decomposition, 2. Vol., Academic Press, London 1974

DINDAL, D. L.: Proceedings of the soil microcommunities conference, NTIS, Springfield 1973

DOEKSEN, J., and VAN DER DRIFT, J.: Soil organisms, North Holland Publ., Amsterdam 1963

DUNGER, W.: Tiere im Boden, Ziemsen, Wittenberg 1964

EDNEY, E. B.: Transition from water to land in isopod crustaceans, Am. Zoologist. *8,* 309–326, 1968

EDNEY, E. B.: Water balance in land arthropods, Springer, Berlin 1977

EDWARDS, C. A., and LOFTY, J. R.: Biology of earthworms, Chapman and Hall, London 1972

GOLLEY, F. B.: Ecological succession, Dowden, Hutchinson & Ross, Stroudsburg 1977

GRAFF, O., and SATCHELL, J. E.: Progress in soil zoology, Vieweg, Braunschweig und North-Holland Publ., Amsterdam 1967

GRAY, T. R. G., and WILLIAMS, S. T.: Soil micro-organisms, Longman, London 1971

HAARLØV, N.: Microarthropods from danish soils, Oikos (Suppl.) *3*, 1–176, 1960

HEINRICH, M. R.: Extreme environments. Mechanisms of microbial adaptation, Academic Press, London 1975

HUTCHINSON, G. E.: An introduction to population ecology, Yale Univ. Press, New Haven 1978

JACKSON, M., and RAW, F.: Life in the soil, Arnold, London 1966

JONGERIUS, A.: Soil micromorphology, Elsevier, Amsterdam 1964

KEVAN, D. K. McE.: Soil animals, Witherby, London 1962

KLOFT, W. J.: Ökologie der Tiere, Ulmer, Stuttgart 1978

KREBS, C. H.: Ecology. The experimental analysis of distribution and abundance, Harper & Row, New York 1978

KÜHNELT, W.: Bodenbiologie. Mit besonderer Berücksichtigung der Tierwelt, Herold, Wien 1950

KUSHNER, D. J.: Microbial life in extreme environments, Academic Press, London 1978

LEE, K. E., and WOOD, T. G.: Termites and soils, Academic Press, London 1971

LOHM, U., and PERSSON, T.: Soil organisms as components of ecosystems, Ecol. Bull. (NFR) *25*, 1977

MATTSON, W. J.: The role of arthropods in forest ecosystems, Springer, New York 1977

MAY, R. M.: Theoretical ecology, Saunders, Philadelphia 1976

MILL, P. J.: Respiration in the invertebrates, Macmillan, London 1972

MÜLLER, G.: Bodenbiologie, Fischer, Jena 1965

ODUM, E. P.: Fundamentals of ecology, Saunders, Philadelphia 1971

PALISSA, A.: Bodenzoologie, Akademie-Verlag Berlin 1964

PERSSON, T., and LOHM, U.: Energetical significance of the annelids and arthropods in a shwedish grassland soil, Ecol. Bull. (NFR) *23*, 1977

PESSON, P.: La vie dans les sols, Gauthiers-Villars, Paris 1971

PHILLIPSEN, J.: Methods of study in quantitative soil ecology: population, production and energy flow, IBP Handbook No. *18*, Blackwell, Oxford 1971

PIANKA, E. R.: Evolutionary ecology, Harper & Row, New York 1974

PRECHT, H., CHRISTOPHERSEN, J., HENSEL, H., and LARCHER, W.: Temperature and Life, Springer, Berlin 1973

PUSSARD, M.: Organismes du sol et production primaire, IV. Colloquium pedobiologiae. I.N.R.A. 71–7, 1971

RAPOPORT, E. H.: Monografias i progresos en biologia del suelo, Univ. Press, Montevideo 1966

RAPOPORT, E. H., and TSCHAPEK, M.: Soil water and soil fauna, Rev. Ecol. Biol. Sol., *4*, 1–58, 1967

REMMERT, H.: Ökologie. Ein Lehrbuch, Springer, Berlin 1978

RICHARDS, B. N.: Introduction to the soil ecosystem, Longman, London 1974

SCHALLER, F.: Die Unterwelt des Tierreiches, Springer, Berlin 1962

SCHALLER, F.: Indirect sperm transfer by soil arthropods, Ann. Rev. Entomol. *16*, 407–446, 1971

SPERLICH, D.: Populationsgenetik, Fischer, Stuttgart 1973

STERN, K. und TIGERSTEDT, P. M. A.: Ökologische Genetik, Fischer, Stuttgart 1974

SVENSSON, B. H., and SÖDERLUND, R.: Nitrogen, phosphorus and sulphur – global cycles, Ecol. Bull. (NFR) 22, 1975

SZABO, I. M.: Microbial communities in a Forest-Rendzina-Ecosystem. – The pattern of microbial communities, Akadémiai Kiadó, Budapest 1974

TISCHLER, W.: Einführung in die Ökologie, Fischer, Stuttgart 1979

VANEK, J.: Progress in soil zoology, Junk, den Haag und Academia, Prag 1975

VERNBERG, F. J.: Physiological adaptation to the environment, Intext. Educ. Publ., New York 1975

WALLWORK, J. A.: Ecology of soil animals, McGraw-Hill, London 1970

WALLWORK, J. A.: The distribution and diversity of soil fauna, Academic Press, London 1974

WATT, K. E. F.: Principles of environmental science, MacGraw-Hill, New York 1973

6.2. Literaturhinweise zu Abbildungen und Tabellen
(soweit nicht in Kap. 6.1. erwähnt)

AHEARN, G. A.: The control of water loss in desert tenebrionid beetles, J. Exp. Biol. 53, 573–595, 1970

ALBERTI, G.: Fortpflanzungsverhalten und Fortpflanzungsorgane der Schnabelmilben, Z. Morph. Tiere 78, 111–157, 1974

ALEXANDER, M.: Microbial ecology, Wiley, New York 1971

BOER, P. J. DEN: Stabilization of animal numbers and the heterogeneity of the environment: The problem of the persistence of sparse populations, pp. 77–97. In: BOER, P. J. DEN, and GRADWELL, G. R.: Proc. Adv. Inst. Dynamics numbers Pop., Oosterbeek, Agric. Publ. Doc., Wageningen 1971

BORNEMISSZA, G. F.: The Australian dung beetle project – 1965–1975, A.M.R.C. Rev. 30, 1–30, 1976

BORNEMISSZA, G. E., and WILLIAMS, C. H.: An effect of dung beetle activity on plant yield, Pedobiologia 10, 1–7, 1970

BOUCHÉ, M. B.: Relations entre les structures spatiales et fonctionelles des écosystèmes illustrées par le rôle pédobiologique des vers de terre, pp. 187–209. In: PESSON, P.: La vie dans les sols, Gauthier-Villars, Paris 1971

BROCK, T. D.: Principles of microbial ecology, Prentice-Hall, Englewood Cliffs, New Jersey 1966

COIFFAIT, H.: Coléoptères de la région paléarctique occidentale. I. Xantholininae et Leptotyphlinae. Suppl. Nouv. Rev. d' Entomol 2, 1972

COINEAU, Y., HAUPT, J., DEBOUTTEVILLE, C. DELAMARE, and THÉRON, P.: Un remarquable exemple de convergence écologique: l'adaption de Gordialycus tuzetae (Nematalycidae, Acariens) á la vie dans les interstices des sables fins, C.R. Acad. Sc. Paris 287 D, 883–886, 1978

DRUMMOND, F. H.: The eversible vesicles of *Campodea* (Thysanura), Proc. Roy. Entomol. Soc. London Ser. A *28*, 145–148, 1953

EASON, F. H.: Centipedes of the British Isles, Warne, London 1964

EDNEY, E. B.: The water relations of terrestrial arthropods, University Press, Cambridge 1957

EDWARDS, C. A., and HEATH, G. W.: The role of soil animals in breakdown of leaf material. In: DOEKSEN, J. and VAN DER DRIFT, J.: Soil organisms. pp. 76–80, North Holland Publishing Co., Amsterdam 1963

GANS, C.: Biomechanics: an approach to vertebrate biology, Lippincott, Philadelphia 1974

GRASSÉ, P. P.: Traité de Zoologie, Insectes, Tome IX, Masson et Cie, Paris 1949

HADLEY, N. F.: Water relations of the desert scorpion, *Hadrurus arizonensis*, J. Exp. Biol. *53*, 547–558, 1970

HANDSCHIN, E.: Urinsekten oder Apterygota. In: DAHL, F.: Die Tierwelt Deutschlands, Fischer, Jena 1929

HANSEN, V.: Rovbiller 1 (Biller XV), Gads, København 1951

HANSEN, V.: Rovbiller 2 (Biller XVI), Gads, København 1952

HARZ, K.: Die Geradflügler Mitteleuropas, Fischer, Jena 1957

HEATH, G. W., ARNOLD, M. K., and EDWARDS, C. A.: Studies in leaf litter breakdown. 1. Breakdown rates among leaves of different species. Pedobiologia *6*, 1–12, 1966

HENNIG, W.: Wirbellose II, Thieme, Leipzig 1968

HOESE, B.: Ein Beitrag zur Biologie und Evolution terrestrischer Isopoden. – Funktionsmorphologisch-vergleichende Untersuchung des Wasserleitungssystems sowie eine strukturell-entwicklungsgeschichtliche Untersuchung der Lungen der Oniscoidea (Crustacea, Isopoda) Diss., Kiel 1979

KÄSTNER, A.: Lehrbuch der speziellen Zoologie. Wirbellose, Teil I, *5*, Fischer, Jena 1963

KÄSTNER, A.: Lehrbuch der speziellen Zoologie, Wirbellose, Teil I, *2*, Fischer, Stuttgart 1967

KUBIENA, W.: Bestimmungsbuch und Systematik der Böden Europas, Enke, Stuttgart 1953

LEWIS, J. G. E.: On the spiracle structure and resistance to desiccation of four species of geophilomorph centipede, Ent. exp. & appl. *6*, 89–94, 1963

LIPOVSKY, J. J., BYERS, G. W., and KARDOS, E. H.: Spermatophores – the mode of insemination of chiggers (Acarina: Trombiculidae), J. Parasit. *43*, 256–262, 1957

LOCKE, M.: The structure and formation of the integument of insects. In: ROCKSTEIN, M.: The physiology of insecta, *VI*, pp. 124–213, Academic Press, New York 1974

MANTON, S. M.: The Arthropoda, habits, functional morphology, and evolution, Clarendon, Oxford 1977

MILLER, R. S.: Pattern and process in competition, Adv. Ecol. Res. *4*, 1–74, 1967

NICHOLSON, P. B., BOCOCK, K. L., and HEAL, O. W.: Studies on the decomposition of the faecal pellets of a millipede *(Glomeris marginata* (Villers)), J. Ecol. *54*, 755–767, 1966

PEREL, T. S.: Dependence of the population density and specific composition of the earthworms on forest stands (russ.), Zool. Zh. *37*, 1307–1315, 1958

PEREL, T. S.: Differences in lumbricid organization connected with ecological properties. In: LOHM, U., and PERSSON, T.: Soil organisms as components of ecosystems, Proc. 6th Int. Coll. Soil. Zool., Ecol. Bull (NFR, Stockholm) 25, 56–63, 1977

PRICE, D. W., and BENHAM, G. S.: Vertical distribution of soil-inhabiting microarthropods in an agricultural habitat in California, Environ. Entomol. 6, 575–580, 1977

RICHARDS, B. N.: Introduction to the soil ecosystems, Longman, London 1974

RITCHER, P. O.: Spiracles of adult Scarabaeoidea (Coleoptera) and their phylogenetic significance. I. The abdominal spiracles, Ann. Ent. Soc. Amer. 62, 869–880, 1969

ROEWER, F.: Solifugae, Palpigradi. In: BRONNS, H. G. Klassen und Ordnungen des Tierreichs 5, IV, 4, 1934

ROSHDY, M. A., and HEFNAWY, T.: The functional morphology of Haemaphysalis spiracles (Ixodoidea: Ixodidae), Z. Parasitenk. 42, 1–10, 1973

RUDOLPH, K.: Elateridae. In: KLAUSNITZER, B.: Coleoptera (Larven), Akademie-Verlag, Berlin 1978

SCHEFFER, F., and SCHACHTSCHABEL, P.: Lehrbuch der Bodenkunde 9. Aufl., Enke, Stuttgart 1976

SCHUSTER, R.: Der Anteil der Oribatiden an den Zersetzungsvorgängen im Boden, Z. Morph. Ökol. Tiere 45, 1–33, 1956

SHILO, M.: Strategies of microbial life in extreme environments, Verlag Chemie, Weinheim 1979

SOUTHWOOD, T. R. E.: Habitat, the templet for ecological strategies? J. Anim. Ecol. 46, 337–365, 1977

STOUT, J. D.: Protozoa pp. 385–420. In: DICKINSON, C. H., and PUGH, G. J. F.: Biology of plant litter decomposition, Vol. 2, Academic Press, London 1974

TABERLY, G.: Observations sur les spermatophores et leur transfert chez les oribates (Acariens), Bull. Soc. Zool. France 82, 139–145, 1957

THIELE, H. U.: Experimentelle Untersuchungen über die Abhängigkeit bodenbewohnender Tierarten vom Kalkgehalt des Standorts, Z. angew. Entomol. 44, 1–21, 1959

TISCHLER, W.: Synökologie der Landtiere, Fischer, Stuttgart 1955

TOPP, W.: Zur Ökologie der Müllhalden, Ann. Zool. Fennici 8, 194–222, 1971

TOPP, W.: Vergleichende Dormanzuntersuchungen an Staphyliniden (Coleoptera), Zool. Jb. Syst. 106, 1–49, 1979a

TOPP, W.: Verteilungsmuster epigäischer Arthropoden in einer Binnendünenlandschaft, Schr. Naturw. Ver. Schl.-Holst. 49, 61–79, 1979b

TOPP, W. und ENGLER, I.: Species packing in Catopidae (Col.) of a beech stand, Zool. Anz. 205, 39–42, 1980

VANNIER, G.: Technique d-étude des populations de micro-arthropodes du sol. In: PESSON, G.: La vie dans les sols. Aspects nouceaux études expérimentales, pp. 85–146, Ganthier-Villars, Paris 1971

WIGGLESWORTH, V. B.: The principles of insect physiology, Chapman and Hall, London 1972

WILSON, E. O.: The insect societies, Harvard Univ. Press, Cambridge-Massachusetts 1972

7. Sachverzeichnis und Glossar

A

abkühlungsempfindlich 85
vgl. gefrierempfindlich

Actinomycin 172

aerob 23, 79, 119, 120, 123, 127, 128, 132, 136, 166
freier Sauerstoff zur Verfügung stehend

Aestivation 92, 186, 188
Sommerschlaf, Übersommerung

Aggregatgefüge 12
Verklebung von Einzelpartikeln zu einer wenig gegliederten Masse, u. a. durch die Tätigkeit von Bodenorganismen

A- Horizont 12, 81, 102, 120, *Abb. 2, Abb. 42*
oberster Bereich des Mineralbodens, ein an der Bodenoberfläche gebildeter Horizont

Alae 50

Alanin 85, 122, 123

Alkohol 123, 132, 133, 136

allotop (allopatrisch) 181
in verschiedenen geographischen Gebieten lebend, bezieht sich auf verwandte Arten bzw. Rassen. Gegensatz:→syntop.

Aminophenole 134

Aminosäuren 122, 123, 124

Ammoniak 81, 119, 122, 135

Ammonifikation 126, 128

Amylase 130

Amylopektin 129, 130

Amylose 129

anaerob 23, 76, 79, 80, 81, 118, 120, 122, 123, 128, 129, 132, 136, 145, 166
kein freier Sauerstoff zur Verfügung stehend.

Analogie 28, 67

Anamorphose 44

Anhydrobiose (Anabiose) 27, **54**, 55, 85
Fähigkeit mancher Organismen, in Form eines Dauerstadiums ungünstige Zeiten (z. B. Eintrocknen) wie „scheintot" zu überstehen.

Antibiose 165, **172**
jede feindliche Beziehung zwischen Organismen

Antibiotika 23, 172, 173
von Organismen im Stoffwechsel erzeugte und in ihre Umwelt abgeschiedene Stoffe, die andere Arten schädigen.

Araban 132

Arabit 72

Arginin 122

Artenreichtum 177 ff

Asparagin 122

Asparaginsäure 122, 123

Atmungsorgane **64** ff

Atrium 68

Aureomycin 172

autochthon 100
bodenständig, biotopeigen. Bezeichnung für Organismen, die auf die im Boden angereicherte, relativ schwer zersetzbare organische Substanz spezialisiert sind; sie werden durch organische Düngung kaum beeinflußt. Gegensatz: →zymogen

autotroph 21, 93, 126
Bezeichnung für Organismen, die zu ihrer Ernährung keine organische Substanz benötigen, sondern aus anorganischen Stoffen organische aufbauen. Gegensatz: →heterotroph

B

β-Alanin 123

Benzyl – Penicillin 173

Befeuchtungsfront 15, 57, *Abb. 28*

Bernsteinsäure 132

Bestandesabfall 51, 107, 113, 117
Rest abgestorbener organischer Substanz

Eiweiße 124, 128, *Abb. 49*
ektotherm 76, 85, 148
Elution 13
Eluvialhorizont 102
  gebleichter, meist hellgrauer Horizont
  mit einem geringen Gehalt an organi-
  scher Substanz
Elytren 51, 70
endotherm 85
entognath 47
Entwicklungsdauer 148
Entwicklungsnullpunkt 83
Entwicklungszyklus 27, 84, 182, 187
Epidermis 53, 78, 136
epigäisch 43, 44, 102, 148, s. →Eda-
  phon
Epikutikula 64, *Abb. 31*
Epimorphose 44
Epithel 68
Erosion 26, 34, 111
Erythromycin 172
Essigsäure 81, 132, 133
Ester 136
Esterase 136
euedaphisch 43, 45 ff, 85, s. →Edaphon
eurytherm 84
eusozial 145
Evaporation 58, 59, 72, 86
  Wasserverdunstung von feuchten
  Oberflächen
Evaporationsrate **55**
Exkremente 99, 104, 107, 116, 191
Exkretion 52, 74
Exsudate 118, 174, 174

F

Fächerlungen 67
Fäulnis 118
  Umwandlungsprozess toten organi-
  schen und durchnäßten Materials bei
  Sauerstoffmangel durch anaerobe Or-
  ganismen; s. →Verwesung
Feldkapazität 17, 60, 105, 117, *Abb. 5*
  Maximale Haftwassermenge am na-
  türlich gelagerten Boden in ml H_2O/
  100 ml Boden, die der Boden gegen
  die Schwerkraft festzuhalten vermag
  (= Feld-Wasserkapazität), wird un-
  terschritten in Trockenzeiten, über-
  schritten bei verhinderter Versicke-
  rung.
Femur 31
Fette 136
Fettsäure 122, 136
Feuchtigkeit 15, **52** ff, 82, 158
Feuchtigkeitsgefälle 57
Ficksches Diffusionsgesetz 57 ff
  $\Delta n = - D \cdot A \cdot dc/dx \cdot \Delta t$ Die Anzahl
  Mol (Δn), die infolge der Diffusion
  durch eine bestimmte Fläche hin-
  durchtritt, ist der Größe **A** dieser Fläche, dem Konzentrationsgefälle **dc/dx**
  und der Zeit (Δt) poportional. **D** ist
  der Diffusionskoeffizient und von der
  Temperatur, von den gelösten Teil-
  chen und dem Lösungsmittel abhängig.
Fortpflanzung **137,** 185

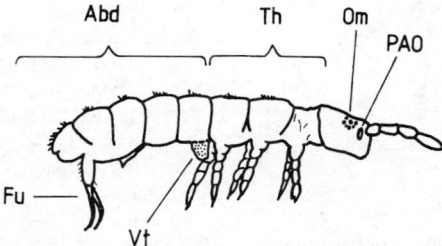

Abb. A: Seitenansicht eines Collembolen: PAO = Postantennalorgan,
OM = Augenfleck, Th = Thorax, Abd = Abdomen, Fu = Furca, Vt = Ventraltubus (ver. nach Strenzke 1955).

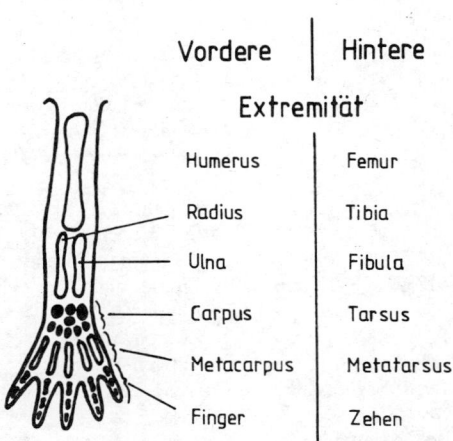

Abb. B: Grundplan der pentadaktylen Extremität: Humerus = Oberarmknochen,
Femur = Oberschenkelknochen, Radius = Speiche, Ulna = Elle, Tibia = Schien-
bein, Fibula = Wadenbein, Metacarpus = Mittelhand, Metatarsus = Mittelfuß.
Hand- und Fußwurzelknochen (im Carpus und Tarsus) sowie Phalangenglieder
sind schwarz gezeichnet (aus HADORN/WEHNER).

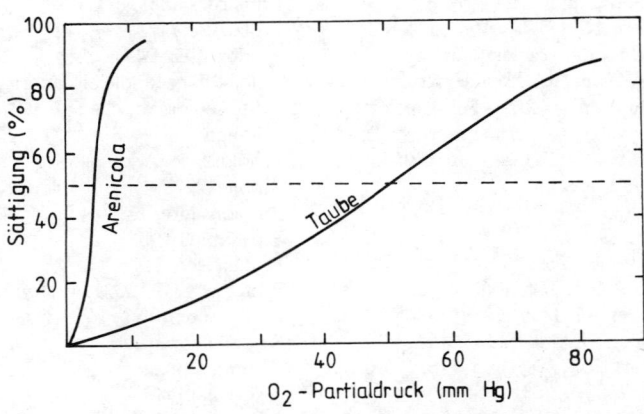

Abb. C: O_2-Dissoziationskurven des Hämoglobins bei dem Wattwurm *(Arenicola marina)* und der Taube; p_{50}-Werte sind gestrichelt (aus PENZLIN 1977).

   Die Verdunstung an einer freien Oberfläche hängt vom Wasserdampfgehalt der Luft ab, vom Sättigungsdefizit (s = $f_0 - f$) f_0 ist der im Sättigungszustand maximale Wasserdampfgehalt; f ist die absolute Luftfeuchtigkeit, gemessen durch den Partialdruck des Wasserdampfes. Die Verdunstungsrate (→ Evaporation) ist dem Sättigungsdefizit proportional (= Daltonisches Gesetz) (→ relative Luftfeuchtigkeit = $f/f_0 \cdot 100$) Beispiel: Bei

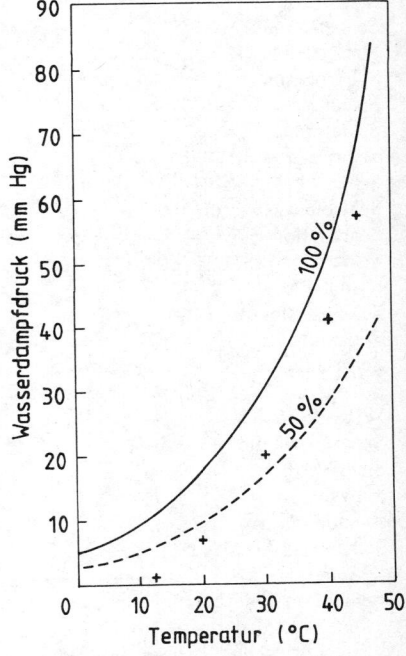

Abb. D: Wasserdampfdruck bei verschiedenen Temperaturen. Die Kurve für 100% relative Feuchtigkeit ist ausgezogen, die für 50% relative Feuchte ist gestrichelt. Die Kreuze zeigen ein Wasserdampfdruckdefizit von 10 mm Hg bei verschiedenen Temperaturen. Relative Feuchten von 0–100% entsprechen den Wasseraktivitäten (a_w) von 0–1. (ver. nach EDNEY 1974).

20° C ($f_0 = 17,5$ mm Hg) und bei 40° C ($f_0 = 55,3$ mm Hg) herrscht jeweils ein Sättigungsdefizit von 10 mm Hg, d. h. bei einer relativen Luftfeuchtigkeit von ca. 43% (bei 20 °C) und ca. 82% (bei 40 °C) ist die Verdunstungsrate gleich.

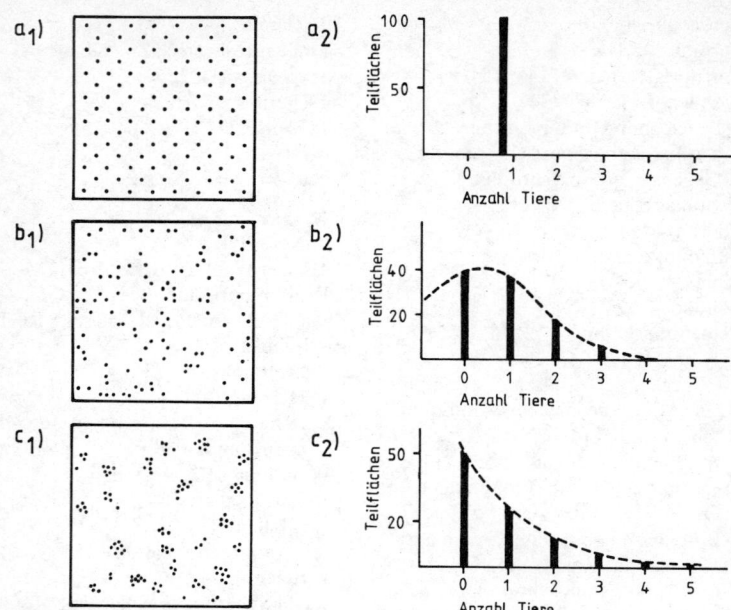

Abb. E: Räumliche Verteilungsmuster von Organismen in einem Lebensraum. a) gleichförmige Verteilung: die Organismen sind auf der gesamten Fläche gleichmäßig verteilt, b) zufällige Verteilung: die Organismen sind nach dem Zufall verteilt und folgen in ihrer Verteilung der Poisson-Serie, c) geklumpte Verteilung: die Wahrscheinlichkeit ein Individuum einer bestimmten Art zu finden ist dort größer, wo man bereits eines gefunden hat, als dort, wo noch keines festgestellt wurde. In der Darstellung c_2 folgt die geklumpte Verteilung der Neyman-Serie. – Die Abb. a_2, b_2 und c_2 beziehen sich auf die Daten in Tabelle 4.

Porendurchmesser µm:	0,024	0,125	0,22	0,56	5,6	23,5
p/P_0:	0,9	0,98	0,987	0,995	0,9995	0,9998
pF:	5,12	4,45	4,20	3,8	2,8	2,45

Wasserdampfabsorption 73
Wassergehalt 15, 17
Wasserkapazität 120 s. → Feldkapazität
Wasserspannung 17, *Abb. 5*
   Der Boden übt infolge der Adsorptions- und Kapillarkräfte eine Saugspannung auf das Bodenwasser aus.

→ permanenter Welkepunkt,
→ pF-Wert
Wasserverlust 52 ff, *Abb. 27, Abb. 30*
Wehrdrüse 41
Weißfäule 23, 136
Welkepunkt, permanenter 60
Winterschläfer 58

8. Register der Pflanzen- und Tiernamen

(kursive Stichwörter = Gattungsnamen)

217

B

Bacillus 23, 124, 126, 127, 130, 132, 133, 134, 172, 173
Bacterium 136
Bactoderma 88
Ballodera 171
Basidiomyceten 23, 99, 108, 131, 135, 169, 173
Bathyergidae 33
Bathyergus 33
Bärtierchen 26, 96
Bdellodes 139
Beintaster 47, 158
Belba 138, 144, *Abb. 55*
Beutelmull 29
Beuteltiere 29
Bibio, Larve *Abb. 24*
Bibionidae 35, 48, 115
Bienen 31, 145
Biscirus 139
Blanus 36
Blatthornkäfer 146
Blaualgen 23, 93, 166
Bledius 145
Blindmaus 33
Blindmull 33
Blindschlange 36
Boletus 169
Boreus 83, 91, 103
Botrytis 133
Bourletiella *Abb. 22*
Brachygeophilus 68, 69
Broscus 144
Büffelfliege 192, 199
Bufo 198
Bumilleria 174
Buschfliege 192
Byrrhus 102, 103

C

Calathus 102, 103
Calluna 77, 120, 127
Campodea 48
Candida 174
Carabidae 43, 155, 180
Carabus 91, 92, 103

Cardiophorus, Larve *Abb. 24*
Carex 102
Catopidae 156, 186
Catops 76, 83, 85, 186 ff
Caulobacter 88
Caviomorpha 33
Cellulomonas 130
Cellvibrio 133
Cepaea 161, 162, *Abb. 67*
Cephalobus 97
Cephalosporium 88, 107
Cerastes 36
Ceratopogonidae 192
Ceratoppia 139
Chaetomium 107, 108
Cheiridiidae 142
Chelidurella 91, 92, 103, 115
Cheliferidae 142
Chernitidae 142
Chilodonella 171
Chilopoda 23, 41, 43
Chironomidae 55, 60, 85, 115
Chlorophyceen 23, 99
Choleva 143
Chrysochloridae 28, 29
Chtoniidae 142
Cicindela 31, 102, 103
Cicindelidae 31
Ciliata 23, 26, 95
Cladonia 102
Clostridium 23, 80, 123, 128, 130, 132, 133, 136
Coleoptera 23, 43
Collembola 23, 26, 44, 54, 57, 67, 71, 72, 75, 80, 85, 97, 98, 104, 108, 138, 139, 140, 157, 158, 165, 181, 182
Condylura 29, *Abb. 13*
Copris 146
Corylus 99
Corynephorus 102
Cratogeomys 175, 176, 177
Cricetidae 33
Crustacea 54
Crypticus 102
Cryptoglossa 62
Cryptoribatula 98
Cryptostigmata 98
Ctenocephalides, Larve *Abb. 24*

218